钢结构非原位安装关键技术与典型案例

中建二局安装工程有限公司 主编

中国建筑工业出版社

图书在版编目（CIP）数据

钢结构非原位安装关键技术与典型案例/中建二局
安装工程有限公司主编. —北京：中国建筑工业出版社，
2021.12
ISBN 978-7-112-26908-2

Ⅰ.①钢…　Ⅱ.①中…　Ⅲ.①钢结构－建筑安装－案
例　Ⅳ.①TU391

中国版本图书馆CIP数据核字（2021）第248764号

本书包括3部分，共9章。第1部分钢结构非原位安装技术综述，包括钢结构非原位安装
技术的发展与现状，共1章；第2部分钢结构非原位安装关键技术，包括：非原位安装的一体
化动态仿真技术、非原位安装的一致性施工控制技术、非原位安装的设备智能化控制技术、非
原位安装的在线智能监测技术、钢结构数字化智慧管理平台，共5章；第3部分钢结构非原位
安装典型案例，包括：钢结构提升方案典型案例、钢结构滑移方案典型案例、钢结构倒装与竖
转方案典型案例，共3章。

本书可供从事钢结构设计、加工、安装工程的技术人员、管理人员使用，也可供土木工程
等相关专业高校师生使用。

责任编辑：胡明安
责任校对：赵　菲

钢结构非原位安装关键技术与典型案例
中建二局安装工程有限公司　主编

*

中国建筑工业出版社出版、发行（北京海淀三里河路9号）
各地新华书店、建筑书店经销
北京科地亚盟排版公司制版
临西县阅读时光印刷有限公司印刷

*

开本：787毫米×1092毫米　1/16　印张：15　字数：364千字
2021年12月第一版　　2021年12月第一次印刷
定价：**150.00**元
ISBN 978-7-112-26908-2
（38637）

本书编委会

主　　任：张志明

副主任：孙顺利　林　冰

编　　委：范玉峰　张智勇　苗兴光　倪金华　姜会浩

　　　　　胡立新　石立国　杨发兵　周　明　陈　伟

　　　　　丛　俊　窦　超　张艳霞　赵　曦　杨延华

　　　　　张军辉　赵　冰　陈　峰　武莉波　梁延斌

　　　　　高辰冬　郝海龙　张宏伟　王　丰　张　磊

　　　　　郭　敬　罗瑞云　许兴年　陈立文　于　飞

　　　　　吕纯庆　申帅帅　王　迅　刘方星

校　　核：吴耀华

序　言

改革开放以后，特别是 2000 年以来，大型钢结构工程在我国获得了千载难逢的建设机遇。一个重要的特点是伴随材料、计算机技术、设计及制造安装水平的跨越式发展，建筑功能与造型多样的双重诉求得到前所未有的契合与统一，这使得钢结构的应用范围不断扩大，在超高群塔及其连廊、机场航站楼、体育场馆、会展中心、主题乐园、高耸塔桅、公路与景观桥梁等公共建筑中大量采用，不少的钢结构工程和项目成为城市的标志性建筑。

作为中建二局旗下的专业公司，中建二局安装工程有限公司的核心业务之一是钢结构设计与分析、制造及安装，公司承建了一大批"高、大、新、特"的高端品牌工程。在建造过程中，通过原始创新、集成创新，攻克了制造与安装的许多难题，特别是在符合设计意图、数字化管控及非原位安装技术等方面大胆创新与实践，取得了一系列的创新成果，积累了独特的钢结构非原位安装的技术优势与一整套管理经验。

该书正是在上述基础上，从钢结构非原位安装技术着眼，源于工程、高于工程，系统总结与提炼了全过程仿真分析的连续性与设计状态的一致性、设备应用的拓展与同步性、非原位安装的智能化监测、全过程的数字化管理等关键先进技术。结合十余项具有代表性的典型工程案例，具体介绍了非原位安装技术在工程实践中的丰富、创新与发展，实例典型、操作性强，充分体现出钢结构非原位安装技术的因地制宜：既有一次性完成"地面拼装、提升就位"的常规提升施工，又有"预提升＋分阶段组装"的改进型整体提升方案；既有"先高区、后低区"的正序提升施工，又有"由低区到高区"的反序提升施工；既有传统"分片提升"施工，又有"分片分级累积提升"施工；既有传统"累积滑移"施工，又有创造性的"差速顶推滑移"施工；既有"桅杆倒装法"施工，又有桥拱的"提升或整体起扳法"施工。图文并茂、可读性好。

总而言之，中建二局安装工程有限公司编撰出版的这本专著，以非原位安装为主旨，理论与实践相结合，将企业积累的技术成果慷慨共享，将进一步促进钢结构建造技术的发展与进步。

岳清瑞

2021 年 11 月

前　言

　　进入 21 世纪以来，得益于我国经济的持续繁荣，大型钢结构公共建筑层出不穷，为钢结构施工提供广阔舞台的同时，也给施工技术带来了相当的挑战。中建二局安装工程有限公司作为中建二局旗下的专业公司，集钢结构设计、研发、制作和安装于一体，秉承"科技兴企"战略，近二十年来有幸先后承建了一批"高、大、新、特、重"的地标性高端品牌工程，在工程技术团队的积极探索下，通过原始创新与集成创新，攻克了建造过程中的系列难题，积累了丰富的钢结构建造经验与系列技术成果。

　　正是在这个基础上，中建二局安装工程有限公司总结已有的建造经验与科技成果，基于"钢结构非原位安装法"这一核心技术板块，以"源于工程、高于工程"的视角，系统总结提炼了其中五个方面的一般性关键技术，将中建二局在结构施工仿真技术、一致性施工控制理论、先进装备的选用与操控、结构在线监测、数字化管理平台等方面的研究与应用成果共享出来，着眼于技术与管理两个维度，阐述复杂钢结构工程在现场安装实施之前的主要技术准备、设备准备及平台管理准备。

　　本书以工程项目为载体，精选其中 13 个典型工程案例，全景展现了非原位安装技术在具体施工实践中的创新应用，技术方案上涵盖了提升、滑移、倒装及竖转等多种非原位安装方法，工程对象上覆盖了高层连廊、大跨屋盖、市政与景观桥梁及高耸塔桅等主要的建筑形态。尤其从直接参与者的立场重点分享了工程施工方案比选中的具体考量，使读者身临其境地体会其中的方案逻辑与技术要点，力求体现非原位安装技术系统性、安全性、灵活性、经济性与适用性的"因地制宜"理念。

　　本书的编写，离不开我局广大工程技术人员的刻苦钻研与大胆实践，也离不开同行对我们的启发和借鉴。编撰过程力求通俗易懂、图文并茂，不仅可为钢结构施工企业提供借鉴，也可供设计、科研院所及高等院校土木工程专业师生阅读参考。本书的顺利出版离不开中国建筑工业出版社的支持，在此一并表示感谢！

2021 年 10 月

目　　录

第1部分　钢结构非原位安装技术综述

第1章　钢结构非原位安装技术的发展与现状 ·················· 3

1.1　钢结构非原位安装技术概述 ··············· 3

1.2　钢结构非原位安装技术特点 ··············· 3

　　1.2.1　钢结构提升施工技术 ··············· 3

　　1.2.2　钢结构滑移施工技术 ··············· 5

1.3　非原位安装技术的丰富与拓展 ·············· 7

　　1.3.1　全过程仿真分析的连续性 ·············· 7

　　1.3.2　与设计状态的一致性分析 ·············· 7

　　1.3.3　设备应用的拓展与同步性 ·············· 7

　　1.3.4　非原位安装的智能化监测 ·············· 8

　　1.3.5　全过程的数字化管理平台 ·············· 8

　　1.3.6　非原位安装的拓展性应用 ·············· 9

第2部分　钢结构非原位安装关键技术

第2章　非原位安装的一体化动态仿真技术 ·············· 13

2.1　施工仿真分析方法简介 ··············· 13

　　2.1.1　施工仿真分析基础理论 ·············· 13

　　2.1.2　现有施工仿真分析的不足 ············· 15

2.2　一体化动态仿真技术 ··············· 17

　　2.2.1　一体化动态仿真技术的提出 ············ 17

　　2.2.2　一体化动态仿真技术的应用效果 ·········· 19

第3章　非原位安装的一致性施工控制技术 ·············· 21

3.1　一致性施工控制技术的提出 ·············· 21

3.2　一致性施工控制的技术路径 ·············· 21

　　3.2.1　刚性结构的一致性施工控制 ············ 22

　　3.2.2　柔性索网结构的一致性施工控制 ·········· 24

3.3　一致性施工控制在线监测效果 ············· 25

第4章　非原位安装的设备智能化控制技术 ·············· 27

4.1　非原位安装的设备控制现状 ·············· 27

4.2 非原位安装的设备及特点 ·· 27

  4.2.1 提升设备 ·· 27

  4.2.2 单自由度顶推设备 ·· 31

  4.2.3 多自由度顶推设备 ·· 35

4.3 提升或滑移不同步分析与对策 ·································· 39

  4.3.1 提升不同步分析 ·· 39

  4.3.2 顶推不同步分析 ·· 41

  4.3.3 提升或顶推不同步控制对策 ································ 41

第5章 非原位安装的在线智能监测技术 ·························· 44

5.1 结构在线监测的概念 ·· 44

5.2 传统在线监测技术 ·· 44

5.3 新型在线监测技术 ·· 47

  5.3.1 面向内力监测的无线传感技术 ······················ 47

  5.3.2 面向位移监测的 GPS 监测技术 ····················· 48

  5.3.3 面向形态监测的 3D 激光扫描技术 ················· 49

第6章 钢结构数字化智慧管理平台 ···························· 51

6.1 钢结构数字化智慧管理平台概述 ······························ 51

6.2 数字化管理平台功能模块 ····································· 52

  6.2.1 项目管理模块 ·· 52

  6.2.2 产品管理模块 ·· 55

  6.2.3 物资管理模块 ·· 57

  6.2.4 工艺管理模块 ·· 60

  6.2.5 生产管理模块 ·· 61

  6.2.6 质量管理模块 ·· 63

  6.2.7 成本模块 ·· 65

  6.2.8 报表管理模块 ·· 67

  6.2.9 人力管理模块 ·· 68

  6.2.10 运维模块 ·· 68

  6.2.11 资产管理模块 ··· 69

第3部分 钢结构非原位安装典型案例

第7章 钢结构提升方案典型案例 ······························ 73

7.1 东海国际公寓项目——含吊挂结构的连廊提升 ················ 73

  7.1.1 项目概况 ·· 73

  7.1.2 安装方案比选 ·· 74

  7.1.3 现场安装流程 ·· 75

  7.1.4 关键施工问题 ·· 80

7.2 腾讯滨海大厦项目——连廊正序提升 ·························· 86

7.2.1 项目概况 ·· 86

7.2.2 安装方案比选 ··· 88

7.2.3 现场安装流程 ··· 90

7.2.4 关键施工问题 ··· 96

7.3 空中华西村项目——连廊反序提升 ···························· 100

7.3.1 项目概况 ·· 100

7.3.2 安装方案比选 ··· 101

7.3.3 现场安装流程 ··· 102

7.3.4 关键施工问题 ··· 104

7.4 深圳国际会展中心项目——分片提升 ························· 107

7.4.1 项目概况 ·· 107

7.4.2 安装方案比选 ··· 108

7.4.3 现场安装流程 ··· 110

7.4.4 关键施工问题 ··· 112

7.5 南京江北新区市民中心项目——多次分段累积提升 ········· 116

7.5.1 项目概况 ·· 116

7.5.2 安装方案比选 ··· 117

7.5.3 现场安装流程 ··· 118

7.5.4 关键施工问题 ··· 124

7.6 长春某机场钢结构项目——不等高曲面网架的分片累积提升 ··· 130

7.6.1 项目概况 ·· 130

7.6.2 安装方案比选 ··· 132

7.6.3 现场安装流程 ··· 134

7.6.4 关键施工问题 ··· 141

7.7 北京环球影城主题公园项目——自平衡提升 ················· 146

7.7.1 项目概况 ·· 146

7.7.2 安装方案比选 ··· 147

7.7.3 现场安装流程 ··· 148

7.7.4 关键施工问题 ··· 150

第8章 钢结构滑移方案典型案例 ······························· 152

8.1 西安丝路国际会展中心项目——"单榀几何不稳定"屋盖累积滑移 ··· 152

8.1.1 项目概况 ·· 152

8.1.2 安装方案比选 ··· 154

8.1.3 现场安装流程 ··· 155

8.1.4 关键施工问题 ··· 159

8.2 哈尔滨万达茂项目——"大高差、高平台"整体累积滑移 ··· 165

8.2.1 项目概况 ·· 165

8.2.2 安装方案比选 ··· 168

8.2.3 现场安装流程 ·· 170

8.2.4 关键施工问题 ·· 175

8.3 珠海横琴口岸莲花大桥改造项目——弯桥差速顶推滑移 ········· 179

8.3.1 项目概况 ·· 179

8.3.2 安装方案比选 ·· 180

8.3.3 现场安装流程 ·· 182

8.3.4 关键施工问题 ·· 190

第9章 钢结构倒装与竖转方案典型案例 ························ 193

9.1 斯里兰卡科伦坡电视塔项目——天线桅杆倒装法 ············· 193

9.1.1 项目概况 ·· 193

9.1.2 安装方案比选 ·· 194

9.1.3 现场安装流程 ·· 195

9.1.4 关键施工问题 ·· 198

9.2 宜兴荆邑大桥项目——主副塔整体竖转起扳安装 ············· 201

9.2.1 项目概况 ·· 201

9.2.2 安装方案比选 ·· 202

9.2.3 现场安装流程 ·· 203

9.2.4 关键施工问题 ·· 207

9.3 唐曹铁路桥项目——拱桥卧拼竖转安装 ····················· 209

9.3.1 项目概况 ·· 209

9.3.2 安装方案比选 ·· 209

9.3.3 现场安装流程 ·· 211

9.3.4 关键施工问题 ·· 217

参考文献 ·· 221

第1部分
钢结构非原位安装技术综述

第1章 钢结构非原位安装技术的发展与现状

1.1 钢结构非原位安装技术概述

钢结构建筑具有装配化程度高、能耗低、绿色施工、可再生利用等优点，是符合循环经济特征的节能环保建筑。随着建筑业的发展与"双碳"目标的提出，钢结构朝着跨度更大、高度更高、形式更加复杂等方向发展。这些建筑的出现不仅对结构设计提出了新的要求，同时给钢结构的施工组织与技术带来了新的挑战。这就要求施工单位在施工组织管理、安装技术方面进行创新和突破，通过新理念和新技术，实现符合设计意图、降低施工成本、保证施工安全、确保工程质量、优化施工工期的目标。

对于普通大跨度或高层钢结构工程，在安装过程中多采用原位安装方法，包括高空原位散件安装和高空原位单元安装。施工中，在散件或分片组装单元的垂直投影面设置临时支撑结构，采用吊装设备将散件或单元安装在设计位置；待所有构件安装完毕后，进行临时支撑结构的拆除，使结构达到设计状态。这是一种较为传统的施工工艺，在实际工程中应用广泛。然而，对于越来越多的大跨度、超高钢结构工程，原位安装方法由于成本、工期、结构特点及现场施工的场地条件限制等因素不再适用。例如，原位拼装施工周期长、高空作业量大，胎架等临时措施用料量大；同时，当结构下方场地狭小，或地下室顶板又不能承受重型施工机械行走时，原位安装方法很难达实施应用。因此，近些年来集成计算机液压控制、一体化仿真、一致性施工控制以及无线监测等钢结构非原位安装技术在实际工程中得到了越来越广泛的应用，并且在实际操作中技术人员对现有技术因地制宜地进行了改进和发展，丰富了非原位安装工艺的内涵与外延，取得了显著的社会效益和经济效益。

1.2 钢结构非原位安装技术特点

钢结构非原位安装技术是指在非设计位置完成结构整体或一个稳定结构单元的拼装后，通过滑移、提升、转体、顶推等技术将结构移动到设计位置的一种施工技术或方法。具体实施时，根据结构形式和特点、场地条件、设备条件及工期要求等，因地制宜地选择安全适用、技术先进的施工方法。以下仅阐述提升与滑移两种非原位安装技术的基本工艺特点。

1.2.1 钢结构提升施工技术

提升施工是利用地面或其他原有拼装平台完成提升结构整体或局部拼装单元，通过设置临时提升平台作为提升点，采用多台提升机械（通常采用液压提升设备）将被提升结构单元提升就位的施工方法。提升施工可以明显地减少结构施工过程中的高空作业量，有利于提高结构安装质量、作业安全和施工效率。

需要注意的是，提升施工的实施需要设计位置的投影地面或楼面具有良好的拼装条件和支撑条件。根据提升结构相对设计最终状态的完整性，可以将提升施工分为整体提升和局部提升；根据提升结构的规模决定在提升过程中是否逐步增加，可以将提升施工分为一次性提升和累积提升。

整体提升与一次性提升为相同含义，都是将被提升结构在地面或原有拼装平台上完成拼装，然后通过提升施工技术整合一次性地提升至设计位置，并与结构主体进行嵌补连接形成整体，后拆除提升设备，完成施工，如图 1-1 所示。设备数量要求多，下部拼装场地情况良好，且无占用。

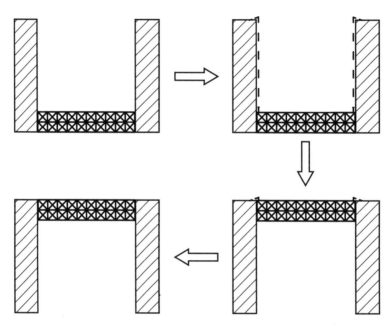

图 1-1　整体提升安装示意图

局部提升是在考虑一些因素的基础上，将被提升结构分成几段或几层，分别进行提升施工，如图 1-2 所示。此种方法可以减少设备使用数量，达到可周转的目的，同时也可满足下部结构施工流水作业的需求。

结合局部提升与整体提升，还可以演变出累积提升，即先将大跨结构分成若干单元，分别将不同的单元提升至预定高度，在提升过程中将各个单元拼接，逐步成为一个整体，进而整体提升至设计位置。而且累积提升的原理，还可应用到高耸结构的桅杆天线安装，进而又演变出了"倒装提升"等技术工艺，在工程实践中大放异彩。

一般地，钢结构提升施工中需要重点关注以下问题：（1）结合原设计与现场条件确定提升吊点的数量和位置分布；（2）提升过程中各吊点位移不同步的影响以及容差确定；（3）提升过程中风荷载、地震作用等影响；（4）提升就位时结构体系转换（边界条件转换）的影响；（5）结构永久定型后，提升用临时支撑构件的不同拆撑方案的影响。

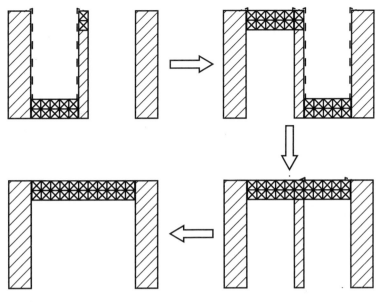

图 1-2　局部提升安装示意图

1.2.2　钢结构滑移施工技术

滑移施工是先将分散的吊装单元通过搭设好的拼装平台拼装成条状单元，下部设置两条及以上的滑移轨道，通过顶推装置将结构在轨道上滑移至设计位置，并卸载就位完成结构安装的施工方法。滑移施工可分为分块滑移和累积滑移。

分块滑移，是将结构划分为多个滑移单元，从场地的端部完成单元拼装后，分别滑移至原位的施工方式，相邻滑移单元之间留有后拼装带，即滑移至原位后嵌补相邻单元之间的结构构件（图 1-3）。采用这种滑移方式，滑移单元体量较小，滑移次数相对多，顶推设备可以周转，同时由于分块滑移，减小了拼装平台的尺寸，节约了技术措施的投入，经济

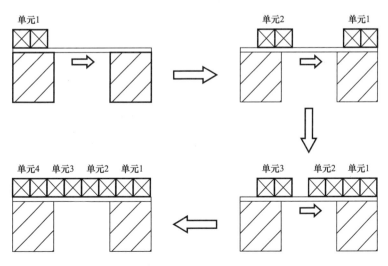

图 1-3　分块滑移安装示意图

性较好，应用较多。

累积滑移，是将滑移结构的前一个单元块在场地端部滑移一段预定的距离后，在拼装平台上将下一块拼装单元与前一单元完成连接后继续滑移，重复这一过程直至整个滑移结构整体就位（图1-4）。采用这种滑移方案，滑移单元体量随累积过程逐步增大，顶推设备一般不能周转使用，设备数量多。

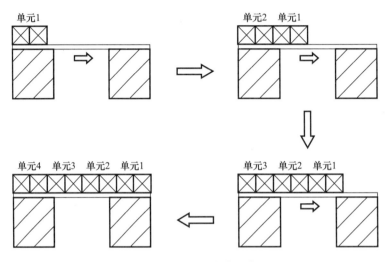

图1-4　累积滑移安装示意图

分块累积滑移，是结合分块滑移和累积滑移的优点之后产生的滑移施工方法，即根据结构条件与设备条件，将滑移分为两大块或以上，每一个滑移大块在拼装完成之前其本质就是前述的累移滑移，待滑移大块拼装完成之后，再一次性推至设计原位，这个过程其本质又是前述的分块滑移，此为分块累积滑移的名称由来（图1-5）。

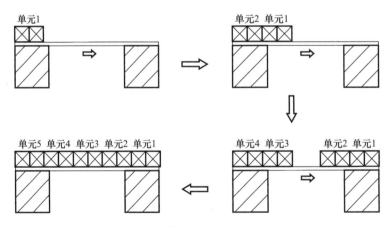

图1-5　分块累积滑移安装示意图

相比分块滑移，分块积累滑移一方面滑移过程中用来辅助结构的抗倾覆施工措施工作量极大降低，另一方面又大大减少了滑移单元之间嵌补构件的原位安装，吊装机械的经济性得到体现。而相比累积滑移，顶推设备的数量又得以减少，设备可在一定程度上获得周转，顶推设备的经济性又得以兼顾。

也就是说，分块累移滑移方案兼顾了前两种滑移方案的优点，又适当弱化了前两种方案的弊端，是一种较为合理的折中办法。当然，究竟选择哪一种方案合适，仍需根据结构特点、场地条件与设备条件等综合判断，并在实践中因地制宜地进一步取舍与创新，而这也正是非原位安装的魅力所在。

1.3　非原位安装技术的丰富与拓展

1.3.1　全过程仿真分析的连续性

非原位安装施工全过程仿真分析也是非原位安装技术面临的一个重要问题，非原位安装技术适用于大型复杂钢结构的施工，对安装精度及施工过程的变形和内力控制要求更高，相应的安装施工一体化分析就显得尤其重要。传统一般的施工模拟分析技术，多数是将结构拆分为若干个体单独进行建模分析，这种处理方式常常导致边界条件简化不当，分体相互作用主要依赖工程师的判断，过程中各分体之间相互作用的描述不够全面、甚至不连续，从而造成分析结果的失真或精细度不够，与实际工程情况不符，指导现场的全面性与针对性有所欠缺，给现场施工带来隐患。

特别是提升过程的仿真，分体建模的不足尤其明显，提升施工涉及起提、提升、合龙、落架四个阶段，起提过程及落架过程需要考虑被提升结构、提升装置及支承塔架（或地板）之间相互作用的时变力学问题。常规的分体建模分析忽视了各构件之间、各步骤之间的相互联系和提升过程中的动态变化，不能精确预测提升过程中结构的内力、位形变化以及提升拉索的内力变化，尚不能准确地指导工程全过程施工。

针对上述问题，在广泛调研的基础上，结合当前已有技术成果，在一定程度上系统总结、提炼与发展了一体化的仿真分析技术，并在工程实践中加以检验，取得了较好的应用效果。

1.3.2　与设计状态的一致性分析

当前的工程实践中，施工控制技术主要关注的是过程，几乎一切围绕的是过程的安全性与可建造性，也就是说如果工程顺利得到安装、过程结构是安全的，即能表明施工是成功的。但是，经过深入的研究与实践，发现以上评价指标是不全面的，评判一个施工方案是否合理的最本质指标，至少还应包括永久结构在施工成型之后，其与原设计状态的符合性或一致性的评估。特别是施工成型状态与原设计状态下结构杆件的内力值差异未进行对比，即以一致性评估为指标的施工控制几乎被忽略，是当前钢结构施工控制技术重要的不足之处。

由此，结合近十年来的钢结构工程，着眼于建筑结构的几何非线性特征，在施工成型状态与设计的符合性或一致性上开展了研究，通过仿真分析与安装方案的融合与相互迭代，探索出了一些较为有效的方法。

1.3.3　设备应用的拓展与同步性

伴随着市政基础设施领域的发展，市政桥梁常常会有相当部分的弯桥段，在不影响既有交通正常运行的情况下，滑移顶推法成为首选方案。要实现弯桥滑移设想，一般单自由度顶推设备的功能就显得捉襟见肘，顶推的自动化水平及工作效率不高。为此，在广泛的市场调研基础上，引入了多自由度的顶推设备，该设备类似于"多人抬轿"，可在顶推过程中实现位移与姿态的多重调整，特别适用于弯桥或弧形轨道的结构滑移，是滑移设备智能化应用的一次拓展。

对提升或滑移而言，往往会强调安装过程中的同步性，或者说同步性被认为是非原位安装过程安全的重要前提。然而，绝对的同步性几乎是不能完全实现的。为应对这一情况，实际操作中往往频繁调整位移的不同步，即每提升或顶推若干个行程后都要停下来检查与调整。为了提高工作效率，减少过程中的频繁同步性调整，基于结构自身刚度与内力响应的特点，预先将不同步的容许值初步确定出来，并将初步不同步予以折减，用这部分折减量去消化设备自身的不同步误差，从而形成该结构非原位安装的不同步容差限值，从另一个角度提高设备控制的智能化。

1.3.4　非原位安装的智能化监测

相比原位安装而言，非原位安装由于采用了提升、滑移等相关工艺，过程中结构的安全性显得更加重要，施工完成后结构成型态与设计状态的符合性或一致性也是重点关注的内容，这些都需要通过在线监测来完成。工程实践中，一般的在线监测智能化程度不高，监测手段仍然常常采用"贴应变片＋数据有线传输"的非智能化手段，不但数据精度不高、数据不稳定，且监测配量工作量大、操作十分不方便。

针对这些问题，通过调研与跟踪了当前最先进的智能监测技术与设备，并与监测团队深度融合，共同研究将先进的智能监测技术应用到具体工况的实施方案，着重针对传感技术的演变，针对面向内力、面向位移及面向结构形态的新型传感技术，实现在线监测的无线化、精确化及灵活化，将结构监测朝智能化的方向推进一步。

1.3.5　全过程的数字化管理平台

钢结构的原位安装方案，忽略场地移交的约束条件下，一般情况下可大面积多点开花，原则上只要构件运到现场，即可进行原位安装。而非原位安装则有所不同，无论提升方案或滑移方案，对构件供应的先后次序要求是很高的，特别是当场地条件有限、堆场紧张的时候，加工厂应严格遵循现场提供的构件供应计划。但实际情况却不尽如人意，由于缺乏统一的可视化信息平台，工厂与现场之间极易出现信息不对称，构件的加工、供应计划与现场的安装次序不匹配。而且，工厂的加工与供货还常常受到其他工程抢工等内部管理因素的干扰，导致现场拼装与安装怠工的情况时有发生，工厂与现场的矛盾尖锐。

针对上述情况，开发了数字化的钢结构全生命周期管理平台，重点打造了拉通工厂与现场的可视化共享平台，该平台将材料采购、深化设计、构件加工、供货及现场安装等全部过程实现可视化，以信息化手段解决工厂与现场的信息不对称问题。同时，植入了从深化设计、工艺排版到构件加工的无纸化流程，进一步提高构件加工的效率与质量精度。另外，从现场安装的便利性角度，每根构件均赋予唯一的二维码，用以清晰定位该构件在整体模型中的位置，切实提高钢结构安装，特别是非原位安装的数字化管理程度。

1.3.6　非原位安装的拓展性应用

非原位安装技术多用于大跨度钢结构、高层建筑连廊、桥梁钢结构及高耸结构中，随着结构形式越来越新颖多样、施工场地条件的复杂多变，这就需要根据工程的实际情况，结合结构特点、场地条件、设备条件等，因地制宜地对非原位安装技术进行再创新。因技术再创新不足而放弃应用非原位安装方案的案例屡见不鲜，进而引发了工程项目施工风险加大、建造成本骤增等后果。

为此，基于近十年的工程实践，甄选若干有代表性的典型工程案例，具体介绍了非原位安装技术在工程实践中的丰富、创新与发展，既有一次性完成"地面拼装、提升就位"的常规提升施工，又有"预提升＋分阶段组装"的改进的整体提升施工；既有"先高区、后低区"的正序提升施工，又有"由低区到高区"的反序提升施工；既有传统"分片提升"施工，又有"分片分级累积提升"施工；既有传统"累积滑移"施工，又有创造性的"差速顶推滑移"与"天线倒装法"施工，以及滑移施工中常见的滑移不同步问题的风险评估与对策，这些创新技术的应用，解决了一个又一个施工组织和安装技术的难题，覆盖了从大跨、高层到桥梁及高耸结构等典型建筑结构。

第2部分

钢结构非原位安装关键技术

第2章 非原位安装的一体化动态仿真技术

2.1 施工仿真分析方法简介

2.1.1 施工仿真分析基础理论

传统的结构设计指的是对成型的整体结构进行分析，但是实际施工与设计截然不同，建筑物的施工是从局部到整体或从低到高的一个过程。结构的形状、刚度、荷载状况以及边界条件等在长期的施工过程中会随着时间的变化而发生改变，整体结构竣工后其变形和应力结果是由每个施工阶段逐步累积得到的，这些情况都和施工过程的"时间"和"顺序"存在密切的联系（图2-1）。因此，对复杂大跨及高层钢结构施工过程进行分析，实质上是掌握结构在施工过程中组成和受力状态随时间发生改变的过程，属于时变结构力学的研究范畴。

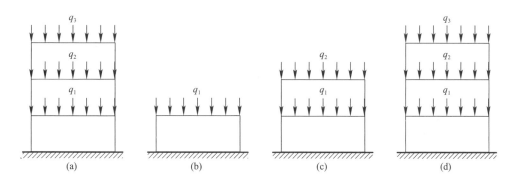

图 2-1 施工过程结构力学状态

（a）设计状态；（b）施工阶段1；（c）施工阶段2；（d）施工阶段3

时变结构力学按照结构和荷载的变化速率可以分为以下三种形式：超慢速时变结构力学、慢速时变结构力学和快速时变结构力学。结构施工力学属于典型的慢速时变结构力学问题，其特点是结构的内力、位移等随着时间变化而缓慢改变，分析此类结构力学问题可以选取将时间冻结的方法来做近似离散处理，即认为一定时间段内它是不随时间发生变化，进而研究其静力和动力性能，通常取最不利状态下对结构的应力和变形进行分析。更重要的是，在分析过程中不但要将结构自身的变化考虑进去，还需要注意到结构成型过程中不同施工阶段附加物（如临时杆件、临时胎架等）的变化及由此对整体结构所产生的影响。

分析求解施工力学问题通常采用以下几种方法进行。

1. 状态变量叠加法

首先，传统的结构分析方法一般研究对象是施工完成后的整体结构，一次性施加各种荷载后进行计算分析。该方法以将整体结构完工状态作为初始受力状态进行分析，而事实上当结构施工完成时其内部已经存在着内力和变形，并且同一个结构的完工状态随施工方案、施工顺序的改变会有很大的不同。随着大型结构体系越来越复杂多样，它从开始施工到竣工一般不是一次性就可以完成的，其成型是分多个阶段进行且是从局部到整体的一个"生长"过程，随着施工进程的开展，结构不断发生内力重分布以及变形协调，因此传统的结构一次性分析方法在某种意义上忽略了施工过程的影响。

状态变量叠加法是基于线性叠加的基本原理而得到的，其理论基础是施工力学和时变结构力学。该方法所阐述的基本观点为：结构施工成型后的状态与施工顺序存在不容忽视的紧密联系，它可以通过叠加所有施工阶段的受力状态（内力、变形和反力等）而得到。具体的求解过程如下：

按照施工方案把整体结构的施工过程分为 n 个施工阶段进行，那么每个施工阶段结构计算方程如下：

第一施工阶段：

$$K_1 U_1 = P_1 \tag{2-1}$$

$$N_1 = k_1 A_1 U_1 \tag{2-2}$$

第二施工阶段：

$$(K_1 + K_2) U_2 = P_2 \tag{2-3}$$

$$N_2 = k_2 A_2 U_2 \tag{2-4}$$

第 n 施工阶段：

$$(K_1 + K_2 + \cdots\cdots + K_n) U_n = P_n \tag{2-5}$$

$$N_n = k_n A_n U_n \tag{2-6}$$

以上各式中 K_1、K_2、$\cdots\cdots$、K_n——第1施工阶段、第2施工阶段、$\cdots\cdots$、第 n 施工阶段中第 n 单元块结构的总刚度矩阵；

k_i——第1施工阶段、第2施工阶段、$\cdots\cdots$、第 n 施工阶段中不完整结构的单元刚度矩阵；

U_1、U_2、$\cdots\cdots$、U_n——第1施工阶段、第2施工阶段、$\cdots\cdots$、第 n 施工阶段中不完整结构的节点位移向量矩阵；

P_1、P_2、$\cdots\cdots$、P_n——第1施工阶段、第2施工阶段、$\cdots\cdots$、第 n 施工阶段中第 n 单元块结构的节点力向量矩阵；

A_1、A_2、$\cdots\cdots$、A_n——第1施工阶段、第2施工阶段、$\cdots\cdots$、第 n 施工阶段不完整结构的几何矩阵；

N_1、N_2、$\cdots\cdots$、N_n——第1施工阶段、第2施工阶段、$\cdots\cdots$、第 n 施工阶段不完整结构的杆件内力向量矩阵。

最后的整体结构位移：

$$U = \sum U_i \tag{2-7}$$

最后的整体结构内力：

$$N = \sum N_i \tag{2-8}$$

式中 U——整体结构的位移向量矩阵；

U_i——第 i 施工阶段结构的位移向量矩阵；

N——整体结构的内力向量矩阵；

N_i——第 i 施工阶段结构的内力向量矩阵。

但是，如果按照传统的一次性分析法，结构的位移及内力为：

$$KU=P \tag{2-9}$$

$$N=KAU \tag{2-10}$$

式中　K——整体结构的总刚度矩阵；

　　　U——整体结构的位移向量矩阵；

　　　P——整体结构的节点力向量矩阵；

　　　N——整体结构的内力向量矩阵；

　　　A——整体结构的几何矩阵。

对比上述方程可以发现，传统的一次性分析法忽略了施工过程对结构的变形和受力所产生的影响，而状态变量叠加法针对各个施工阶段结构的受力情况进行了分析并进行叠加得到整体结构的最终受力状态，与实际情况更加接近。但是在实际应用中，采用状态变量叠加法需要对结构的构件、荷载以及边界条件进行多次增添、删除或改变，会导致巨大的计算分析工作量，因此，在实际工程中操作难度非常大。

2. 生死单元法

对于施工力学问题，生死单元法是目前比较实用的一种求解处理方法。生死单元法利用"激活"或"杀死"功能对结构有限元模型中结构单元的增加或拆减进行模拟。对单元应用"杀死"功能时，即将此单元的刚度矩阵乘以一个非常小的因子，此时被"杀死"单元的质量、载荷、阻尼、应变等参数都近似归零，虽然仍可以模型中显示它们，但其本身刚度、质量及其上荷载已不参与结构计算。而当按照施工过程模拟新增构件的安装生成时，应用单元的"激活"功能，即"杀死"单元的逆过程，根据施工的顺序，重新激活先前被"杀死"的单元，此时激活单元的质量、载荷、刚度、阻尼等参数将调整回原来数值，模拟施工过程的实际情况，特别是凭借有限元分析软件强大的前处理与后处理能力，能够快速便捷地得到结构在各个施工阶段的位移与应力，从而实现施工过程仿真分析。选择生死单元法对复杂结构的施工过程仿真模拟流程如图 2-2：（1）创建整体结构的有限元分析模型；（2）根据施工方案将整体结构的施工过程分成几个施工阶段，同时也要将整体模型相应的分成几个单元分组；（3）将所有单元杀死；（4）将整体模型中属于第一施工阶段的单元进行激活，并加载该施工阶段所对应的荷载及约束条件，随后进行分析计算并将结果保存；（5）以此类推，按照施工顺序对当前施工阶段所对应的单元进行激活处理，直至结构最终竣工成形。需要特别注意必须对"死单元"的节点进行约束，否则这些节点会发生"漂移"从而造成错误的计算结果，但是不可约束生死单元之间相接的节点。

可以看出，生死单元法是状态变量叠加法在有限元软件平台上的改进，能方便地用来解决实际施工过程模拟分析，结构在不同施工阶段的内力和变形的分析可以采用同一个计算模型完成，大大提高了分析效率。

2.1.2　现有施工仿真分析的不足

非原位安装的提升或滑移等施工，仿真分析对施工方案的可行性及施工过程的安全性等都起着重要的支撑作用。毋庸置疑，自引入施工仿真分析技术以后，特别是生死单元技

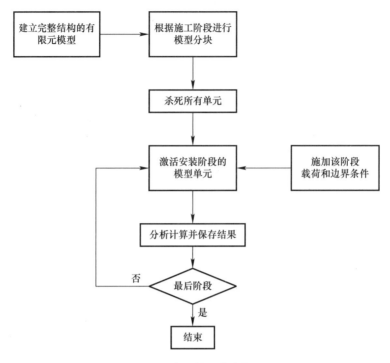

图 2-2　生死单元法流程图

术得到较为广泛的应用之后，技术人员在钢结构施工方案的比选中更加灵活大胆，新的创造性想法得以验证和实施，在这些年的钢结构工程建设中发挥了不可估量的作用。然而，认识总是可以深化与扩展的，在大量工程实践中也发现了当前仿真分析方法的三处不足。为了方便阐述，以提升安装工艺为例。

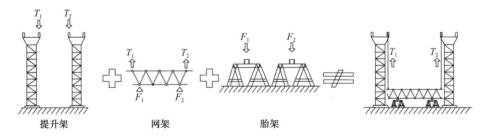

图 2-3　"分体建模、分体计算"的常规仿真分析方法

（1）未能反映被提升结构与临时结构之间的"刚度耦合"与"接触耦合"机制。

当前常规的仿真分析一般采用"分体建模、分体计算"的模式（图 2-3），即被提升结构和临时结构（支撑胎架、提升架等）单独建模，通过手工的反力提取与传递，实现各自分体计算分析的目的。此种仿真分析方法将各结构予以割裂，忽略了被提升结构与临时结构在施工过程中的相互联系和相互影响：

一是未体现因临时结构与被提升结构之间的"刚度耦合"机制而产生的结构响应，即没有反映出被提升结构在临时结构刚度（竖向与侧向刚度）参与条件下而发生的相互影响。

二是未体现两者由于"接触耦合"而产生的结构反应，即没有反映出两者在施工过程中可能发生的"肢体接触"，以及由此带来的结构响应特征。

特别地，在考虑地震等动荷载作用下（地震波或反应谱）的施工过程结构响应时，"分体建模、分体计算"的方式更难以体现"刚度耦合与接触耦合"，其不足之处显而易见，分析结果很难令人信服。正是因为不能体现上述这两种耦合机制，当前的仿真分析方法尚不能完整地、准确地预测结构在非原位安装过程中的内力与位移变化，结构施工的安全性评价与技术指导并不十分严谨与完善，有进一步研究改进的必要。

（2）未能反映被提升结构与临时结构在关键施工环节的结构响应，仿真分析存在"断挡与不连续"。

仍以提升工艺为例，尽管目前的仿真分析也在追求施工全过程覆盖，但基于常规"分体建模、分体计算"的分析技术，施工过程只能依赖于人工判断，选取若干施工阶段或施工步开展计算分析。正是受限于上述分析手段，当前的仿真分析方法在施工过程上的模拟上相对粗糙，施工阶段划分比较线条，特别在施工关键环节的计算分析存在"断挡与不连续"，即未考虑如图 2-4 所示的"过渡阶段"。施工过程中一些令人困惑的现象，后来都被证明是由于分析不够精确而未能预测：

1）如很多平板网架结构在提升的初始阶段，尽管结构是整体提升，但平板网架与临时支撑胎架的脱开却并非同时发生，网架挠度的存在，使得近跨中区域结构与支撑胎架的分离滞后于其他区域，这使得部分支撑胎架的承载力需求可能高于网架拼装阶段的计算值，而这种情况基于当前"分体建模、分体计算"的技术手段之下，计算分析存在不可避免的"断挡与不连续"而难以被覆盖到的。

2）如很多曲面屋盖网壳结构在提升就位后的卸载过程中，尽管是计算机控制的液压同步卸载，但有些点位在卸载过程中却存在起伏波动，时而与卸载用千斤顶脱开、时而与卸载用千斤顶接触（控制台显示有反力），这些现象在当时或许很难解释，出现了许多猜测，但随着研究的深入，发现这仍然是由于计算分析的"断挡与不连续"造成的，未能完整、动态描述提升的整个过程。

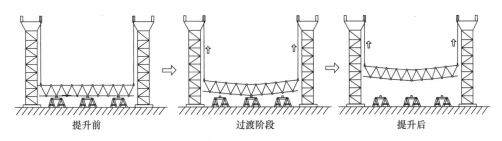

提升前　　　　　　　　　　过渡阶段　　　　　　　　　　提升后

图 2-4　常规仿真分析方法可能存在的"连挡与不连续"（过渡阶段未考虑）

2.2　一体化动态仿真技术

2.2.1　一体化动态仿真技术的提出

为了更全面、准确地分析钢结构的非原位安装过程，更清晰地定量描述和预测永久结构与临时结构在施工过程中的受力状态。研究人员经过深入的科技攻关与大量工程实践，提出了"一体化动态"仿真分析方法。与常规的仿真分析技术相比，其主要特征在于：

（1）一体化模型：以整体提升工艺为对象，"一体化"的含义首先是被提升结构、提升吊索、临时支撑胎架及提升架等包含在一个整体分析模型中（图 2-5），模拟被提升结构脱离支撑胎架、同步提升及容差限值下的不同步提升、就位以及卸载等过程。更关键的是，一体化模型一方面可有效体现被提升结构与临时结构之间的刚度耦合机制，另一方面也更便于考虑风荷载或地震作用下的施工过程仿真，克服了常规"分体建模、分体计算"仿真分析方法的不足。

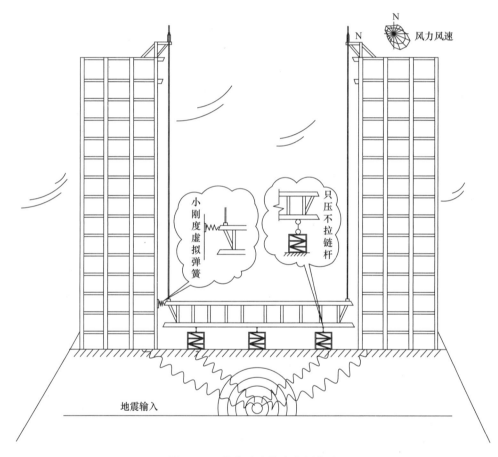

图 2-5 一体化动态仿真分析方法

（2）竖向拟动态：采用一体化模型解决了"刚度耦合"问题之后，采用何种技术手段克服前述施工过程分析"断挡与不连续"的问题，尽可能完整描述关键施工环节的动态过程，是需要解决的另一个关键要点。为此，技术人员提出了一个"拟动态"的目标，即还是以静态的计算理论去动态模拟关键施工环节的结构状态，达到"以静拟动"的仿真分析目的。

就提升工艺来说，实现"以静拟动"的主要技术手法，是灵活运用了有限元程序中一种"只压不拉"的单元来模拟结构之间的"肢体接触"。顾名思义，该单元承受压力时能对结构提供支反力，承受拉力时单元内力为零（或理解为单元失效）。由此，这种新的仿真手法能比较准确地模拟被提升结构搁置在支撑胎架上的边界条件，结合施工步的加密处理，即可描述被提升结构在完全脱离支撑胎架之前的状态空挡，克服前述"断挡与不连续"的竖向动态描述。

在常规"分体建模、分体计算"的仿真分析方法中，由于被提升结构与临时结构之间没有设置直接的联系，被提升结构与临时结构分体之后，一般采用自由度约束的方式去模拟临时结构对被提升结构提供的这种支撑条件，这种边界设置手法需要人工提前预判提升脱架过程中，对被提升结构仍提供支撑的支撑胎架，而这种判断，人工显然难以准确预计，故而在常规仿真分析的实践中，被提升结构只存在两种离散状态，即全部支撑于临时胎架之上或全部脱离于临时支撑胎架，不能描述被提升结构与临时结构之间的接触耦合机制，从而导致了常规仿真分析"断挡与不连续"的问题。

而在一体化模型的总体框架下，引入"只压不拉"的单元之后，就完全有条件实现"以静拟动"，通过一个小的仿真手法创新，计算机程序就能自动判定被提升结构与临时结构之间是否接触，有效反映了两者之间的"接触耦合"机理，从而克服了常规仿真分析在结构竖向响应上的"断挡与不连续"问题，成本小而收益大，此即为"竖向拟动态"的含义所在。

（3）水平拟动态：同理，在风荷载或地震作用影响下，结构提升过程中还可能与临时结构或相邻永久结构之间发生肢体接触，常规"分体建模、分体计算"的仿真分析方法显然也无法描述两者之间的"接触耦合"现象，部分条件下还可能低估临时结构的承载力设计，对提升过程的结构安全不利。

比如，在常规仿真分析中，被提升结构正常工况下仅受吊索拉力，无其他侧向约束条件，该分析模型在有限元程序中被认定为机构，无法进行计算。因此，为实现仿真计算的顺利进行，常规做法是约束被提升结构的侧向自由度，仅释放被提升结构的竖向自由度进而模拟结构的竖向提升。这种常规处理方式虽能保证模型的可计算性，却无法模拟被提升结构在提升过程中受地震或者风荷载作用下的横向摆动，更不能体现被提升结构与临时结构或相邻永久结构的肢体接触。然而毋庸置疑的是，被提升结构在风或地震作用下发生摆动时，依据正交分解原理，提升吊索将对提升架或被提升结构产生水平方向的分力，该水平分力的存在在提升方案的设计中显然不可忽视。

基于此，为比较准确地模拟被提升结构在地震及风荷载作用下的动态响应，在一体化模型的框架下，提出了"小刚度虚拟弹簧单元"的技术手法。其特点在于引入若干小刚度的弹簧单元来约束被提升结构的侧向自由度，既保证了仿真分析的正常计算，又不致真的限制被提升结构的侧向摆动（弹簧单元的刚度很小），就好似给被提升结构安置了一个虚拟的弹簧，以此达到描述被提升结构在地震及风荷载作用下的侧向摆动，进而模拟出被提升结构与相邻临时或永久结构之间的"接触耦合"，从而实现"以静拟动"的仿真目标。

2.2.2　一体化动态仿真技术的应用效果

（1）算法通用性好。大量工程的仿真实践表明，一体化拟动态的算法通用性好，一是指这种仿真分析方法简便、计算的收敛性好，程序运行快、输出结果稳定；二是指应用场景不受限制，无论提升、滑移或其他各种方案，一体化拟动态的仿真分析方法都可以得到应用，并不局限于提升工艺或非原位安装法本身。

事实上，此算法通用性好，还有一个隐含的比较对象，即通常接触耦合在有限元程序中还可以用接触单元去模拟，且只要参数设置合理，接触单元的描述也是最精确的，但接触单元的程序算法十分复杂，不但耗费机时，且计算十分不稳定、收敛性很难保证，程序常常意外中断、没有一个可靠的结果输出。因而接触单元的应用，即使在面向科研的精细分析中也受到极大限制，面向工程的仿真分析限制性更甚。

（2）施工指导性强。施工指导性强，一是指从结构施工的安全性角度，新的一体化拟动态仿真分析法，弥补了常规仿真分析方法不能体现"刚度耦合"与"接触耦合"的不足，在一体化模型框架下更完整、更准备地描述了施工动态，相应其仿真分析结果对结构施工安全性的支撑作用更强、指导价值更大。

施工指导性强，二是指从结构安装的可控性角度，通过引入一体化拟动态仿真分析法的引入，使得现场施工的可控性更强，很多常规仿真分析法未能预测到的结构响应或现象，一体化拟动态仿真分析法都较好地给出了提前的预判，进而给安装方案的提前应对创造了条件，预判与预案是最经济、最有效的策略。

第3章 非原位安装的一致性施工控制技术

3.1 一致性施工控制技术的提出

认识到当前施工控制技术的不足之后，研究人员提出了"一致性施工控制技术"的概念，其目的即旨在研究一种新的结构施工评价指标，克服当前结构施工控制"重过程、轻结果"的问题。

(1) 不一致的背景原因：施工成型态（卸载后）与原设计状态的杆件内力会发生不一致（或多或少存在差异），依据弹塑性理论可推知，只要结构存在非性线特征（材料非线性或几何非线性），其最终的内力及位形就与加载路径有关，实质上胎架卸载或千斤顶卸载，对永久结构来说实际是一种加载。毋庸置疑，大跨度钢结构本身均或多或少呈现出一定的"几何非线性"特征（材料非线性一般不会在安装过程中出现），特别是形状不十分规整或面外刚度较弱的单层网壳等大跨结构，几何非线性特征会相对较明显，进而施工成型态（卸载后）与原设计状态的杆件内力会存在不一致的现象，也就是说不一致几乎是绝对的，而一致性反而是相对的。

(2) 一致性施工控制指标：正因为施工成型态（卸载后）与原设计状态的杆件内力不可能完全一致，那么这种相对差异在多大范围内被允许是需要研讨的关键指标。考虑到在各种工况组合下，一般原设计的杆件应力比会控制在 0.95 以下，若两种状态下的内力差异超出 5%，则有可能使得在某些工况组合下，结构的杆件应力比会超出 1.0，结构存在一定的安全风险。由此，将施工成型态（卸载后）内力状态与原设计内力状态的差异控制在 5% 以内，成为课题组提出的一致性施工控制指标。诚然，依据每个工程设计的具体情况，这种差异的允许范围也可放宽或收紧，可与结构设计单位协商决定，采取一事一议的办法。此处提出的 5% 的一致性控制指标，仅是课题组认为一般性的、较为合理的指标值，且曾经在海外中东地区的某机场钢结构工程中，有与结构设计单位协商约定在 5% 的案例。

(3) 指标的空间与确定：当然，对于每个工程设计的具体情况，此指标大小可与结构设计单位协商决定，适当放宽或收紧。具体地，首先要与结构设计单位进行深入研讨分析，掌握结构设计本身的富余度，即在结构设计阶段的富余度空间内，分析施工所引起的一致性差异指标。其次，结合安装方案的比选与迭代优化，融入工期、成本与风险等关键考量因素，与设计单位一道筛选与确定出合理的一致性差异指标，并最终在施工过程中控制到位、执行到位。

3.2 一致性施工控制的技术路径

一致性的施工控制，首先仍是从施工阶段的仿真分析入手，用理论分析的成果去指导施工安装，而一致性施工控制的技术路径与实现，刚性结构与柔性结构又不尽相同，特别是索网结构为代表的柔性结构，一致性施工控制的研究较早地受到了关注与重视，前人可借鉴的研究成果相对多。故而，以下分别面向刚性结构与柔性索网结构，就一致性施工控制的路径做阐述。

3.2.1 刚性结构的一致性施工控制

刚性结构的一致性施工控制，以大跨钢结构的整体提升法为阐述对象，一致性施工控制（仿真分析）的基本流程如图 3-1 所示。

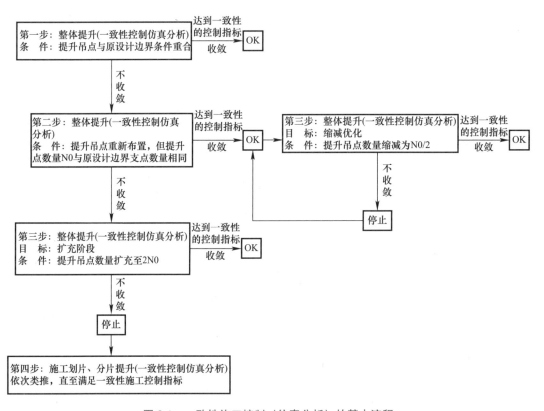

图 3-1 一致性施工控制（仿真分析）的基本流程

第一步，与原设计状态保持一致性的最基本方法，即是提升点的平面布置与被提升结构的永久边界支点重合，同时尽可能达到卸载或就位的同步性，满足这样的条件下，施工成型态（卸载后）与原设计状态的杆件内力水平最为接近，是大跨结构施工安装的较为理想的备选方案之一。

值得提出，待提升结构与相邻永久结构完成连接固定后，提升吊索在实践中也不太可能做到同时卸力，且如前所述，吊索的不同时卸力对结构来讲正是一种与路径有关的加载过程，这也正是施工成型态（卸载后）与原设计状态的杆件内力差异的主要因素之一。因此，为了更好地模拟施工与指导施工，在仿真计算中嵌入了一种所谓的提升吊索卸载的"遍历"程序，即吊索的卸力是逐点推进，可约定一定的吊索卸力次序，如由内圈到外圈、同一圈层吊索的卸力次序则尽可能追求对称性，透过这种程序设定去"遍历考察"杆件内力与原设计状态的一致性。

第二步，当现场条件难以实现提升点的平面布置与被提升结构的永久边界支点重合（如场地条件的限制、提升设备的能力限制或结构形式本身不适合等），或经过"遍历"的卸力分析后仍达不到一致性施工控制指标时，课题组提出的办法是先把待提升结构处理成平面展开图，以结构的永久边界支点数量 N_0 为初步设定的提点吊点数量，并以此为依据在计算机程序中将结构的平面展开图较均匀地划分成 N_0 个虚拟的板块。将每个虚拟的板块假想为单独的离散体，可以进一步计算出每个离散体的重心位置，以此理论重心为原点，寻找相邻最近的结构节点作为基准提点吊点。当然，实际工程中，也要结合场地条件的具体情况，适当调整基准提升吊点的位置，使得仿真分析与工程实际的结合更紧密、更协调。

第三步，以基准提升吊点为基础，开展施工过程的仿真计算（直至卸载完成为止），考察施工成型态（卸载后）与原设计状态的杆件内力差异是否落在 5% 以内，如若内力差异在 5% 内，则进入下一步提升吊点"缩减优化"的程序单元，反之则进入下一步提升吊点"扩充进阶"的程序单元。

第四步，在施工成型态（卸载后）与原设计状态的杆件内力之差异已经落在了 5% 以内的条件下，进入提升吊点"缩减优化"的程序单元，其目的是考察提升吊点缩减优化的可能性，即是否提升吊点减少的情况下，按照前述"遍历"考察的计算程序，仍能把施工成型态（卸载后）与原设计状态的杆件内力差异控制在 5% 以内的设想。反之，在上一步施工成型态（卸载后）与原设计状态的杆件内力之差异达不到 5% 以内的情况下，我们则把提升吊点的数量进行扩充，以寻求在吊点增加的条件下，期望实现 5% 的内力差异控制。

需要说明的是，如图 3-2 所示，缩减提升吊点的具体操作是将吊点数量由 N_0 调低到 $N_0/2$（取整，以下同），扩充的操作则是将吊点数量由 N_0 调高到 $2N_0$，且无论这种调低或调高的措施能否实现 5% 的差异性控制，程序均停止计算、不再基于仿真分析做进一步的一致性控制追求，而是转而在下一步透过合理的施工分区去寻求一致性控制。

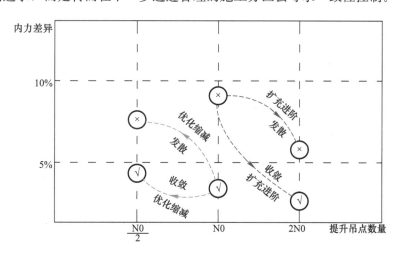

图 3-2 一致性施工控制提升吊点缩减优化或扩充进阶示意

第五步，若基于 2N0 数量的提升吊点，仍不能达到一致性的施工控制指标，则考虑将待提升结构进行分片切分，在每一个相对独立的单元内做整体提升，并选取其中跨度较大的若干独立单元做一致性控制的仿真分析，依此类推，直至施工分片满足一致性的施工控制指标。

3.2.2 柔性索网结构的一致性施工控制

对于预应力索网结构，需要保证施工完成后的索力、形态与设计的一致性。由于张力结构的刚度主要依赖于几何刚度，来源于拉索预应力，具有强烈的几何非线性和过程非线性，因此其一致性施工控制方法与前述刚性结构有所不同。

张力补偿法是预应力索网结构中典型的一致性施工控制方法，当采用简单的分组分批张拉施工时，不必在施工过程中多次调整索的张力，从而提高工作效率和降低施工费用。其基本思想是，当张拉后续拉索时，前面已张拉的索的内力将发生变化，为了保证张拉施工完毕后拉索内力恰好达到张力设计值，需要在张力设计值的基础上进行调整（补偿）。以补偿后的索力为张拉目标进行一次性张拉施工，便能够达到一致性施工控制要求。

张力补偿计算法针对分组分批张拉施工法，索的分组与分批应根据结构中索的分布情况以及施工条件的实际情况而定，同一组索是指被同时张拉的若干条索，不同批次是指时间上的区分，即前一组索张拉并固定后再进行后一组索的张拉。一旦安装与张拉方案确定，即可基于以下计算路径开展分析，决定每批、每组索网的张拉值，依此张拉值一次性张拉到位。

现假定某混合结构中有 n 组索，令 k 为循环计算序号；P_i 为第 i 组索中主动索的索力设计值（$i=1\sim n$），也就是施工完毕的目标值；$P_i(k)$ 为第 k 循环计算时，第 i 组索中主动索的施工索力控制值，即实际施工需要张拉到的量值；$F_i^j(k)$ 为 k 循环计算时，第 i 组索中主动索在第 j 批次张拉完成的实际索力。张力补偿法的计算步骤如下：

第 1 次循环计算（$k=1$）：

(1) 第 1 批次张拉：张拉第 1 组索使其施工索力控制值等于索力设计值即 $P_1(1) = P_1$，此时 $F_1^1(1) = P_1$。

(2) 第 2 批次张拉：张拉第 2 组索，使其施工索力控制值等于索力设计值即 $P_2(1) = P_2$，此时 $F_2^2(1)P_2$；由于张拉变形的影响，第 1 组索的实际索力变为 $F_1^2(1)$。

(3) 第 3 批次张拉：张拉第 3 组索，使其施工索力控制值等于索力设计值即 $P_3(1) = P_3$，此时 $F_3^3(1) = P_3$；由于张拉变形的影响，第 1、2 组索的实际索力变为 $F_1^3(1)$ 和 $F_2^3(1)$；

……

(i) 第 i 批次张拉：张拉第 i 组索，使其施工索力控制值等于索力设计值即 $P_i(1) = P_i$，此时 $F_i^i(1) = P_i$；由于张拉变形的影响，前 ($i-1$) 组索的实际索力变为 $F_1^i(1),F_2^i(1),\cdots\cdots,$ $F_{i-1}^i(1)$；

……

(n) 第 n 批次张拉：张拉第 n 组索，使其施工索力控制值等于索力设计值即 $P_n(1) = P_n$，此时 $F_n^n(1) = P_n$；由于张拉变形的影响，前 ($n-1$) 组索的实际索力变为 $F_1^n(1)$，

$F_2^n(1)$，$\cdots\cdots$，$F_{n-1}^n(1)$。

至此，除最后一批索外，其余各批次索的内力均发生了改变。各组索的实际索力与索力设计值的偏差为：

$$\Delta F_1^n(1) = P_1 - F_1^n(1);$$
$$\Delta F_2^n(1) = P_2 - F_2^n(1);$$
$$\cdots\cdots$$
$$\Delta F_n^{n-1}(1) = P_n - F_n^{n-1}(1);$$

第 2 次循环计算（$k=2$）：

首先，修改各组索的施工张力控制值，对各索第 1 次循环计算时的施工索力控制值进行补偿，即：

$$P_1(2) = P_1 + \Delta F_1^n(1)$$
$$P_2(2) = P_2 + \Delta F_2^n(1)$$
$$\cdots\cdots$$
$$P_{n-1}(2) = P_{n-1} + \Delta F_{n-1}^n(1)$$

最后一组索 $P_n(2) = P_n$

$P_1(2)$，$P_2(2)$，$\cdots\cdots$，$P_{n-1}(2)$ 和 $P_n(2)$ 是第 2 次循环计算时，调整后索的施工索力控制值。对于 $k=2$ 的第 2 次循环计算的方法和步骤与 $k=1$ 的第 1 次循环计算完全相同。同理，可以得到 $k=3$，4，$\cdots\cdots$，的循环计算结果。令相邻循环计算的施工索力控制值变化率为：

$$\delta = (P_{n-1}(k) - P_{n-1}(k-1))/P_{n-1}(k-1)$$

当第 k 次循环计算结束时变化率足够小时，循环计算结束。最后一次循环计算的结果列于图 3-3 中。

i	$F_1^i(k)$	$F_2^i(k)$	$\cdots\cdots$	$F_i^i(k)$	$\cdots\cdots$	$F_n^i(k)$
1	$F_1^1(k)$					
2	$F_1^2(k)$	$F_2^2(k)$				
$\cdots\cdots$	$\cdots\cdots$	$\cdots\cdots$	$\cdots\cdots$			
i	$F_1^i(k)$	$F_2^i(k)$	$\cdots\cdots$	$F_i^i(k)$		
$\cdots\cdots$	$\cdots\cdots$	$\cdots\cdots$	$\cdots\cdots$	$\cdots\cdots$	$\cdots\cdots$	
n	$F_1^n(k)$	$F_2^n(k)$	$\cdots\cdots$	$F_n^i(k)$	$\cdots\cdots$	$F_n^n(k)$

图 3-3　第 k 次循环计算结果

图 3-3 中对角线上的值，$F_1^1(k)$，$F_2^2(k)$，$\cdots\cdots$，$F_i^i(k)$，$\cdots\cdots$，$F_n^n(k)$，即为张力补偿计算的最终索力，也就是实际现场施工张拉时第 1，2，$\cdots\cdots$，n 组索的施工索力控制值。表中最后一行值，是采用分组分批张拉时的各索最终实际索力，亦即应近似等于各自索力设计值 P_1，P_2，$\cdots\cdots$，P_i，$\cdots\cdots$，P_n，也是施工完毕要达到的目的。

3.3　一致性施工控制在线监测效果

为了验证一致性施工控制的实施效果，结合多个工程的应用，如中国西部博览城项目

（成都）（图 3-4）、国际会展中心登录厅项目（深圳）以及长春某国际机场项目等，根据一致性施工控制的预分析结果，分别选取了 5～10 处内力差异幅度较高的杆件作为施工在线监测的对象。

通过杆件的监测应力推算相应杆件内力，与原设计内力对比，验证施工成型后是否达到了一致施工控制目标。多个项目的现场在线监测结果均显示，基于非原位安装的一体化动态仿真技术，按照一致性施工控制的技术路径，施工成型后被监测杆件的内力状态与原设计的差异均落在 1‰～2‰，基本实现了一致施工控制之目的，大厅网架双曲不等高及结构顶板高差分布见图 3-6。

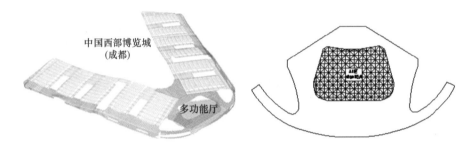

图 3-4　中国西部博览城项目（成都）多功能厅的 A 区网架结构

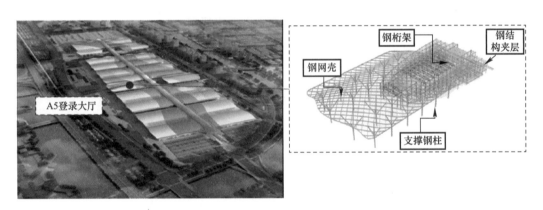

图 3-5　深圳国际会展中心 A5 登录大厅单层网壳

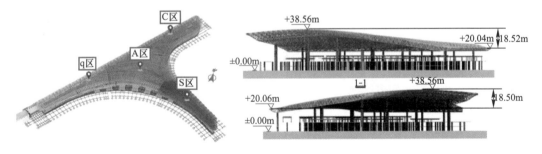

图 3-6　大厅网架双曲不等高及结构顶板高差分布

第4章 非原位安装的设备智能化控制技术

4.1 非原位安装的设备控制现状

基于提升或滑移工艺的非原位安装技术，目前常采用的是计算机控制的液压提升设备或顶推设备。计算机控制的引入，已经助推设备智能化前进了一大步，使得以提升与滑移工艺为主的非原位安装技术得到广泛应用。

对提升或滑移而言，往往会强调安装过程中的同步性，或者说同步性被认为是原非位安装过程安全的重要前提。然而以提升工艺为例，多个工程项目的实践发现，同步性几乎是不能完全实现的。究其原因，主要是提升设备内部的锚具与钢绞线之间的相对滑动产生了一定的累积位移，使得计算机系统显示的提升位移与实际位移存在些许偏差，而这一偏差往往会导致结构产生较大的附加内力。

要应对这一情况，实际操作中往往频繁调整位移的不同步性，即每提升或顶推若干个行程后都要停下来检查与调整，费时费力、十分不便。为了提高工作效率，减少过程中的频繁同步性调整，针对相对不同步与绝对不同步两种情形，从理论上论证了两种不同步性引起结构附加内力的原理，并辅以一体化仿真分析手段，基于结构自身刚度与内力响应的特点，预先将不同步的容许值初步确定出来，并将初步不同步予以折减，用这部分折减量去消化设备自身的不同步误差，从而形成该结构非原位安装的不同步容差限值。这样，实际操作中原则上不再需要开展不同步的实测实量，仅凭计算机控制系统显示的不同步差值，即可决定提升或顶推是否继续进行，从而从另一个角度提高了设备控制的智能化。

此外，伴随市政基础设施领域的开拓背景，市政桥梁常常会有相当部分的弯桥段，在不影响既有交通正常运行的情况下，滑移顶推法成为首选的施工方案。而要实现此设想，常见单自由度的顶推设备在弯桥滑移中不实用，顶推的自动化水平及工作效率不高。为此，在广泛的市场调研基础上，引入了多自由度的顶推设备，该设备类似于"多人抬轿"，可在顶推过程中实现位移与姿态的多重调整，特别适用于弯桥或弧形轨道的结构滑移，是滑移设备智能化的又一次进步。

本章先介绍提升与滑移工艺的基本设备、工作原理及其控制系统，并推介了一种在市政桥梁中应用过的多自由度顶推设备，供同行参考；再分析与研讨不同步性对结构在提升与滑移过程中的影响，提出了不同步容差限制的概念与量值确定路径。

4.2 非原位安装的设备及特点

4.2.1 提升设备

1. 提升设备工作原理

我国最早的提升技术主要应用在桥梁领域，直至 20 世纪 90 年代开始用于复杂的民用钢结构建筑，如上海东方明珠广播电视塔桅杆的超高空整体提升，上海大剧院钢屋架的整体提升。提升施工一般基于液压同步提升技术，其核心是液压传动系统，即利用液体压力能进行能量转换。

液压同步提升技术，通常采用穿芯式结构液压提升器作为提升机具，以柔性钢绞线作为提升承重索具，具有安全、可靠、承重件自身重量轻、运输安装方便等一系列优点。液压提升器两端的楔形锚具具有单向自锁作用。当锚具工作（紧）时，会自动锁紧钢绞线；锚具不工作（松）时，放开钢绞线，钢绞线可上下活动。液压提升过程如图 4-1 所示，一个流程为液压提升器一个行程。当液压提升器周期重复动作时，被提升重物则逐步向上移动。

2. 提升系统基本构成

提升施工中常用的设备中包括液压提升器、液压泵源系统和计算机同步提升系统等，通过液压动力系统、电器控制系统、传感器测量系统和计算机控制系统来实现提升智能化控制。

主控计算机作为主要的控制部件，通过传感检测的反馈来确定提升油缸的位置信息、荷载信息或整个被提升构件空间姿态信息等；主控计算机根据实时反馈信息指挥决定提升油缸的下一步动作，确保提升过程中的安全性和同步性。液压提升器为主要的提升机具，如图 4-2 所示为 YS-SJ-180 型穿芯式液压提升器，额定提升能力 180t。液压泵源系统为液压提升器提供动力，并通过主控计算机对单台或多台液压提升器进行调整和控制，并及时反馈数据及提供多种状态信息，辅助主控计算机判别和调整提升状态，如图 4-3 所示。

3. 液压动力系统

为了提高液压设备的通适性和可靠性，液压动力系统采用了模块化、标准化设计技术。每个模块一套泵站系统为核心，根据提升位置和油缸数量可进行多模块的组合，以满足工程实际的需求。

主液压系统主要由主电动机、主液压泵、电磁换向阀、溢流阀、电液比例流量阀、桥式换向回路、主阀块、提升油缸组成。比例阀是介于普通液压阀和电液伺服阀之间一种液压阀，可以通过接受电信号指令，连续控制液压系统的压力和流量等参数，使之与输入信号成比例变化，其性能较为稳定，且性价比较高，在液压控制中得到了广泛的应用。提升智能化控制原理是通过数据反馈和控制指令传递，实现同步动作、负载均衡、姿态矫正、应力控制、过程显示和故障报警等多种功能。同步控制原理如图 4-4 所示。

4. 电气控制系统

电气控制系统由动力控制系统、功率驱动系统和液压同步提升实时控制系统组成。其中动力控制系统主要负责泵站的运行；功率驱动系统负责油缸的顺序操作和同步控制；液压同步提升实时控制系统是根据传感器测量系统输出的信号，通过分析计算后为电液执行系统提供信号输入，并反馈至操作人员。

5. 传感器测量系统

为了保证大型钢结构工程提升过程的同步控制，除了在液压系统、电气系统进行精密的主动控制之外，被提升构件的行程和钢绞线荷载等反馈信息是在提升中进行过程调节的

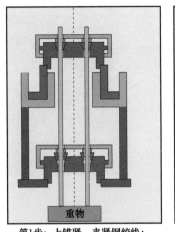

第1步：上锚紧，夹紧钢绞线；

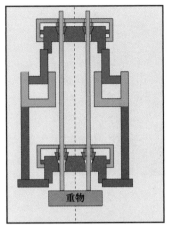

第2步：提升器提升重物；

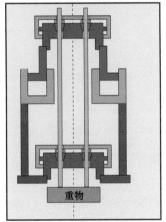

第3步：下锚紧，夹紧钢绞线；

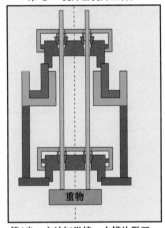

第4步：主油缸微缩，上锚片脱开；

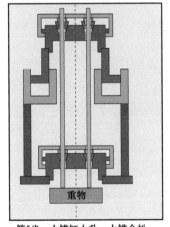

第5步：上锚缸上升，上锚全松；

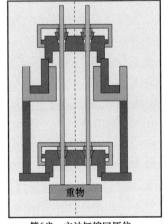

第6步：主油缸缩回原位。

图 4-1　液压提升原理示意

关键，传感器测量系统提供的反馈信息，将整个同步系统形成闭环控制。传感器主要有位移传感器和荷载传感器，采用形式如下（图 4-5）：

（1）在提升器上安装压力传感器，得到单台提升器的工作压力数据反馈。

图 4-2　YS-SJ-180 型穿芯式液压提升器

图 4-3　液压泵源系统

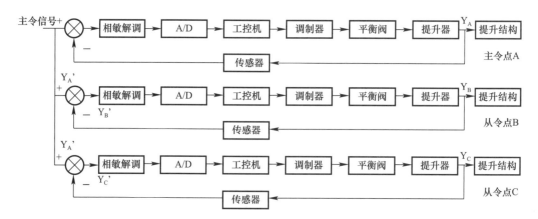

图 4-4　同步控制原理框图

（2）在提升器上安装行程传感器，得到单台提升器的行程数据反馈。

（3）在结构上安装位移传感器并结合激光测距仪得到整个提升结构的位移反馈。

6. 计算机控制系统

计算机控制系统是计算机控制液压同步技术的核心设备，其由顺序控制子系统（主要起动作及操作流程控制作用）、偏差控制子系统（主要起偏差及负载均衡控制作用）、操作监控子系统（主要起操纵与监控作用）及数据分析子系统（进行数据分析）组成（图 4-6），可全自动实现同步动作、负载均衡、姿态矫正、应力控制、操作闭锁、过程显示和故障报警等多种功能。计算机控制系统工作原理是根据电气系统反馈信号并经过处理和分析，对液压控制系统发出操作指令，使液压系统做出相应动作来达到控制同步作业、控制施工偏差和对整个施工作业进行实时监控，实现信息化施工的目的。

除了控制设备运行过程中液压缸的同步运动，计算机控制系统还要保证各个提升点能够同步提升。在提升过程中，可以采取设定主提升点，根据主提升点的提升位置调节其他提升点。因此，主提升点在整个提升系统中起着重要的作用，通过液压流量和其他因素来控制主提升点的速度，也就决定了整体提升系统的提升速度。

例如，某工程的液压同步提升系统设备采用 CAN 总线控制、从主控制器到液压提升器的三级控制，实现对系统中每一个液压提升器的独立实时监控和调整，从而使得液压同步提升过程的同步控制精度更高，更加及时、可控和安全。操作人员可在中央控制室通过

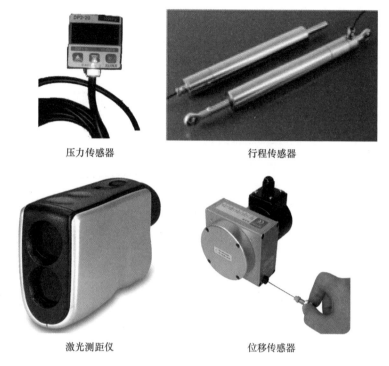

压力传感器　　　　　　　　　　　行程传感器

激光测距仪　　　　　　　　　　　位移传感器

图 4-5　同步控制传感器

液压同步计算机控制系统人机界面进行液压提升过程及相关数据的观察和控制指令的发布，通过计算机人机界面的操作，可以实现自动控制、顺控（单行程动作）、手动控制以及单台提升器的点动操作，从而达到提升安装工艺中所需要的同步提升、空中姿态调整、单点毫米级微调等特殊要求。计算机同步控制及传感检测系统人机操作界面如图 4-7 所示。

4.2.2　单自由度顶推设备

1. 单自由度顶推设备工作原理

工程中常见顶推施工方法主要是拖拉式顶推法和步履式顶推法，在安全性能、实时监测和线型控制能力方面，步履式顶推法相比拖拉式顶推法具有明显的优势，并且对主体结构承载能力要求较低，在实际工程中可减少措施用量，在保证施工质量的同时降低工程造价，因此，得到了愈加广泛的应用。

液压爬行系统采用较多的是自锁性爬行器，是一种能自动夹紧轨道形成反力、从而实现待滑移构件前进的推移设备，如图 4-8 所示。液压爬行器一端以楔形夹块与滑移轨道固接，另一端与待滑移构件或胎架铰接，中间利用液压油缸驱动爬行。其中液压爬行器楔形夹块具有单向自锁作用：当油缸伸出时，楔形夹块夹紧，自动锁紧滑移轨道；油缸缩回时，夹块松开，与油缸共同移动。该设备摒弃了传统反力架，通过自锁解决了反力点加固的问题，节省了措施材料，且通过固接待滑移构件，降低了同步控制难度，提高了就位的精准度。

步骤 1：爬行器夹紧装置中的楔块与滑移轨道夹紧，爬行器液压缸前端活塞杆销轴与滑移构件（或滑靴）连接。爬行器液压缸伸缸，推动滑移构件向前滑移。

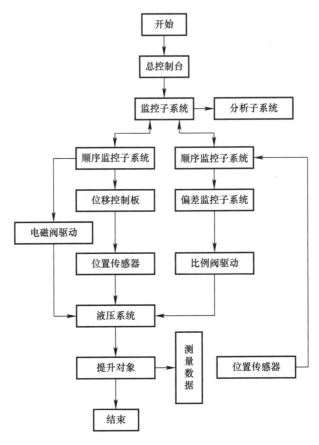

图 4-6　计算机反馈及控制系统

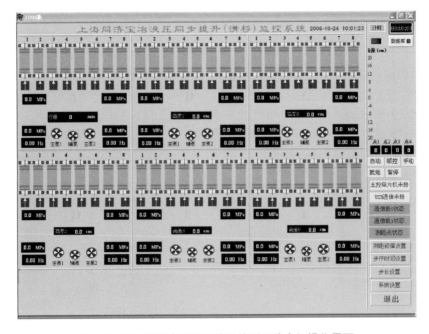

图 4-7　计算机同步控制及传感检测系统人机操作界面

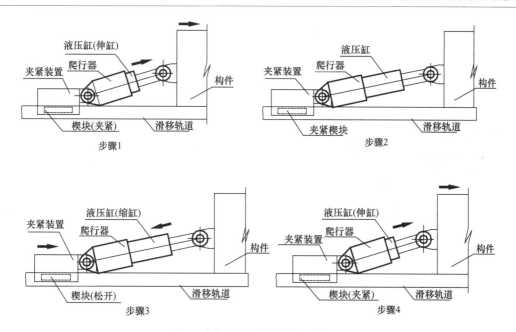

图 4-8　自锁型液压爬行器工作原理

步骤 2：爬行器液压缸伸缸一个行程，构件向前滑移。

步骤 3：一个行程伸缸完毕，滑移构件不动，爬行器液压缸缩缸，使夹紧装置中楔块与滑移轨道松开，并拖动夹紧装置向前滑移。

步骤 4：爬行器一个行程缩缸完毕，拖动夹紧装置向前滑移。一个爬行推进行程完毕，再次执行上述步骤。如此往复使构件滑移至最终位置。

国内外滑移顶推装备种类较多，图 4-9 所示为芜湖太赫兹科学城工程中心屋面桁架钢结构滑移工程中使用的上海业升机电控制有限公司的 YS-PJ-50 型顶推器。图 4-10 为同济宝冶建设机器人有限公司自主研发的 TJG 系列液压顶推器，在苏州国际博览中心三期工程中钢屋盖的液压顶推滑移工程中使用。国外 Kaente 公司的 KET-HYD 系列同步滑移液压系统（图 4-11），被广泛用于大跨度钢结构同步推移组装、船体同步推移等方面；BAR-DEX 公司的推拉设备（图 4-12），具备移动 3800t 负荷的能力。

图 4-9　YS-PJ-50 型顶推器

图 4-10　TJG 系列液压顶推器

图 4-11　KET-HYD 系列同步滑移液压系统

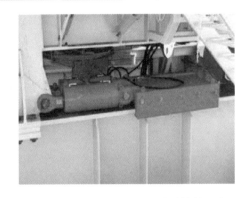

图 4-12　BARDEX 公司生产的推拉设备

2. 顶推液压泵站系统

液压顶推系统是以液压缸为主液压元件组成的特殊液压传动系统，主要由液压爬行系统、液压泵源系统及计算机控制系统构成。

液压泵站是驱动液压缸各种动作的动力源泉，是顶推系统的关键组成部分，主要包括控制柜、电动机、阀件、油箱等。液压泵站到顶推设备通过胶管连接，胶管两端采用快插接头的形式，安装与拆卸十分方便。液压泵源系统采用节流调速的形式，能够无级调节设备在三个方向上的运行速度，性能稳定，可靠性较高，能够适应高负荷运转状态。

例如，图 4-13 所示是一种适用于 300t 三向调位千斤顶的液压系统。液压泵采用一台美国 PARK 定量柱塞泵，泵站外壳采用封闭式一体化防雨设计控制，电缆接口、油管接口均为外置防水防腐蚀快速插头，能够有效地适应海边或户外等恶劣的工作环境。此液压泵站的主要技术参数如下：

（1）液压泵输出：

额定压力：$P=31.5$MPa；

额定排量：$Q=4.9$cm^3/转。

（2）电机功率：

额定功率：$P=4$kW，380VAC，50Hz；

额定转速：$R=1000$r/min；

额定电流：$I=9.8$A。

图 4-13　液压泵站系统

（3）控制电压：220VAC/50Hz、24VDC。

（4）液压工作介质：32 号、46 号抗磨液压油；

环境温度在 $-15\sim25$℃，使用 32 号抗磨液压油；

环境温度在 $25\sim45$℃，使用 46 号抗磨液压油；

环境温度低于 -15℃，液压油应采用 HS32 合成低温液压油或 HV32 低温液压油，HS32 合成低温液压油倾点 -45℃，HV32 低温液压油倾点 -33℃。

（5）液压油必须经加油小车过滤后方可注入油箱，加油小车的过滤精度必须达到 $10\mu m$ 以上，要求液压污染度为：ISO4406 18/15。建议连续过滤 5 次才注入油箱。油的水分、灰分、酸性值应符合液压油的有关规定，使用过程中严禁打开油箱盖或注油口孔。

（6）油箱加油量：200L。

（7）净重：700kg，装油后总重：880kg。

（8）外形尺寸：1420mm×800mm×1200mm。

3. 计算机控制系统

单自由度顶推控制系统采用分布式计算机网络控制系统，由 1 个主控台、多个现场控制器、多个传感器、数据线及控制线组成。控制系统网络框图如图 4-14 所示。系统采用屏蔽双绞线作为网络的通信介质，介质访问方式为令牌总线方式。每个现场控制器均可向主控台或其他现场控制器发送或接收数据。

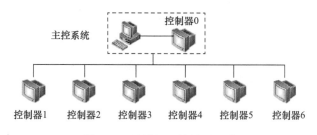

图 4-14　计算机网络控制系统

主控计算机根据各种传感器采集到的位移、压力信号，按照一定的控制程序和算法，决定每台千斤顶的动作顺序，完成集群千斤顶的协调工作。可对每个现场控制器进行远程控制，从而控制泵站的启、停，调节泵站的流量和压力，同时可实现显示千斤顶的油压及位移。在联机状态下，所有的操作均由主控计算机自动完成，现场控制器只进行急停操作。系统具有数据保存和故障报警功能，在达到预先设定的位移或者压力限制时自动停机。

4.2.3　多自由度顶推设备

1. 多自由度顶推设备工作原理

当滑移行程为带曲率的曲线时，不同轨道间的顶推位移会有一定的差别。虽然其理论模型和控制测量理论与单自由度顶推系统原理基本相同，但对顶推设备智能控制技术要求更高。本节主要对多自由度顶推设备智能化控制系统的独特之处进行介绍。

为保证构件以曲率半径为中心做圆周运动，且避免同轨和异轨顶推点的相对不同步现象，需要保证其顶推的角速度一致、线速度与构件所处的半径成正比，且需辅助以纠偏和单边进程控制。

针对以上问题，技术人员提出了小曲率大半径弯桥的"同步顶推＋阶段调差"工艺。当弯桥曲率不大时（常规情形），可基于近年来在桥梁领域研发的一种"多自由度的步履式顶推器"，辅助以多自由度顶推设备智能化控制技术，先将构件整体同步顶推一定行程，待该段行程足以将弯桥内外两侧需要的位移差及角度差累积出来之后，再单独顶推一侧（平动及转动）完成位移与角度的阶段调差，依此类推，逐步实现构件的弧度就位。

其中，这些离散分布于顶推支撑之上的"多自由度的步履式顶推器"，最大的特点在于可在六个自由度上调整顶推梁段的整体姿态，集空间竖向顶升、纵向推进、横向纠偏、回位功能于一体，以步履式顶推工艺为核心，赋予其机械行走、液压传动、施工控制与监视报警等功能。顶推过程不再需要传统如夹轨式顶推器所配套的滑移轨道，顶推动作可形象地理解为"众人抬轿"，即先将构件抬起来、而后抬着构件按既定路线往前移，并通过顶推器与临时支墩之间的切换（图 4-15），以类似"抬轿换肩"的方式达到"构件前移而顶推器占位不变"的设计。

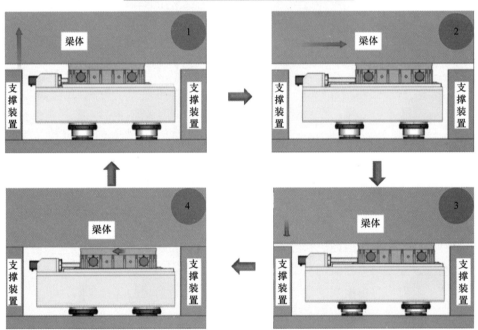

图 4-15　多自由度的步履式顶推器工作原理

2. 多自由度顶推设备顶推器控制系统

顶推设备控制系统为典型的主从分布式控制系统，采用 PLC＋工控机的组合。主控与各个分控之间通过通信线连接，主要接收来自各个顶推点的设备分控传递回来的信息并显示到上位机，以及发送操作人员指令。分控与泵站集成在一起，负责所对应设备液压泵与控制阀的控制信号的发送，以及传感器信号的收集。两者配合，以闭环控制的方式实现各台设备顶升、顶推动作的精确同步。

如图 4-16，顶推控制及监控系统是一套分布式的控制系统，由若干台从站、一个主站，以及 PG/PC 人机交互界面组成，三者之间能够实时进行远程数据交换和指令传送，从而实现集中控制。

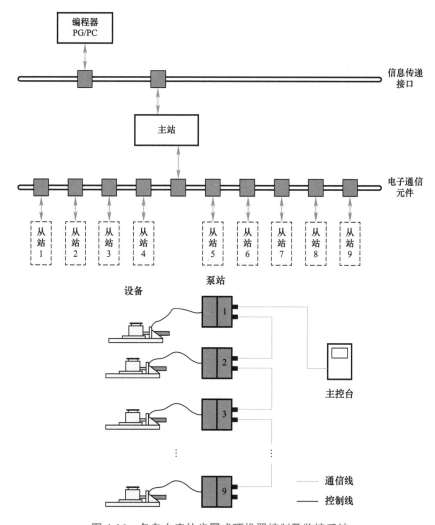

图 4-16　多自由度的步履式顶推器控制及监控系统

顶推设备控制系统主要包括主控台、泵站分控柜、设备传感器接线盒、传感器、信号电缆、电源电缆、通信电缆等。

控制系统具有以下特点：

（1）分布式控制方式，实现设备远程操控，充分保证人员安全；

（2）硬件上，采用屏蔽、隔离等抗干扰措施，对电源系统的过电流保护，系统具有较强的可靠性；

（3）用多路传感器检测技术，以采集系统的实时数据，并有效反馈，使系统处于全监控状态，安全稳定运行；

（4）PLC 和工控机组合控制方式，点对点传输，在工控机上监视，减少冗余件，提高系统可靠性，减少故障率；

（5）紧急情况下能实现一键（急停）断开所有输出点，确保安全；

（6）采用 PID 控制比例阀技术，实现无级调速。

3. 多自由度顶推设备计算机控制系统

具有多自由度顶推设备的顶推施工，仍采用计算机集成控制，一个主界面同时控制多台顶推设备，但计算机控制的程序代码及相关机械构造做了相应改进，使得内外侧的顶推速率可以实现"比例控制"。

监控画面可以划分为三个区：按钮区、监视区，以及标题区。操作功能主要有主控急停、手动/自动、监控界面、参数设置、报警记录、上升行程、顶推行程、预顶压力、自动预顶、顶升位移清零、顶推位移清零、纠偏位移清零、一键清零等。

在监控界面可以对各台设备比例阀参数及反馈比例系数进行设置，以调节设备运行的速度。比例阀参数的输入范围为 15000～32000，默认情况设置为 25000，"比例系数"为多点同步运行时的反馈系数，输入范围为 0～2500，参数值需要在实际运行时调试确定，默认值 2000。设置每台设备的比例阀值与比例系数，设置顶升行程、顶推行程，以及预顶压力，并关闭自动预顶功能。

观察监控界面上所有设备是否都处于"自动"状态，然后按下主控台操作面板上的"启泵"按钮，随后依次选择界面上需要启动的设备，这样就可以依次启动设备电机（注意：只有处于在线状态的设备才可以选中，否则，系统会报警），"泵运行"状态指示灯点亮。按下主控台操作面板上的"建压"按钮，设备建立系统压力，监控界面上所选设备"建压"指示灯亮。

设备均启动建压以后，可以进行动作，在顶升负载之前应该进行预顶升，防止出现受力不均匀的情况，预顶升操作：将主控台操作面板"自动/手动"扭到手动挡，在监控界面设置"预顶压力"，负载较轻的情况下可以设置为 3～5MPa，负载较重时设置 10MPa，选择"自动预顶"功能，然后将主控操作面板上的"上升/下降"旋钮打至上升挡，所有选中的设备开始顶升，到达设置的预顶压力后自动停止。

所有设备预顶完毕后，将操作面板上"顶升/下降"旋钮扭至中间挡——"手动/自动"旋钮扭至自动挡——单击取消"自动预顶"功能——长按监控界面"顶升位移清零"按钮 1s，将当前位置设置为所选设备的零点——将主控操作面板上的"上升/下降"旋钮打至上升挡，开始同步顶升——当负载与所有临时墩脱开后，停止顶升，停止建压，停泵。

顶推操作开启工作模式后，将顶推位移清零，将当前位置设置为所选设备的零点，调整至顶推挡，开始同步顶推，当顶推到位后，停止顶推，停止建压，停泵。

4. 顶推传感器及滑移注意事项

顶推过程中主要使用了三种传感器：顶升位移传感器、顶推位移传感器、纠偏位移传感器，传感器安装位置如图 4-17 所示，安装方式均为螺栓固定，使用时将传感器拉环拉出直接挂到挂件上即可。

滑移注意事项：

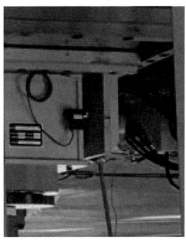

图 4-17　传感器安装位置

（1）做好相关的准备工作，并且进行细致、系统、全面的检查，确保作业安全无误后，由现场滑移作业总指挥核查并批准下令，方可宣告滑移作业开始。

（2）液压滑移进行的过程中，密切观测运行设备系统在压力变化以及荷载变化的各种情况，及时准时加以记录。

（3）滑移作业进展中，某些环节需要测量人员加以配合，例如若要提取各牵引点位移的精准值，需要工作人员应用钢卷尺等工具来完成，达到更好地辅助监控滑移单元滑移过程同步性的目的。

（4）在液压滑移作业中，要重点关注滑道、液压顶推器、液压泵源系统、计算机控制系统、传感检测系统等设备和系统的运行和工作状态。

（5）关于无线对讲机，应当有相应的使用规章，对讲机的申报和使用应做到并行不悖，且应由专人负责，做到通信畅通，提高时效。

系统操作注意事项：

（1）液压泵站的电源相序必须确认正确；

（2）设备工作以前，必须进行空载试运行检查；

（3）同步顶推前，必须确定负载与所有的临时墩都已经完全脱离开；

（4）同步顶推前，必须确定现场的设备行程足够；

（5）不得同时进行两个或两个以上动作；

（6）设备运转过程中，如果出现干扰、通信线故障等造成的设备离线，设备报警，应及时停止所有动作；

（7）在非正常状态下关机（例如停电），在给主控台重新送电前先将急停。

4.3　提升或滑移不同步分析与对策

4.3.1　提升不同步分析

在非原位安装的提升过程中通常采用多台提升设备，通过仿真模拟分析，可以准确计算出每个点的提升力，如图 4-18 和图 4-19 同步提升过程中的 F_{A1}、F_{A2} 和 F_{A3}。但如前所述，虽然借助了计算机控制系统，但现场实际提升过程存在各提升设备性能差异、摩擦损失等其他因素，使得实际各提升点的提升力有别于计算结果。

对于静定结构只产生刚体位移而无内力变化，但对超静定结构，支座相对位移会引起结构的内力变化，造成局部受力增大，面临破坏的危险。而工程几乎无一例外均是超静定结构，因而提升过程非同步偏差控制是非常关键的，有必要对结构在提升过程中智能化同步控制技术加以研究，改进控制技术、提升控制精度。提升过程的位移偏差可分为相对偏差和绝对偏差两种：

1. 提升点相对偏差

提升点的相对偏差是相邻提升点之间的位移差，图 4-18 给出三提升点的相对偏差示意，相邻提升点间的位移差值引起的结构内力变化显著大于较远点间的位移差值，且在提升点处会产生除了竖向提升力（如图 4-18 中的 F_{B1y}、F_{B2y} 和 F_{B3y}）之外的水平力（如图 4-18 中的 F_{B1x}、F_{B2x} 和 F_{B3x}），对结构受力产生不利影响，甚至会造成局部杆件应力比超限。

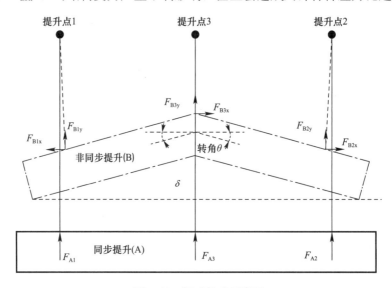

图 4-18　相对偏差示意图

2. 提升点绝对偏差

提升点的绝对偏差是指结构提升过程中可能出现的提升点之间的最大提升位移偏差。图 4-19 给出三提升点的绝对偏差形式，这种偏差可以视为是提升点间相对偏差的累积。此类偏差对提升构件在空中姿态控制产生不利影响，也会引起构件的内力变化，但相比相对偏差而言其对内力的影响较小。因此，只要保证提升点之间相对偏差在控制的精度范围内，其绝对偏差也就会得到控制，从而保证结构的安全性。

在大型复杂钢结构提升施工前，应对不同步提升的影响进行分析和评价，找出可能的最不利提升偏差。提升吊点数量众多，控制好相对偏差即也能控制绝对偏差，将最不利的相对偏差作为结构提升过程的容差限值，尽管这样的偏差控制是偏于保守的，但对实际操作更为方便，有利于计算机控制的智能化实现，以保证提升过程中的精准性和安全性。

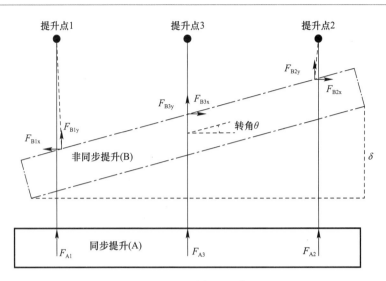

图 4-19　绝对偏差示意图

4.3.2　顶推不同步分析

同理，对大型复杂钢结构同步滑移过程的力学分析，一般是基于同步顶推的假设条件。实际施工时由于各顶推点的顶推角度误差、摩擦系数差别及操作误差等不利因素，必然存在不同步顶推，导致顶推力方向及大小的变化，会引起滑移轨道变形、造成卡轨等现象发生，同时可能导致结构局部应力过大，影响施工安全。滑移过程中产生的位移偏差也可分成两种，分别为异轨顶推点偏差和同轨顶推点偏差。

1. 异轨顶推点偏差

异轨顶推点偏差是指不同轨道上顶推位移的偏差，如图 4-20 所示，这种偏差是双轨顶推滑移距离的累积。此类偏差在顶推点处会对滑移轨道造成侧推力（图中的 $F_{p,max}$ 和 $F_{m,max}$），当侧推力较大时会使滑移轨道变形，引起卡轨现象，造成滑移构件的内力不均匀分布，影响滑移过程和施工安全。

2. 同轨顶推点偏差

同轨顶推点偏差是指同一轨道上顶推位移的偏差，即同轨上不同顶推点滑移距离的累积（图 4-21）。此类偏差会引起滑移构件拉伸（或压缩）变形，且顶推力会产生变化，对整体结构极其不利。

在滑移施工过程中，异轨顶推偏差和同轨顶推偏差可能同时存在，并造成更为严重的影响，而传统设备的控制技术对此两类偏差均无法有效地控制，因此需要发展更加智能的控制技术来实现偏差的控制，以保证滑移过程中构件、滑轨和支撑结构的安全性。针对顶推滑移的不同步偏差控制，相对提升工艺而言，在操作上可适当精细一些，即分别设定同轨与异轨的不同步偏差限值。

4.3.3　提升或顶推不同步控制对策

总之，提升工艺的不同步偏差控制，鉴于提升点较多，结构形状与提升点的分布也可

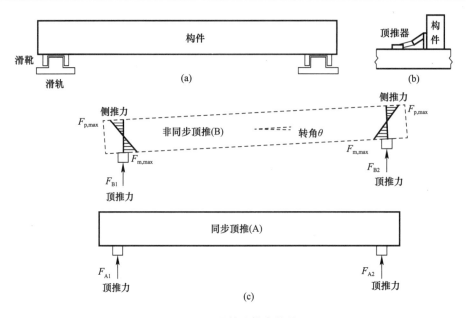

图 4-20 异轨顶推点偏差

（a）顶推前视图；（b）顶推左视图；（c）顶推俯视图

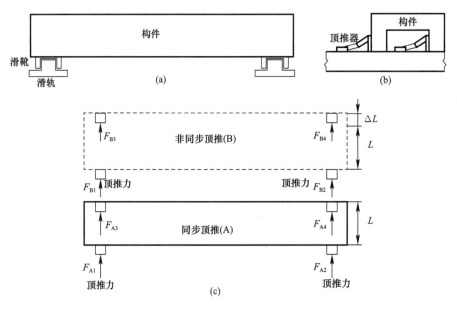

图 4-21 同轨顶推点偏差

（a）顶推前视图；（b）顶推左视图；（c）顶推俯视图

能并不十分规则，为了提高操作的便利化及智能化程度，建议以控制提升点的相对偏差为准则，偏差的限值可借助仿真分析手段，再适当扣除设备本身引起的偏差因素，以此作为提升点不同步相对偏差的"容差限值"。一般来讲，相对偏差的限值与结构刚度密切相关，刚性强的结构相对偏差的容许值一定比较小，刚度柔的结构相对偏差的容许值可以相对宽松，具体可以将仿真分析的结果为主要依据。设备本身引起的偏差因素，与设备使用的年限、设备的提升能力及型号的不同而波动，具体确定设备本身引起的偏差量值时，可与设备厂家协商，通过合理的实验室或现场试验加以决定。

针对顶推滑移的不同步偏差控制，建议分别约定同轨与异轨的不同步偏差限值，偏差限值仍然推荐以仿真分析的结果为依据，一般仿真分析获得的顶推滑移异轨的容差值都较为宽松，为了防止给滑移单元之间的杆件嵌补带来不便，异轨的容差值应适当收紧。

第5章 非原位安装的在线智能监测技术

5.1 结构在线监测的概念

无论是在施工阶段留下隐患的问题结构，还是经历了各种外部冲击或自然灾害影响的结构，其安全性已成为人们最关心的问题。这意味着研究大型结构中的"结构在线监测"非常必要和紧迫。结构在线监测的出现，可以实时监控施工过程结构响应、结构施工成型状态与设计状态的一致性评估，为结构施工过程安全及一致性施工控制提供了强力的工具条件。

结构在线监测系统一般利用现场无损传感技术，来分析工程结构的内力或位移响应及相关特性。结构在线监测的内容一般包括5个方面：监测范围、监测方式、监测状态、监测结构参数、监测传感器。而智能的含义则主要是指监测的无线化、实时性、自动化，即结构在线智能监测的三个基本特征。

结构在线监测系统通常由三个主要的部分构成：传感器系统、数据处理系统（数据收集、传输和存储）和结构响应评价系统。其中，传感器用于检测结构的物理力学数据；数据传输系统主要是将监测端的信息传递至控制端的子系统；结构响应评价系统是对收集的数据进行整合分析，并做出相应的判断。

技术角度上，结构在线监测的关键即是先进的传感器的优化布设和信息的高效传输，传感器在结构在线监测系统中起着举足轻重的作用，其种类繁多，发展迅速，是土木工程实现智能化的关键技术。

5.2 传统在线监测技术

20世纪80～90年代，常用的传感器还仅仅局限在将被测物理量转变为容易被检测、传输或处理的电信号，例如有压电式智能传感器、电容式传感器、电阻应变丝、位移传感器等。在土木工程中，将位移、压力、应变等非电量转化为电信号，这就是传统传感器工作原理。常用的传统传感器有电阻式传感器、位移传感器、电感式传感器、振弦式传感器、电容式传感器等。而以上传统的传感技术，其最基本的特征还是信号的"有线传输"，这使得在线监测技术操作十分不便，智能化程度不高。

1. 电阻式传感器

如图5-1所示，电阻式传感器的工作原理是将电阻应变片置于被测物的表面，被测物（弹性元件）在力、位移、速度等物理量的作用后会引起元件的应力和应变变化，传感器的电阻随之变化，经过电路以电信号的形式输出。根据工作原理可以分为电阻应变式传感器、电位计、热电阻式、半导体热能电阻传感器，其中电阻应变式传感器使用较为广泛。常用的电阻应变式传感器有应变式测力传感器、应变式称重传感器、应变式扭矩传感器、应变式位移传感器、应变式加速度传感器和测温应变计等。

电阻应变片是电测试应变传感器中的一种，目前应用十分广泛。电阻应变片可以在各种特殊环境下进行工作，可以用于静态测量和动态测量，是为数不多的静动态类型的传感器。在实际操作中，将应变片粘贴在柱中截面、钢筋、混凝土及角钢等关键构件部位，并进行可靠的保护，以此对结构应变进行监测。

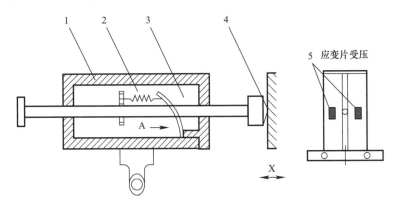

图 5-1　电阻应变式位移传感器工作原理

1—壳体；2—拉簧；3—悬臂梁；4—测杆；5—应变片

2. 位移传感器

位移传感器是一种金属感应的线性器件，也被称作是线性传感器，其工作原理是在电位器元件的作用下将机械位移转换成电信号输出，且与机械位移呈线性关系或某一函数关系。常用的位移传感器包括电位式位移传感器、电感式位移传感器、电容式位移传感器等。其中电感式位移传感器运用最为广泛，其将被测的位移量转换成线圈的自感变化，灵敏度和精度均比较高，测试范围较为广泛。

位移传感器是结构中位移测量的传统方法，其发展经历了经典位移传感器和半导体位移传感器两个阶段。经典位移传感器基于电磁学工作原理，包括电阻式位移传感器、电感式位移传感器、电容式位移传感器等。20 世纪 80 年代以后，光纤技术、超声波技术等被运用到位移传感器中，使得位移传感器的性能大幅度提升。在北京奥运场馆的羽毛球馆设计建设过程中，进行了地震动模拟振动台试验。试验中使用了应变片、加速度传感器、动位移传感器、索力传感器以及 IMC 数据采集系统完成了数据的采集。其中，应变片和位移计仪器布置如图 5-2 和图 5-3 所示。

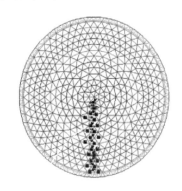

图 5-2　应变片布置

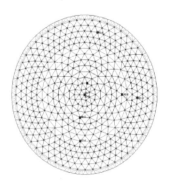

图 5-3　位移计布置

3. 振弦式传感器

振弦式传感器的原理是在通电后，线圈激励钢弦产生振动，在磁场中切割磁力线，产生的感应电势会被接收线圈传送到放大器中放大输出，输出的一部分信号则被返回继续激励线圈，使得钢弦维持振动的状态。在电路稳定的情况下此过程不断往复，钢弦就可以连续振动，从而输出与钢弦张力有关的频率信号。振弦式传感器一般由5部分组成（图5-4、图5-5）。受力弹性形变外壳、钢弦、紧固夹头、激振和接收线圈。振弦式传感器是一种灵敏度高、随自身钢丝张力变化而输出自振频率信号的传感器，也正是因为输出的是频率信号，因此，不易受到电缆长度的影响，其输出频率信号稳定、抗干扰能力强、具有较高的精度且不受恶劣环境影响，在工程测量和监测中应用广泛。例如，由于具有良好的温度稳定性，可以测量出漏水位微小的变化，此特性可以用来监测大坝的安全；将其安装在混凝土桥梁上可以对桥梁出现的裂缝宽度进行实时跟踪监测。

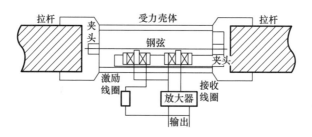

图 5-4　振弦式传感器结构

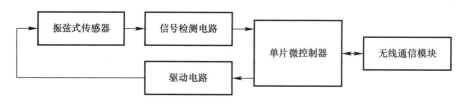

图 5-5　基于振弦式传感器的应力测量系统

4. 索力传感器

利用频谱分析法对施工控制时的索力进行监测，然后通过斜拉索上暂时固定的传感器来采集缆索在环境激励下的脉动信号，在滤波、方法、谱分析之后，缆索的自振频率就可通过频谱图来确定，进而求得索力。索力测量的方法一般有油压千斤顶法、电测法和频率法。

20世纪以来，随着强度高达109GPa的高强钢丝的出现，使得缆索承重体系逐渐进入了工程领域，也在传统的梁式桥、拱式桥中开始广泛应用。而拉索作为其主要的传力构件，长期处于高应力状态，还有的处在极潮湿的环境中，使得极易遭受疲劳破坏。加之在后来几年频繁发生的由于缆索破坏、结构腐蚀等原因造成的桥梁倒塌事故。从20世纪50年代开始，人们开始逐渐意识到桥梁在线监测的重要性，但索力监测推广却一直受到技术限制。在传感器、数字化发展迅速的今天，桥梁拉索检测的技术也突飞猛进。目前，可以应用于斜拉索实时监测的方法主要有基于压力传感器的索力监测法、光纤光栅监测法、声发射监测法。

5.3 新型在线监测技术

为了能够既准确又快速地对大型复杂钢结构进行在线监测与诊断，在目前传感器技术、测量技术以及信息技术研究飞速发展的基础上，基于智能感知材料发展的智能传感器及土木工程结构智能在线监测系统的研究成果，结构在线监测系统已经进入以知识处理为核心，数据处理、信号处理与知识处理相融合的智能发展阶段。而适合于土木工程特别是钢结构在线监测的新型传感技术，又以无线信号传输的技术最具价值。

5.3.1 面向内力监测的无线传感技术

传统监测技术通常是采用数据传输和电源等有线连接方式，但是安装如此大规模的电线无疑会消耗大量的时间和费用，成本也会随传感器数量的增加而急剧上升。在这推动下，无线传感技术逐渐成为结构在线监测有效方法。尤其是复杂结构施工过程中涉及部分工作施工人员无法到达的高位作业区域，通过无线传感技术就能够完成特殊位置的探测和数据采集工作。故将无线传感技术应用到实际的现场施工监测中，会对结构的施工质量，工程效率等方面的提升起到积极作用。

1. 基本理论

无线传感器网络是指在监测片区内布设有一定数量的传感器节点，将其以无线通信的方式连接成的多跳的自组织的网络系统。其可以实现数据的采集量化、处理融合和传输。目前用于无线传感网络的主要网络协议有 Bluetooth、ZigBee、Wi-Fi 以及 IrDA 等。而 ZigBee 技术是具有延时短、低成本、低功耗的无线通信应用的首选技术。无线传感技术的监测范围广泛，包括从施工人员进出施工现场的考勤情况、机械设备的运营工况及使用情况、施工物资的调配情况等。最重要的是施工现场的环境温度、湿度、土体强度、液压及水压等情况。

无线传感器是网络式传感器技术、嵌入式计算技术、分布式信息处理技术和通信技术的综合，具有局部信号处理功能，其特有的并行分布式处理方法可以通过协作的效率对感知网络分布区内的被检测量进行实时监测并处理，有效地提高了监测系统的工作效率。除此之外，无线传感网络系统具有有线检测系统无法比拟的优点，例如，无线传感器网络系统摆脱了器件布线的束缚，不再受监测范围的限制，能够在大范围空间中分布式监测复杂结构的健康状态。

2. 基于无线传感技术的工程应用

美国斯坦福大学的 Straser 在 1993 年提出的无线模块式结构监测系统的设计思想被视为无线传感技术在结构在线监测领域的开端。从当前的发展形势来看，无线传感器网络由于其优势作用显著，已被广泛地应用在了土木工程领域。

（1）对钢结构施工吊装过程中的结构应力情况进行监测：钢结构在吊装施工过程中，其自身自重大、跨度大且结构复杂，在进行吊装时吊装单元部分和两侧结构的变形和受力会产生较大的变化，因此，为保证施工安全，需借助无线传感技术和加速度检测系统对该过程进行全面的监测。

（2）对建筑环境的监测：传统的建筑环境监测方法需要在建筑物内安装大量的传感装

置，此方式不仅会不同程度对建筑物部分构件损坏，且只能通过局部的精确监测来了解整体环境的监测，也无法避免监测区域出现盲区的弊端等缺点。而利用无线传感技术对环境进行监测是在结构中安放无线传感器节点，以自组织的方式形成网络，嵌入式微处理器接收采集到的温、湿度等数据，之后把数据信息发送到中央处理器，由中央处理器对周围环境进行控制，以达到环境监测的目的。

5.3.2 面向位移监测的 GPS 监测技术

1. **基本理论**

具有连续性、实时性、全天候性、精确性高及自动化数据处理等优点的 GPS 在线监测是土木工程领域发展的一个新的突破。该系统由 3 部分组成：GPS 卫星、地面控制系统和 GPS 信号接收机。在常规的 GPS 测量方法中，不管是静态、快速静态、准动态、还是动态测量都需要事后进行解算才能获得厘米级的精度，RTK 定位技术就是可以得到厘米级定位精度的实时动态定位技术。

2. **基于 GPS 技术的 RTK 定位技术**

GPS-RTK 即实时动态 GPS 技术，动态监测系统的组成见图 5-6，其在定位、导航、工程施工、大型结构建筑物变形的动态监测方面有很大的潜力。GPS-RTK 作业模式即在基准站上的 GPS 接收机会跟踪其监测领域内的所有卫星，位于监测站上的 GPS 接收机也同时接收相同卫星的信号，此时，监测站会接收通信系统以一定频率实时传送过来的在基准站接收机获得的卫星信息，随后，采用 GPS 软件进行实时差分处理，得到监测站的三维坐标，并以一定的采样频率发送到监控中心。监控中心接收各监测点的监测结果，并通过数据处理软件做进一步分析与处理，得到结构物在特定方向上的位移、转角等参数。

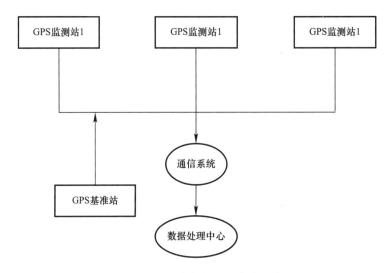

图 5-6 GPS 动态监测系统的组成

3. **基于 GPS 技术的工程应用**

在工程测量中，应用 GPS 技术实行动态监测，有利于及时掌握工程情况，而且可以获得较高的工程监测精度；在高层建筑变形监测工作中，GPS 技术还可以降低变形监测强度，使优化技术方案和改善路线得以实现，与此同时提高了监测的水平和效率，以便更好地应对工程中出现的变形问题。

GPS 动态变形监测：GPS 变形监测系统由基准站、通信系统、数据处理中心、用户系统 4 部分组成，其监测模式有周期性和连续性两种模式。其中，周期性模式比较适用于滑坡等变形速度缓慢的变形体，GPS 技术的应用可以使施工人员精准地掌握滑坡的变形程度、变形规律和发育情况等。连续性模式比较适用于桥梁大坝或者超高层、空间大等建筑的变形监测，每个被监测点可以在不受外界环境的影响下，既准确又安全地进行不间断监测，使得大型建筑物的保养和修复得到了良好的保证。

5.3.3　面向形态监测的 3D 激光扫描技术

1. 基础理论

三维激光扫描监测技术是在 GPS 技术后发展起来的新型测绘技术，是一种主动的非接触式测量系统。它改变了传统的单点数据采集方式，不仅可以维持数据的高精度、高密度，而且大大提高了三维数据采集的效率，被称为"实景复制技术"。其原理实质上就是激光测距，它的工作过程就是通过高频激光测距系统配置自动扫描控制装置而实时改变激光束的方向，使动态激光束可以测量到所有仪器周围环境内所有无遮挡的地物表面，获取大量的目标对象点云（图 5-7），之后进行不断重复的数据采集的处理的过程，直至完成。但三维激光扫描仪获取的原始数据，需经过后期的处理方可使用，原始点云数据处理过程如图 5-8 所示。

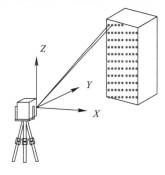

图 5-7　三维激光点云

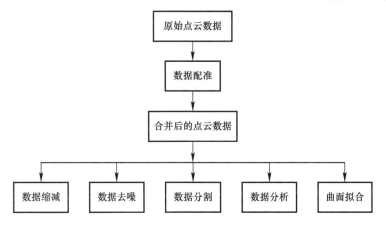

图 5-8　点云数据处理过程

传统施工过程中的变形检测大多是在最主要的构件处布设部分监测点，其缺点是不能同时进行监测平面和高程，而三维激光扫描技术就可以完美地解决这一弊端。它可以对复杂的现场环境进行深入扫描操作，这一优势对大型复杂结构，不规则结构的数据的采集提供了便利，对结构的各种三维数据重构提供了便利。对于特大异形结构，利用三维激光扫描变形测量技术不仅可以实现安装和卸载变形特征点的三维位移分析，也可以实现多点整体变形分析。

2. **基于三维激光扫描技术的工程应用**

三维激光扫描技术是一种新型的监测技术，利用激光测距原理来获取目标数据，具有快速、高精度、高密度、高效率、全数字化、无损伤等优势，使得三维激光扫描技术在工程测量、变形监测、安装施工监测等领域广泛应用。

（1）变形监测：传统的建筑物的变形监测是在结构的特征部位埋设变形监测点，在超出监测范围的区域埋设基准点，定期观察监测标志相对于基准点的变形量。这种方法对特征点选取的合理性与监测结果可靠度紧密联系，且更大的局限性是仅对点的监测导致不能完全反应结构的最大变形。随着三维激光扫描技术的稳步发展，三维激光扫描技术凭借其可以对建筑物全方位测量在诸多工程实际工程中得以应用。王一峰等人利用三维激光扫描技术对主体钢结构复杂的上海世茂深坑酒店进行全面监测结构变形。首先利用 Trimble TX5 三维激光扫描仪全方位非接触式地获取了建筑室外表面的精确数据，利用云处理软件建立扫描点云模型，之后将扫描模型导入 Revit 三维建模软件，与手动创建的设计模型进行配准整合。然后对两个模型进行对比分析，监测异形钢结构的变形。结果表明，三维激光扫描技术能较好地用于异形钢结构的整体变形监测。赵群等对国家体育馆里钢架滑移的过程利用三维激光扫描测量技术进行了监测。罗德安等人针对三维激光扫描测量技术是否能够应用于变形监测领域的问题展开探讨，指出虽有技术不足之处，但最终认为此技术是可以应用在变形监测工程中的。

（2）钢结构部件成品检测：对于大型钢结构建筑施工时的钢结构成品监测是极其重要的。但是传统的测绘手段进行检测比较困难，尤其是针对异形构件，而基于三维激光扫描的模型重构技术就为其提供了便利。赵曦等利用开发的特定的基于非接触激光的冷成型钢构件缺陷测量平台，编写基于激光扫描冷成型钢构件三维点云程序解决了冷成型钢构件的横截面尺寸和缺陷测量等问题。某建设项目中，对特异性钢构件的成品运用了三维激光扫描仪进行整体扫描，在经过滤波、去噪、标定、拼接等步骤后，得到了钢结构高精度的点云模型，最后将设计模型和点云模型倒入专业软件进行监测，可以得到两者之间的误差。软件会用不一样的颜色对误差大小进行标注，因此可以对各个构件的形变情况精准掌握，确保钢构件成品的外部尺寸精度。

（3）钢结构安装施工监测：在钢结构的安装施工监测中，使用三维激光扫描技术监测接口安装精度和钢桁架安装施工拱曲度。使用逆向手段利用点云数据构件钢结构三维 TIN 模型并拟合不规则曲面，采用曲面平移、交线拟合的方法获取指定取样点坐标数据。通过数据处理、计算，快速得到钢结构安装接口尺寸以及钢桁架安装施工拱曲度。将施工数据与设计数据比较，可以检测钢结构安装施工是否满足设计要求。

第6章 钢结构数字化智慧管理平台

6.1 钢结构数字化智慧管理平台概述

中建二局钢结构全生命周期智慧管理平台，是结合 BIM（Building Information Modeling）和 ERP（Enterprise Resourse Planning），以云端数据管理与物联网技术为基础，通过多维度信息应用，建立起来的一套钢结构全生命周期智慧平台。该平台用信息化手段实现钢结构制作、安装过程的精细化、可视化以及为建筑运维提供服务，优化企业项目管理系统、打通项目管理各环节壁垒与信息不对称，以满足企业对生产管理、成本控制、施工管理的需要。

与市场上绝大部分的企业管理软件不同，该平台不仅拥有 ERP 管理模式，还具备完整的 PDM（Product Data Management）以及极具钢结构特色的 BIM 应用功能，功能模块都是结合公司自身的管理理念和生产运营模式自主衍生出来的。

总体来讲，本平台技术特点主要有：

（1）云端数据管理：平台全程基于云端数据存储与共享，利用 BIM 模型生成 IFC 格式文件，通过智慧平台一键抓取 BOM（Bill of Material）物料清单，形成基础的云端数据库。其中包括物资采购所需原材料数据清单和生产环节所需零构件数据清单，并且保证实时同步更新和共享。在做到减少人工输入清单的同时，也避免了重复手工输入所造成的人工错误和时间浪费，保证了基础数据在整个平台数据库初始流转的可靠度和准确性，为后续生产中基于产品数据的各种资源利用奠定了基础（图 6-1）。

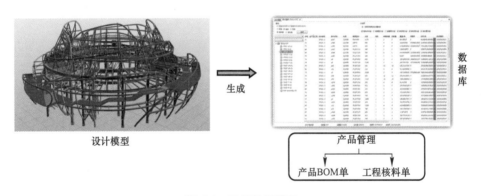

图 6-1 云端数据管理

（2）物联网管理：基于物联网的理念与技术，以二维码技术切入，对后台生产和前端安装的实施进行信息采集和获取，远程传送至钢构云端平台，从而实现信息的可视化交互共享。同时辅以云计算、模糊识别等各种智慧计算技术，对材料和成品的数据信息进行处理和分析，准确定位实际物理状态下各个材料信息的生产进度和运动轨迹，全方位实现平台物料信息即时共享，进一步优化管理流程，提高后台与项目前端的沟通与管理效率，避免参建各环节的信息不吻合，为工程高效履约创造基础条件（图 6-2）。

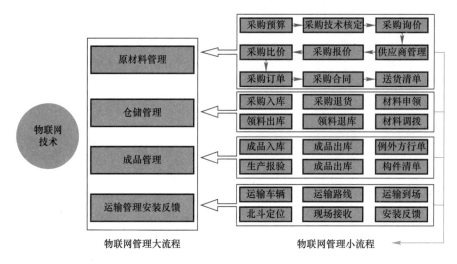

图 6-2　物联网管理流程

6.2　数字化管理平台功能模块

平台主要包括项目管理、产品管理、物资管理、工艺管理、生产管理、质量管理、成本管理、报表管理、人力管理、运维管理和资产管理 11 个模块，合聚形成了一个完整的数据无损流转闭环。

6.2.1　项目管理模块

（1）功能构成：在钢结构智慧管理平台中，项目管理模块包含项目列表管理、项目需求计划管理、工程合同管理等功能。以项目列表管理为例（图 6-3），该子项之下可查看项目的基本信息、3D 可视化进度、材料进度、制作进度及项目预警等。

（2）可视化功能：如果想具体了解某个项目的整体工程进度情况，可通过项目列表中最重要的功能——项目 3D 可视化进度。它将钢结构全生命周期整体生产加工流程的二维平面信息自动转化为三维立体模型的可视化内容，将整个项目的总体设计进度、工厂生产线上的构件制作进度以及施工现场的构件安装进度，通过三维立体构件的颜色变化进行即时动态展示，基于可视化状态下的定位选择，将所选择的构件信息详情展现出来，如图 6-4 所示。

以生产进度为例，每个项目会按照不同的颜色来显示目前各个阶段的完成情况。每一个项目 3D 可视化模型的原数据信息，都是通过设计人员运用 Tekla 钢结构建模软件进行数据建模，再以 IFC 文件形式统一传输进管理系统平台。设计人员实时传输的深化图纸数据将会直接体现在每个项目的 3D 模型图上，并且随着钢构件的深化图纸的不断更新，3D 模型也会相应地更新和扩充。

以深化图纸模块为数据源头，在之后的各个生产进度模块进行无损数据流转，这样既能保证生产进度可视化数据的准确性，也能实时追溯该项目工程进度的完整性。通过多模

		项目编号	项目名称	项目简称	是否归档	产品类别	工程量(…	工程合…	工程负责人
☐	1	CSFZXC08	城市副中心C08	城市副中心C08	☐	高层	10340	0	NONE
☐	2	ZZWHZX	涿州松林店经济开发区文化中心项目	涿州文化中心	☐	场馆	7000	0	NONE
☐	3	20210520-ZYTX	中央团校学术报告综合楼建设项目	中央团校	☐	其他	360	0	NONE
☐	4	HRXSQ	海淀区西三旗华润万象汇钢结构工程	华润西三旗	☐	场馆	8000	0	王宁
☐	5	HRYZJ	南京市华润燕子矶G32号地块项目	华润燕子矶	☐	高层	2000	0	
☐	6	WKNBK	济南万科南北康B6地块块房地产开发	万科南北康	☐	高层	3933	0	
☐	7	HWBDZ	廊坊华为云数据中心（二期）之110…	华为变电站	☐	其他	200	0	
☐	8	HLGTYGY	回龙观体育文化公园南部场馆建设…	回龙观体育公园	☐	场馆	13600	0	孙文科
☐	9	WHWD	武汉万达售楼处钢结构项目	武汉万达	☐	场馆	700	0	
☐	10	DJGLL	万伟物流天津东疆港园区冷链项目	东疆港冷链	☐	厂房	9000	0	吴阁
☐	11	QDYDY	青岛东方伊甸园项目一期钢结构工程	伊甸园	☐	场馆	3500	0	姚军
☐	12	XALJDC	垃圾综合处理设施一期工程	雄安垃圾电厂	☐	厂房	18000	0	张海超
☐	13	PJ201126A02	海淀区西北旺镇新村一期公建项目	西北旺4、5、6#楼	☐	高层	7200	0	宗立添
☐	14	PJ201021A01	北京通州万国家园项目7#栋钢结构…	万国家园	☐	高层	5500	0	高杰
☐	15	XBW1Q	海淀区西北旺镇新村一期公建项目7…	西北旺一期	☐	其他	7000	0	宗立添
☐	16	HWL	北京市昌平区沙河镇七星渠南北村Q…	好未来项目	☐	其他	14000	0	王忠杰
☐	17	HFRCXC	合肥融创秀场及其配套商业钢结构…	合肥融创秀场	☐	其他	1800	0	
☐	18	HFBHHZ	合肥滨湖国际会展中心二期项目3#…	合肥滨湖会展中…	☐	场馆	6000	0	
☐	19	HDTYG	邯郸综合体育馆EPC项目钢结构工程	邯郸综合体育馆	☐	场馆	3000	0	

图 6-3　项目列表

块集成数字化平台，实现了人员、材料、施工、运输、安装等的精细化管理，为相应决策和战略布局提供有力的数据支持，也能让业主、项目、制造三方人员更加清晰直观地了解项目整体工程进度从而达到可视化履约的目的。

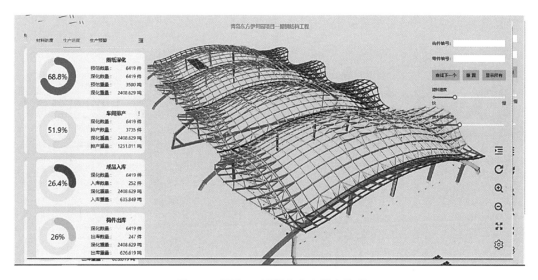

图 6-4　项目 3D 可视化生产进度管理

（3）计划管理：图 6-5 显示了项目需求计划管理，其核心是建立项目需求时间节点。如果某批构件超过相应时间节点，将会自动将该数据上传至生产预警程序并显示预警等级。这些时间节点和进度数据控制有利于项目与制造厂之间的数据可追溯性、细化分工及精确化管控和施工安排。

		计划编号	名称	级别	类别	产品机号	单据日期 ↓	项目编号	项目名称	生产加工号
☐	1	PLAN210804A...	未定义	1	项目需求...		2021-08-04	HFRCXC	合肥融创秀场及其配套商	XC-LGMJ-01
☐	2	PLAN210722A...	未定义	1	项目需求...		2021-07-22	HLGTYGY	回龙观体育文化公园南部	HLG-A3-6GKL...
☐	3	PLAN210722A...	未定义	1	项目需求...		2021-07-22	HLGTYGY	回龙观体育文化公园南部	HLG-A3-6GL-01
☐	4	PLAN210722A...	未定义	1	项目需求...		2021-07-22	HLGTYGY	回龙观体育文化公园南部	HLG-A3-6YC-01
☐	5	PLAN210722A...	未定义	1	项目需求...		2021-07-22	HLGTYGY	回龙观体育文化公园南部	HLG-A3-7GZ-01
☐	6	PLAN210722A...	未定义	1	项目需求...		2021-07-22	HLGTYGY	回龙观体育文化公园南部	HLG-A3-8GZ-01
☐	7	PLAN210722A...	未定义	1	项目需求...		2021-07-22	HLGTYGY	回龙观体育文化公园南部	HLG-A3-MJ3-01
☐	8	PLAN210722A...	未定义	1	项目需求...		2021-07-22	HLGTYGY	回龙观体育文化公园南部	HLG-A3-MJ4-01
☐	9	PLAN210722A...	未定义	1	项目需求...		2021-07-22	HLGTYGY	回龙观体育文化公园南部	HLG-B1-10GT...
☐	10	PLAN210722A...	未定义	1	项目需求...		2021-07-22	HLGTYGY	回龙观体育文化公园南部	HLG-B1-10GT...
☐	11	PLAN210722A11	未定义	1	项目需求...		2021-07-22	HLGTYGY	回龙观体育文化公园南部	HLG-B1-12GT...
☐	12	PLAN210722A...	未定义	1	项目需求...		2021-07-22	HLGTYGY	回龙观体育文化公园南部	HLG-B1-11GT...
☐	13	PLAN210722A...	未定义	1	项目需求...		2021-07-22	HLGTYGY	回龙观体育文化公园南部	HLG-B1-1GTL...
☐	14	PLAN210722A...	未定义	1	项目需求...		2021-07-22	HLGTYGY	回龙观体育文化公园南部	HLG-B1-2GKL...
☐	15	PLAN210722A...	未定义	1	项目需求...		2021-07-22	HLGTYGY	回龙观体育文化公园南部	HLG-B1-2GTL...
☐	16	PLAN210722A...	未定义	1	项目需求...		2021-07-22	HLGTYGY	回龙观体育文化公园南部	HLG-B1-2GZC...
☐	17	PLAN210722A...	未定义	1	项目需求...		2021-07-22	HLGTYGY	回龙观体育文化公园南部	HLG-B1-2GTZ...
☐	18	PLAN210722A...	未定义	1	项目需求...		2021-07-22	HLGTYGY	回龙观体育文化公园南部	HLG-B1-3GTL...
☐	19	PLAN210722A...	未定义	1	项目需求...		2021-07-22	HLGTYGY	回龙观体育文化公园南部	HLG-B1-2LTM...

图 6-5　项目需求计划功能

（4）材料管理：图 6-6 为项目 3D 模型形式展示的材料进度管理，显示了工程立项时的材料预算量以及当前实际的材料到厂量，两者的比较有助于材料成本的精准管控，保证材料质量的同时又能够避免超额采购所造成的成本浪费，从而降低材料成本风险。

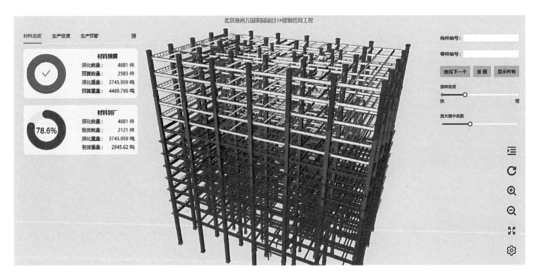

图 6-6　项目 3D 可视化材料进度管理

（5）三级预警：为了提高钢结构生产过程中的管控能力，平台自主研发了一套 3D 可视化生产预警程序（图 6-7），其能够显示该项目某批成品钢构件是否能够按时交付，并根据延迟时间以不同颜色显示预警等级：延期 1～5 天以内为一级预警，延期 6～10 天以内为二级预警，延期 10 天以上为三级预警。

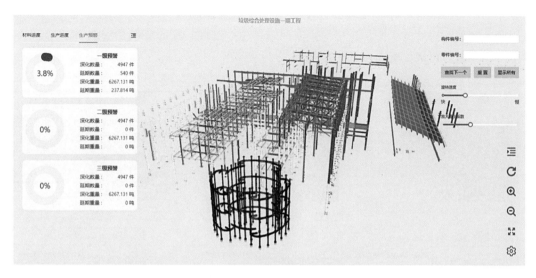

图 6-7　项目 3D 可视化生产预警管理

6.2.2　产品管理模块

（1）功能构成：产品管理模块是针对构件以及零件的管理，包含产品数据、台账管理、基础设置 3 部分，其主要涵盖了产品的 BOM（Bill Of Materials）构件清单以及零件清单模块。如图 6-8 所示，产品 BOM 构件清单列出了一个项目中各种构件批量清单数据（构件类型、材质、规格、长度、数量等）以及构件在平台每个模块的数据流转情况（材料定额流转、套料计划流转、套料单流转、人工定额流转等）。

			构件编号	构件名称	生产加工号	构件类型编号	构件类型	变更状态	材质	规格	长度
☐	1	查看	8TJ-2GT-1	8TJ-2GT-1	8TJ-2GT-01	SI-4-01	其他构件类-钢…	无变更	扁豆-5	5	2239
☐	2	查看	8TJ-2GT-10	8TJ-2GT-10	8TJ-2GT-01	SI-4-01	其他构件类-钢…	无变更	扁豆-5	5	2239
☐	3	查看	8TJ-2GT-11	8TJ-2GT-11	8TJ-2GT-01	SI-4-01	其他构件类-钢…	无变更	扁豆-5	5	2239
☐	4	查看	8TJ-2GT-12	8TJ-2GT-12	8TJ-2GT-01	SI-4-01	其他构件类-钢…	无变更	扁豆-5	5	2780
☐	5	查看	8TJ-2GT-13	8TJ-2GT-13	8TJ-2GT-01	SI-4-01	其他构件类-钢…	无变更	扁豆-5	5	2780
☐	6	查看	8TJ-2GT-14	8TJ-2GT-14	8TJ-2GT-01	SI-4-01	其他构件类-钢…	无变更	扁豆-5	5	2780
☐	7	查看	8TJ-2GT-2	8TJ-2GT-2	8TJ-2GT-01	SI-4-01	其他构件类-钢…	无变更	Q355B	25b	3008
☐	8	查看	8TJ-2GT-3	8TJ-2GT-3	8TJ-2GT-01	SI-4-01	其他构件类-钢…	无变更	Q355B	25b	3008
☐	9	查看	8TJ-2GT-4	8TJ-2GT-4	8TJ-2GT-01	SI-4-01	其他构件类-钢…	无变更	Q355B	25b	3009
☐	10	查看	8TJ-2GT-5	8TJ-2GT-5	8TJ-2GT-01	SI-4-01	其他构件类-钢…	无变更	Q355B	25b	3009
☐	11	查看	8TJ-2GT-6	8TJ-2GT-6	8TJ-2GT-01	SI-4-01	其他构件类-钢…	无变更	Q355B	25b	3009
☐	12	查看	8TJ-2GT-7	8TJ-2GT-7	8TJ-2GT-01	SI-4-01	其他构件类-钢…	无变更	Q355B	25b	3008
☐	13	查看	8TJ-2GT-8	8TJ-2GT-8	8TJ-2GT-01	SI-4-01	其他构件类-钢…	无变更	Q355B	25b	2061
☐	14	查看	8TJ-2GT-9	8TJ-2GT-9	8TJ-2GT-01	SI-4-01	其他构件类-钢…	无变更	扁豆-5	5	2780
☐	15	查看	8TJ-2GTL-1	8TJ-2GTL-1	8TJ-2GT-01	SI-2-03	钢梁-焊接H型…	无变更	Q355B	450*200*8*14	1240
☐	16	查看	8TJ-2GTL-2	8TJ-2GTL-2	8TJ-2GT-01	SI-2-03	钢梁-焊接H型…	无变更	Q355B	450*200*8*14	1240
☐	17	查看	8TJ-2GTL-3	8TJ-2GTL-3	8TJ-2GT-01	SI-2-03	钢梁-焊接H型…	无变更	Q355B	450*200*8*14	3840
☐	18	查看	8TJ-2GTL-4	8TJ-2GTL-4	8TJ-2GT-01	SI-2-03	钢梁-焊接H型…	无变更	Q355B	450*200*8*14	3840

图 6-8　产品 BOM 构件清单

（2）产品信息：此外，还可以将构件数据信息形成如图 6-9 所示的二维码，通过手机扫描构件二维码就可以快速得到动态三维模型、构件生产信息（构件基本信息、构件制作信息、构件质检信息）等，并对各工序制作节点信息追溯（图 6-10）。对于管理者而言，可以清楚地掌握构件的生产加工信息，实时掌握生产进度，把握好项目履约。对于业主或者总承包来说，可以了解项目的进度情况。

图 6-9　构件二维码

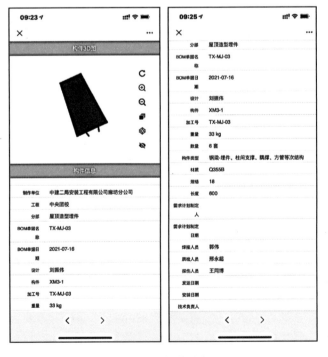

图 6-10　构件信息

（3）产品溯源：为了更好地追溯各项工程的材料具体数据，工程核料单详细记录了每个项目工程现阶段所需的主材和辅材明细数据，为钢结构采购预算做好准备工作（图 6-11）。

		单据编号	单据日期 ↓	项目名称	分部工程	重量单位	总重量	总数量	材料类别
☐	1	HLD210811A01	2021-08-11	城市副中心C08	A~D轴地下室急用1...	千克	136,773.403	0.00	主材
☐	2	HLD210810A10	2021-08-10	城市副中心C08	20210723通州C08...	千克	933,619.989	0.00	主材
☐	3	HLD210810A27	2021-08-10	城市副中心C08	C08地上BCDE区主...	/	/	50,000.00	辅材
☐	4	HLD210809A01	2021-08-09	北京市昌平区沙河...	31/32楼梯	千克	25,632.813	4.00	主材
☐	5	HLD210808A01	2021-08-08	万伴物流天津东疆...	天津东疆港二期6号...	千克	200,842.686	87.00	主材
☐	6	HLD210808A02	2021-08-08	济南万科南北康B6...	济南万科南北康B6...	千克	15,695.250	0.00	主材
☐	7	HLD210808A04	2021-08-08	垃圾综合处理设施...	主厂房深坑区屋面...	千克	143,959.749	0.00	主材
☐	8	HLD210808A05	2021-08-08	垃圾综合处理设施...	雄安电厂主厂房1号...	千克	149,139.109	2.00	主材
☐	9	HLD210806A02	2021-08-06	垃圾综合处理设施...	垃圾电厂烟囱50米...	千克	650,819.421	8.00	主材
☐	10	HLD210806A07	2021-08-06	垃圾综合处理设施...	垃圾主厂房深坑区...	千克	88,541.452	1.00	主材
☐	11	HLD210806A09	2021-08-06	垃圾综合处理设施...	雄安垃圾电厂净化...	千克	54,895.445	0.00	主材
☐	12	HLD210729A01	2021-07-29	垃圾综合处理设施...	垃圾电厂污水区新...	千克	147,739.674	0.00	主材
☐	13	HLD210728A01	2021-07-28	回龙观体育文化公...	B3B4区核料	千克	285,891.843	0.00	主材
☐	14	HLD210728A03	2021-07-28	垃圾综合处理设施...	雄安垃圾电厂主控...	千克	38,234.416	0.00	主材
☐	15	HLD210728A04	2021-07-28	垃圾综合处理设施...	环卫停车库屋面桁...	千克	155,952.588	6.00	主材
☐	16	HLD210728A08	2021-07-28	垃圾综合处理设施...	垃圾电厂污水区新...	千克	260.000	0.00	主材
☐	17	HLD210728A10	2021-07-28	垃圾综合处理设施...	垃圾电厂污水区屋...	千克	2,156,085.148	7.00	主材
☐	18	HLD210726A02	2021-07-26	垃圾综合处理设施...	垃圾渗区二节柱及8...	千克	56,707.159	0.00	主材
☐	19	HLD210722A04	2021-07-22	海淀区西三旗华润...	西三旗华润F2层钢...	千克	436,779.540	55.00	主材
☐	20	HLD210722A05	2021-07-22	北京市昌平区沙河...	好未来F9F10层钢梁...	千克	880,124.306	6.00	主材

图 6-11　工程核料单管理功能

6.2.3　物资管理模块

（1）功能构成：物资管理模块是针对钢结构材料物资进行管理的一个模块，包含采购管理、仓储管理、台账管理 3 个部分。模块的数据流转为原材料加工制作的顺利进行提供了保证。通过实施平台信息化管理模式把控物资加工流程，加强物资的高效管理，通过对数据实时跟踪和追溯，在保证物资实际供应的同时合理储备库存物资，提高库存周转率。

（2）物资采购：采购管理子模块中，图 6-12 所示的采购预算主要包含主材、辅材以及办公用品的采购预算。主材材料信息来源于由工程核料单的数据流转。辅材有一部分（例如焊材、增效丙烷、油漆等）无法在设计图纸上体现，可直接在采购预算里新增提预算。单据名称有说明的具体工程辅材由技术部发起提料，而类似于"其他"的公用工程物资材料则是由安全监督部门发起。图 6-13～图 6-15 分别给出了采购订单、采购入库、材料申领等管理功能。

（3）采购台账：物资模块里的台账管理子模块则包含采购预算清单、采购订单清单、送货单清单、采购入库清单、采购退货清单、领料出库清单、材料调拨清单、申领单清单等一系列管理流程。整体数据台账是物资管理系统里不可缺少的一环，而台账数据流转的完整性也直接影响着企业的成本和效益。这里详细记录了所有材料的预算、送货、入库、退库、领料、调拨等各个流程的数据流转以及明细核算，从最开始便对整个数据流转信息

		单据编号	单据名称	单据日期 ↓	项目	分部工程	总重量	单位	总数量	材料类别
☐	1	YSD210813A03		2021-08-13	公用工程		/ /		7.38	辅材
☐	2	YSD210812A01		2021-08-12	公用工程		/ /		8.00	其他
☐	3	YSD210812A02		2021-08-12	公用工程		/ /		2.00	其他
☐	4	YSD210812A04		2021-08-12	公用工程		/ /		172.00	其他
☐	5	YSD210812A08		2021-08-12	公用工程		/ /		740.00	辅材
☐	6	YSD210812A09		2021-08-12	公用工程		/ /		16.72	辅材
☐	7	YSD210812A10	二能管道支架提料	2021-08-12	万伟物流天津东疆港…	天津东疆港二期管道	20,101.735	千克	6.00	主材
☐	8	YSD210812A12	项目节点补漆	2021-08-12	回龙观体育文化公园	/ /		600.00	辅材
☐	9	YSD210812A15		2021-08-12	公用工程		/ /		760.00	辅材
☐	10	YSD210812A18	热带雨林措施材料提料	2021-08-12	青岛东方伊甸园项目…	86,190.010	千克	4.00	主材
☐	11	YSD210811A01		2021-08-11	公用工程		/ /		105.00	其他
☐	12	YSD210811A02		2021-08-11	公用工程		/ /		13.00	其他
☐	13	YSD210811A04	七层八层螺栓	2021-08-11	北京市昌平区沙河镇	好未来F7层F8层钢梁…	/ /		33,395.00	辅材
☐	14	YSD210811A05	机房层螺栓	2021-08-11	北京市昌平区沙河镇	好未来机房层梁柱	/ /		2,462.00	辅材
☐	15	YSD210811A08		2021-08-11	公用工程		/ /		93.00	其他
☐	16	YSD210811A09	九层十层螺栓	2021-08-11	北京市昌平区沙河镇	好未来F9F10层钢梁…	/ /		38,130.00	辅材
☐	17	YSD210811A10	通州城市副中心C08…	2021-08-11	城市副中心C08	A~D轴地下室急用18…	112,807.1…	千克	0.00	主材
☐	18	YSD210811A11	通州城市副中心C08…	2021-08-11	城市副中心C08	A~D轴地下室急用18…			50,000.00	辅材
☐	19	YSD210811A13	等离子设备桁架	2021-08-11	公用工程		30,065.500	千克	1.00	主材
☐	20	YSD210811A14		2021-08-11	公用工程		/ /		17.00	其他

图 6-12 采购预算管理功能

		单据编号	项目名称	分部工程	重量单位	总重量	总数量	单据日期 ↓	单况	审批状态
☐	1	CGD210813A05	回龙观体育文化公…	A3区图书馆地上一…	吨	/	25,075.00	2021-08-13	未结案	待审批
☐	2	CGD210813A06	公用工程		吨	/	70.00	2021-08-13	未结案	待审批
☐	3	CGD210811A07	北京市昌平区沙河…	好未来F7层F8层…	吨	1,552.23…	300.00	2021-08-12	未结案	未提交
☐	4	CGD210812A02	公用工程		吨	/	6.00	2021-08-12	未结案	审批中
☐	5	CGD210812A03	回龙观体育文化公…		吨	/	16,332.00	2021-08-12	未结案	审批中
☐	6	CGD210812A06	公用工程		吨	/	190.00	2021-08-12	未结案	审批中
☐	7	CGD210812A07	万伟物流天津东疆…	天津东疆港二期6…	吨	56.322300	1.00	2021-08-12	未结案	审批中
☐	8	CGD210812A08	万伟物流天津东疆…	天津东疆港二期6#…	吨	203.826822	41.00	2021-08-12	未结案	审批中
☐	9	CGD210812A10	万伟物流天津东疆…	天津东疆港二期6#…	吨	280.858756	2.00	2021-08-12	未结案	审批中
☐	10	CGD210812A11	万伟物流天津东疆…	,天津东疆港3#冷…	吨		2,401.00	2021-08-12	未结案	审批中
☐	11	CGD210812A13	城市副中心C08	C08地下室地群描…	吨	/	698.00	2021-08-12	未结案	审批中
☐	12	CGD210812A14	城市副中心C08	20210723通州C0…	吨	683.541736	0.00	2021-08-12	未结案	审批中
☐	13	CGD210811A02	公用工程		吨	/	27.61	2021-08-11	未结案	审批中
☐	14	CGD210811A03	廊坊华为云数据中…	主变油池基础钢梁…	吨	8.365774	2.00	2021-08-11	未结案	已批准
☐	15	CGD210811A05	海淀区西北旺镇新…		吨	/	612.00	2021-08-11	未结案	审批中
☐	16	CGD210811A06	青岛东方伊甸园项…	青岛伊甸园热带雨…	吨	/	58.00	2021-08-11	未结案	审批中
☐	17	CGD210810A04	丽泽商务区D07、…	北京丽泽D07地块…	吨	333.846654	96.00	2021-08-10	未结案	已批准
☐	18	CGD210810A05	公用工程		吨	/	576.00	2021-08-10	未结案	审批中
☐	19	CGD210810A06	公用工程		吨	/	103.00	2021-08-10	未结案	审批中

图 6-13 采购订单管理功能

流做到了支出明细清晰，对材料整体流程走向交由系统平台统一进行实时高效处理，提高实际生产率。台账管理主要是采购和仓储管理的一系列清单合计，如图 6-16 所示。

□		单据编号	项目名称	分部工程	供应商名称	仓库名称	车号
□	1	RKD210813A02	垃圾综合处理设施一…	雄安垃圾电厂主控接…	其他随机低额采购供应商	廊坊厂主材	冀A9R694
□	2	RKD210812A06	垃圾综合处理设施一…	雄安垃圾场第三批栓…	其他随机低额采购供应商	焊钉	//
□	3	RKD210812A07	海淀区西北旺镇新村…		廊坊卡科远造化工防腐技…	油漆	/
□	4	RKD210812A13	回龙观体育文化公园…	A2文化馆地上一节柱…	北京冀物金贸易有限责任…	廊坊厂主材	冀A862A8
□	5	RKD210812A14	回龙观体育文化公园…	A1文化馆地上二层梁…	北京冀物金贸易有限责任…	廊坊厂主材	冀ATD321
□	6	RKD210812A21	垃圾综合处理设施一…	雄安垃圾电厂主控接…	其他随机低额采购供应商	廊坊厂主材	冀A838EH
□	7	RKD210812A22	垃圾综合处理设施一…	垃圾罐区提料	其他随机低额采购供应商	廊坊厂主材	津AU2991
□	8	RKD210812A23	垃圾综合处理设施一…	垃圾罐区提料	其他随机低额采购供应商	廊坊厂主材	冀ju5663
□	9	RKD210812A24	垃圾综合处理设施一…	垃圾灌区二节柱及8.8…	其他随机低额采购供应商	廊坊厂主材	冀B3580J
□	10	RKD210812A25	垃圾综合处理设施一…	垃圾罐区提料	其他随机低额采购供应商	廊坊厂主材	津AU2991
□	11	RKD210812A26	垃圾综合处理设施一…	雄安垃圾电厂主控接…	其他随机低额采购供应商	廊坊厂主材	冀AV1715
□	12	RKD210812A27	垃圾综合处理设施一…	雄安垃圾场第三批栓…	其他随机低额采购供应商	焊钉	//
□	13	RKD210812A28	垃圾综合处理设施一…	雄安垃圾场第三批栓…	其他随机低额采购供应商	焊钉	///
□	14	RKD210812A29	垃圾综合处理设施一…	垃圾主厂房深坑区四…	其他随机低额采购供应商	廊坊厂辅材	//
□	15	RKD210812A31	万伟物流天津东疆港…	万科天津东疆港冷链…	北京凯硕宏业钢铁有限公司	廊坊厂主材	冀D9L339
□	16	RKD210812A32	海淀区西北旺镇新村…		廊坊卡科远造化工防腐技…	油漆	/
□	17	RKD210812A33	万伟物流天津东疆港…	万科天津东疆港冷链…	北京凯硕宏业钢铁有限公司	廊坊厂主材	津AY2928
□	18	RKD210812A36	万伟物流天津东疆港…	万科天津东疆港冷链…	北京凯硕宏业钢铁有限公司	廊坊厂主材	津C02679
□	19	RKD210812A37	万伟物流天津东疆港…	万科天津东疆港冷链…	北京凯硕宏业钢铁有限公司	廊坊厂主材	津AZ8703

图 6-14　采购入库管理功能

□		单据编号	项目名称	分部工程	重量单位	总重量	总数量	单据日期 ↓	材料类别
□	1	LYD210813A12	万伟物流天津东疆港…	天津东疆港二期6#冷…	千克	894,851….	356.00	2021-08-13	主材
□	2	LYD210813A14	南京市华润燕子矶G3…	地下提料,华润西三旗…	/	/	1,219.00	2021-08-13	辅材
□	3	LYD210813A15	回龙观体育文化公园…	B2区羽毛球馆地上二…	千克	15,003.600	14.00	2021-08-13	主材
□	4	LYD210813A16	回龙观体育文化公园…	,B2区羽毛球馆地上四…	千克	18,420.000	9.00	2021-08-13	主材
□	5	LYD210812A06	公用工程		/	/	18.00	2021-08-12	其他
□	6	LYD210812A08	公用工程		/	/	400.00	2021-08-12	其他
□	7	LYD210812A16	公用工程		/	/	6.00	2021-08-12	其他
□	8	LYD210811A04	回龙观体育文化公园…	A1文化馆地上一层梁…	千克	1,500.000	1.00	2021-08-11	主材
□	9	LYD210811A11	公用工程		/	/	130.00	2021-08-11	其他
□	10	LYD210811A12	公用工程		/	/	50.00	2021-08-11	其他
□	11	LYD210811A14	公用工程		/	/	48.00	2021-08-11	其他
□	12	LYD210811A15	公用工程		/	/	8.00	2021-08-11	其他
□	13	LYD210810A04	回龙观体育文化公园…	A3区图书馆地下一节…	/	/	5,200.00	2021-08-10	辅材
□	14	LYD210810A05	公用工程		/	/	9.00	2021-08-10	其他
□	15	LYD210810A24	万伟物流天津东疆港…	天津东疆港2#冷库穿…	千克	4,561.500	12.00	2021-08-10	主材
□	16	LYD210809A66	公用工程		/	/	6.00	2021-08-10	主材
□	17	LYD210809A74	青岛东方伊甸园项目…	青岛伊甸园热带雨林…	千克	9,115.719	5.00	2021-08-09	主材
□	18	LYD210809A75	回龙观体育文化公园…	篮球馆一二节柱钢梁…	千克	3,398.736	1.00	2021-08-09	主材
□	19	LYD210809A82	公用工程		/	/	136.00	2021-08-09	其他
□	20	LYD210809A83	回龙观体育文化公园…	A3区图书馆地下一节…	/	/	702.00	2021-08-09	辅材

图 6-15　材料申领管理功能

	预算单号	单据日期 ↓	项目名称	分部工程名称	材料类别	材料子类别	生产加工号	制单部门
1	YSD210812A10	2021-08-12	万伟物流天津东疆港园…	天津东疆港二期管道…	主材	型材	二期管道支架…	廊坊厂制造…
2	YSD210812A10	2021-08-12	万伟物流天津东疆港园…	天津东疆港二期管道…	主材	型材	二期管道支架…	廊坊厂制造…
3	YSD210812A10	2021-08-12	万伟物流天津东疆港园…	天津东疆港二期管道…	主材	型材	二期管道支架…	廊坊厂制造…
4	YSD210812A10	2021-08-12	万伟物流天津东疆港园…	天津东疆港二期管道…	主材	型材	二期管道支架…	廊坊厂制造…
5	YSD210812A10	2021-08-12	万伟物流天津东疆港园…	天津东疆港二期管道…	主材	型材	二期管道支架…	廊坊厂制造…
6	YSD210812A10	2021-08-12	万伟物流天津东疆港园…	天津东疆港二期管道…	主材	型材	二期管道支架…	廊坊厂制造…
7	YSD210812A10	2021-08-12	万伟物流天津东疆港园…	天津东疆港二期管道…	主材	板材	二期管道支架…	廊坊厂制造…
8	YSD210812A10	2021-08-12	万伟物流天津东疆港园…	天津东疆港二期管道…	主材	板材	二期管道支架…	廊坊厂制造…
9	YSD210812A10	2021-08-12	万伟物流天津东疆港园…	天津东疆港二期管道…	主材	板材	二期管道支架…	廊坊厂制造…
10	YSD210812A18	2021-08-12	青岛东方伊甸园项目一…		主材	型材	热带雨林措施…	廊坊厂制造…
11	YSD210812A18	2021-08-12	青岛东方伊甸园项目一…		主材	型材	热带雨林措施…	廊坊厂制造…
12	YSD210812A18	2021-08-12	青岛东方伊甸园项目一…		主材	型材	热带雨林措施…	廊坊厂制造…
13	YSD210812A18	2021-08-12	青岛东方伊甸园项目一…		主材	型材	热带雨林措施…	廊坊厂制造…
14	YSD210812A18	2021-08-12	青岛东方伊甸园项目一…		主材	板材	热带雨林措施…	廊坊厂制造…
15	YSD210811A10	2021-08-11	城市副中心C08	A~D轴地下室急用18…	主材	板材	通州城市副中心…	廊坊厂制造…
16	YSD210811A10	2021-08-11	城市副中心C08	A~D轴地下室急用18…	主材	板材	通州城市副中心…	廊坊厂制造…
17	YSD210811A10	2021-08-11	城市副中心C08	A~D轴地下室急用18…	主材	板材	通州城市副中心…	廊坊厂制造…
18	YSD210811A10	2021-08-11	城市副中心C08	A~D轴地下室急用18…	主材	板材	通州城市副中心…	廊坊厂制造…
19	YSD210811A10	2021-08-11	城市副中心C08	A~D轴地下室急用18…	主材	板材	通州城市副中…	廊坊厂制造…

图 6-16　台账管理功能

6.2.4　工艺管理模块

（1）功能构成：工艺管理模块是对钢结构材料工艺进行全程管理的模块，主要包含施工技术通知单以及工艺方案等流程，保证技术工人和管理人员实时查阅施工方案，避免图纸或交底遗失带来误工和错误施工的可能，有效地节约时间，保证产品质量。

施工技术通知单（图 6-17）主要是施工的具体内容，详细记载了主要项目名称以及一一对应的分部工程、单况以及审批状态等。每个单号都会有分部工程里每个加工单号的钢

		单据编号	项目名称	分部工程	单据日期 ↓	制单部门	制单人	单况	审批状态
□	1	TZD190514A01	苏地2014-G-25(2)…	苏地项目12层设备…	2019-05-14	廊坊厂制造厂技术部	张乐	已结案	已批准
□	2	TZD190507A01	北京环球影城主题…		2019-05-07	廊坊厂制造厂技术部	张乐	已结案	已批准
□	3	TZD190507A02	A-1工业车间及配套…	A3工业车间一节钢…	2019-05-07	廊坊厂制造厂技术部	张乐	已结案	已批准
□	4	TZD190505A01	苏地2014-G-25(2)…		2019-05-05	廊坊厂制造厂技术部	张乐	已结案	已批准
□	5	TZD20181224…	北京环球影城主题…	环球205	2018-12-24	项目部（防城港）	张宏伟	已结案	已批准
□	6	TZD20170801…	中石化	中石化五号实验楼	2017-08-01	廊坊厂制造厂技术部	崔建楠	已结案	已批准
□	7	TZD20170801…	银川绿地中心项目		2017-08-01	廊坊厂制造厂技术部	王福胜	已结案	已批准
□	8	TZD20170801…	公用工程		2017-08-01	廊坊厂制造厂技术部	王福胜	已结案	已批准
□	9	TZD20170727…	首创丽泽金融商务区		2017-07-27	廊坊厂制造厂技术部	崔建楠	已结案	已批准
□	10	TZD20170630…	昆明万达城展示中心		2017-06-30	廊坊厂制造厂技术部	崔建楠	已结案	已批准
□	11	TZD20170628…	沈阳盛京金融广场	T2塔楼	2017-06-28	廊坊厂制造厂技术部	张乐	已结案	已批准

图 6-17　施工技术通知单功能

构件信息明细、焊接技术要求、变更细节、是否打砂涂漆等。所有生产加工、质量监督都是依据施工技术通知单进行。

工艺方案涉及所有钢结构生产工序，每一个工艺方案的单号都会显示相应的单据日期及对应的工艺方案名称（如电梯加工工艺、栏杆埋件加工工艺等）。每个工艺方案里都包含下料、拼装、焊接、喷砂和涂漆等完整的生产加工工序，见图6-18。

		单据编号	单据日期 ↓	工艺方案名称	工艺类型	项目名称
☐	1	GYK210813A03	2021-08-13	城市副中心C08地脚…	钢构件制作工艺	城市副中心C08
☐	2	GYK210812A01	2021-08-12	F5ABCD区梁	钢构件制作工艺	北京市昌平区沙河镇七里…
☐	3	GYK210812A02	2021-08-12	丽泽八节柱	钢构件制作工艺	丽泽商务区D07、D08地…
☐	4	GYK210812A04	2021-08-12	F5层EF梁	钢构件制作工艺	北京市昌平区沙河镇七里…
☐	5	GYK210812A08	2021-08-12	F5层GH钢梁	钢构件制作工艺	北京市昌平区沙河镇七里…
☐	6	GYK210812A09	2021-08-12	F6支撑	钢构件制作工艺	北京市昌平区沙河镇七里…
☐	7	GYK210812A10	2021-08-12	分包凯帕斯	钢构件制作工艺	北京市昌平区沙河镇七里…
☐	8	GYK210812A11	2021-08-12	分包天伦	钢构件制作工艺	北京市昌平区沙河镇七里…
☐	9	GYK210812A13	2021-08-12	31 32楼梯	钢构件制作工艺	北京市昌平区沙河镇七里…
☐	10	GYK210812A14	2021-08-12	F7支撑	钢构件制作工艺	北京市昌平区沙河镇七里…
☐	11	GYK210812A15	2021-08-12	F裙房三层新增支座…	钢构件制作工艺	上海火车站北广场C1地块…
☐	12	GYK210810A01	2021-08-10	埋件	钢构件制作工艺	回龙观体育文化公园南部…
☐	13	GYK210809A01	2021-08-09	万国家园7#楼地上9…	钢构件制作工艺	北京通州万国家园项目7#…
☐	14	GYK210809A04	2021-08-09	万国家园9层梁工艺	钢构件制作工艺	北京通州万国家园项目7#…
☐	15	GYK210809A05	2021-08-09	万国家园10层梁加…	钢构件制作工艺	北京通州万国家园项目7#…
☐	16	GYK210809A08	2021-08-09	万国家园11层加工…	钢构件制作工艺	北京通州万国家园项目7#…
☐	17	GYK210803A09	2021-08-03	6#库系杆支撑水撑…	钢构件制作工艺	万伟物流天津东疆港园区…
☐	18	GYK210720A04	2021-07-20	中央团校C轴桁架工…	钢构件制作工艺	中央团校学术报告综合…
☐	19	GYK210720A05	2021-07-20	中央团校D轴工艺方案	钢构件制作工艺	中央团校学术报告综合…
☐	20	GYK210720A06	2021-07-20	中央团校E轴工艺方案	钢构件制作工艺	中央团校学术报告综合…

图6-18　工艺方案功能

（2）材料套料：套料属于整个工艺方案里极其重要的一个模块，整个套料流程需要先进入产品模块里的产品BOM清单找到相应的生产加工号，将生产加工号里的数据进行流转导入，然后对物资类型分类，运用套料软件将零件在对应的板材中进行最优自动套料排列，保存至工艺方案里的套料单，见图6-19。

6.2.5　生产管理模块

（1）功能构成：生产管理模块主要对钢结构生产的一系列加工流程进行管理，包含生产

		单据编号	单据名称	项目编号	项目名称	产品机号	分配人	分配套料部门
☐	1	NP210813A01	7#冷库钢架梁（分包莱钢）	DJGLL	万伟物流天津东疆港园…	1	王方	廊坊厂制造厂技术部
☐	2	NP210813A03	6#F4F5二三节柱	DJGLL	万伟物流天津东疆港园…	1	边阔阔	廊坊厂制造厂技术部
☐	3	NP210812A04	RDYL-5WQ-01	QDYDY	青岛东方伊甸园项目一…	1	杨昭	廊坊厂制造厂技术部
☐	4	NP210812A06	罐区二节柱	XALJDC	垃圾综合处理设施一期…	S101	路振兴	廊坊厂制造厂技术部
☐	5	NP210810A07	6#冷库二三节柱（分包莱…	DJGLL	万伟物流天津东疆港园…	1	王方	廊坊厂制造厂技术部
☐	6	NP210811A08	6#冷库二、三节柱	DJGLL	万伟物流天津东疆港园…	1	边阔阔	廊坊厂制造厂技术部
☐	7	NP210810A06	HWL-E6HF-01	HWL	北京市昌平区沙河镇七…	1	杨昭	廊坊厂制造厂技术部
☐	8	NP210809A01	6#冷库屋架梁（分包莱钢）	DJGLL	万伟物流天津东疆港园…	1	王方	廊坊厂制造厂技术部
☐	9	NP210809A02	RDYL-3WH-01、RDYL-4…	QDYDY	青岛东方伊甸园项目一…	1	韩茂	廊坊厂制造厂技术部
☐	10	NP210806A05	万国家园9~11层梁-分包…	PJ201021A01	北京通州万国家园项目…	1	边阔阔	廊坊厂制造厂技术部
☐	11	NP210805A03	JWK-WKZB3-01	WKNBK	济南万科金域北康B6地块…	S101	路振兴	廊坊厂制造厂技术部
☐	12	NP210805A05	HWL-ZTZ-03	HWL	北京市昌平区沙河镇七…	1	杨昭	廊坊厂制造厂技术部
☐	13	NP210804A03	方管组焊	HLGTYGY	回龙观体育文化公园南…		李智超	廊坊厂制造厂技术部
☐	14	NP210804A05	万国家园9~11层柱分包天荣	PJ201021A01	北京通州万国家园项目…	1	边阔阔	廊坊厂制造厂技术部
☐	15	NP210804A06	万国家园9~11层柱-分包…	PJ201021A01	北京通州万国家园项目…	1	边阔阔	廊坊厂制造厂技术部
☐	16	NP210804A01	万国7#楼地上9~11层柱分…	PJ201021A01	北京通州万国家园项目…	1	边阔阔	廊坊厂制造厂技术部
☐	17	NP210804A02	XACF-SKGZ6-01	XALJDC	垃圾综合处理设施一期…	1	李智超	廊坊厂制造厂技术部
☐	18	NP210803A04	XAGQ-GL2-01	XALJDC	垃圾综合处理设施一期…	1	杨昭	廊坊厂制造厂技术部
☐	19	NP210802A01	西三旗（分包）地下钢柱…	HRXSQ	海淀区西三旗华润万象…	1	李江阔	廊坊厂制造厂技术部
☐	20	NP210801A09	8#冷库F123区屋架梁（…	DJGLL	万伟物流天津东疆港园…	1	王方	廊坊厂制造厂技术部

图 6-19 套料计划单功能

计划、生产报验、成品管理、台账管理等部分。生产计划根据技术部的工艺方案和项目需求计划进行排产，并通过施工单将任务安排给各个车间进行生产（图 6-20、图 6-21）。

		计划编号	名称	级别	类别	产品机号	单据日期 ↓	项目编号	项目名称	生产加工号
☐	1	PLAN210813A…	未定义	2	生产计划		2021-08-13	HWL	北京市昌平区沙河镇七里…	HWL-B5BT-01…
☐	2	PLAN210813A…	未定义	2	生产计划		2021-08-13	HLGTYGY	回龙观体育文化公园南部…	HLG-A1-3GL-…
☐	3	PLAN210813A…	未定义	2	生产计划		2021-08-13	HLGTYGY	回龙观体育文化公园南部…	HLG-A1-4GKL…
☐	4	PLAN210813A…	XA1X-WHJ1-01	2	生产计划		2021-08-13	XALJDC	垃圾综合处理设施一期工程	XA1X-WHJ1-01…
☐	5	PLAN210813A11	未定义	2	生产计划		2021-08-13	20210520-ZYTX	中央团校学术报告综合接…	TX-CHJ-01,TX…
☐	6	PLAN210813A…	未定义	2	生产计划		2021-08-13	HWL	北京市昌平区沙河镇七里…	HWL-A5BT-01
☐	7	PLAN210813A…	未定义	2	生产计划		2021-08-13	HLGTYGY	回龙观体育文化公园南部…	HLG-B1-TMJ-01
☐	8	PLAN210813A…	未定义	2	生产计划		2021-08-13	SHHCZ	上海火车站北广场C1地块…	C1-F-3ZZ-02
☐	9	PLAN210813A…	未定义	2	生产计划		2021-08-13	BJLZ-D07	丽泽商务区D07、D08地…	LZ-D-8GZ-01,…
☐	10	PLAN210812A…	未定义	2	生产计划		2021-08-12	HWL	北京市昌平区沙河镇七里…	HWL-4AGZ-01…
☐	11	PLAN210812A…	未定义	2	生产计划		2021-08-12	HLGTYGY	回龙观体育文化公园南部…	HLG-A1-3GKL…
☐	12	PLAN210812A…	未定义	2	生产计划		2021-08-12	HRXSQ	海淀区西三旗华润万象汇…	WXH-DNT-01
☐	13	PLAN210810A…	未定义	2	生产计划		2021-08-10	HLGTYGY	回龙观体育文化公园南部…	HLG-B1-4GTL…
☐	14	PLAN210810A…	未定义	2	生产计划		2021-08-10	HLGTYGY	回龙观体育文化公园南部…	HLG-A1-5GL-…
☐	15	PLAN210809A…	未定义	2	生产计划		2021-08-09	XBW1Q	海淀区西北旺镇新村一期…	XBW-16GLT2-…
☐	16	PLAN210809A…	未定义	2	生产计划		2021-08-09	HWL	北京市昌平区沙河镇七里…	HWL-1-8TL-01
☐	17	PLAN210809A…	未定义	2	生产计划		2021-08-09	HWL	北京市昌平区沙河镇七里…	HWL-1-8TL-0…
☐	18	PLAN210809A…	未定义	2	生产计划		2021-08-09	HWL	北京市昌平区沙河镇七里…	HWL-10~12Y…
☐	19	PLAN210809A…	未定义	2	生产计划		2021-08-09	HLGTYGY	回龙观体育文化公园南部…	HLG-A3-MJ3-…

图 6-20 生产计划功能

		施工单号	单据编号	单据日期 ↓	模版类别	模版类型	项目编号	项目名称	生产加工号
☐	1	钢构(留质保金) 149	SGD21081...	2021-08-13	钢构(留质...		HLGTYGY	回龙观体育文化公园	HLG-A1-2GKL...
☐	2	钢构(留质保金) 222	SGD21081...	2021-08-13	钢构(留质...		HFRCXC	合肥驰秀场及其配	XC-DT-01
☐	3	钢构(留质保金) 436	SGD21081...	2021-08-13	钢构(留质...		HWL	北京市昌平区沙河镇	HWL-B5BT-01
☐	4	钢构(留质保金) 31	SGD21081...	2021-08-13	钢构(留质...		20210520-ZYTX	中央团校学术报告综	TX-EHJ-01
☐	5	钢构(留质保金) 32	SGD21081...	2021-08-13	钢构(留质...		20210520-ZYTX	中央团校学术报告综	TX-EHJ-01
☐	6	钢构(留质保金) 33	SGD21081...	2021-08-13	钢构(留质...		20210520-ZYTX	中央团校学术报告综	TX-EHJ-01
☐	7	钢构(留质保金) 34	SGD21081...	2021-08-13	钢构(留质...		20210520-ZYTX	中央团校学术报告综	TX-EHJ-01
☐	8	钢构(留质保金) 35	SGD21081...	2021-08-13	钢构(留质...		20210520-ZYTX	中央团校学术报告综	TX-CHJ-01
☐	9	钢构(留质保金) 36	SGD21081...	2021-08-13	钢构(留质...		20210520-ZYTX	中央团校学术报告综	TX-CHJ-01
☐	10	钢构(留质保金) 37	SGD21081...	2021-08-13	钢构(留质...		20210520-ZYTX	中央团校学术报告综	TX-CHJ-01
☐	11	钢构(留质保金) 150	SGD21081...	2021-08-13	钢构(留质...		HLGTYGY	回龙观体育文化公园	HLG-A3-MJ3-01
☐	12	钢构(留质保金) 151	SGD21081...	2021-08-13	钢构(留质...		HLGTYGY	回龙观体育文化公园	HLG-A3-MJ4-01
☐	13	钢构(留质保金) 38	SGD21081...	2021-08-13	钢构(留质...		20210520-ZYTX	中央团校学术报告综	TX-MJ-03
☐	14	钢构(留质保金) 221	SGD21081...	2021-08-12	钢构(留质...		HFRCXC	合肥驰秀场及其配	XC-ZSJ-01
☐	15	钢构(留质保金) 179	SGD21081...	2021-08-12	钢构(留质...		XALJDC	垃圾综合处理设施一...	XA1X-WSC1-01
☐	16	钢构(留质保金) 420	SGD21081...	2021-08-12	钢构(留质...		HWL	北京市昌平区沙河镇	HWL-3AGZ-01
☐	17	钢构(留质保金) 421	SGD21081...	2021-08-12	钢构(留质...		HWL	北京市昌平区沙河镇	HWL-3DGZ-01
☐	18	钢构(留质保金) 424	SGD21081...	2021-08-12	钢构(留质...		HWL	北京市昌平区沙河镇	HWL-E4SC-01...
☐	19	钢构(留质保金) 429	SGD21081...	2021-08-12	钢构(留质...		HWL	北京市昌平区沙河镇	HWL-E4ZC-01...

图 6-21 施工单功能

（2）成品管理：成品管理是对钢结构成品构件进行管理的一个模块，包含成品入库单、发运计划单、成品出库单、构件安装单等功能。成品入库的数据来源于生产计划单，对于已经全部报验完的钢构件可以直接入库等待发运至现场，对应数据也会上传到平台。可以根据生产加工单号或者具体钢构件编号进行搜索，核实整体的数据流转情况和进程。成品出库则是某批生产加工好的钢构件通过发运计划单的数据流转，出库运输到每一个指定的项目上。出库数据会同步更新在 3D 可视化模型上面，相应的成品出库对应颜色也会随之发生变化。各功能分别如图 6-22、图 6-23 所示。

（3）生产台账：台账管理模块是对以上三个模块台账的统一管理（图 6-24），为管理者提供每个步骤的具体统计情况，包含成品入库清单、施工单台账、成品出库清单、完工报验单台账、交接单清单等，方便管理者从台账中实时查找数据，通过搜索关键字查询所需单据。

6.2.6 质量管理模块

质量管理模块针对钢结构加工过程中质量把控的一系列流程进行管理，包含原材料管理和产成品管理两个部分。质量管理通过完整的产品控流程和多种控制手段保证整体质量控制效果，在重要环节设置待验点和审批点，未经检验和审批不得流入下一道工序。

如图 6-25、图 6-26 所示，钢结构入库复检是对原材料进行加工前的材料质检，用来保证后续在生产过程中材料的合格性。通过第三方机构对材料质检，对合格的材料出具相应的质检报告。成品质检主要对生产完成的构件进行质检，保证成品质量。

		单据编号	单据日期 ↓	项目名称	分部工程名称	生产加工号	仓库名称	库存类型
☐	1	CPR210809A07	2021-08-09	北京市昌平区沙河镇七...		HWL-H2YC-01,HWL-B4...	廊坊厂北区（B）	成品
☐	2	CPR210809A05	2021-08-09	回龙观体育文化公园南...		HLG-B2-3GZ-03	廊坊厂北区（B）	成品
☐	3	CPR210809A06	2021-08-09	回龙观体育文化公园南...		HLG-B1-1GZ-05,HLG-B2...	廊坊厂北区（B）	成品
☐	4	CPR210809A04	2021-08-09	回龙观体育文化公园南...		HLG-B1-2GL-01,HLG-A1...	廊坊厂北区（B）	成品
☐	5	CPR210807A02	2021-08-07	海淀区西北旺镇新村一...		XBW-F8YC-A2-01,XBW-...	廊坊厂北区（B）	成品
☐	6	CPR210807A03	2021-08-07	青岛东方伊甸园项目一...		YDY-2WQ-01,YDY-3WQ-...	廊坊厂北区（B）	成品
☐	7	CPR210807A01	2021-08-07	北京市昌平区沙河镇七...		HWL-2BGZ-01,HWL-B3...	廊坊厂北区（B）	成品
☐	8	CPR210802A04	2021-08-02	北京市昌平区沙河镇七...		HWL-2BGZ-01,HWL-P3...	廊坊厂北区（B）	成品
☐	9	CPR210802A05	2021-08-02	海淀区西北旺镇新村一...		6XBW-TL-01	廊坊厂北区（B）	成品
☐	10	CPR210801A02	2021-08-01	北京市昌平区沙河镇七...		HWL-P3CL-01,HWL-E2X...	廊坊厂北区（B）	成品
☐	11	CPR210801A01	2021-08-01	海淀区西北旺镇新村一...		XBW-F6JGZ-A12-01,XB...	廊坊厂北区（B）	成品
☐	12	CPR210729A08	2021-07-29	北京市昌平区沙河镇七...		HWL-17LT-01,HWL-D2C...	廊坊厂北区（B）	成品
☐	13	CPR210729A18	2021-07-29	海淀区西北旺镇新村一...		5XBW-F6GL-A4-01	廊坊厂北区（B）	成品
☐	14	CPR210729A21	2021-07-29	合肥驰剑秀场及其配套		XC-ZSG-01	廊坊厂北区（B）	成品
☐	15	CPR210729A10	2021-07-29	海淀区西北旺镇新村一...		XBW-F7JGZ-A3-01,XBW...	廊坊厂北区（B）	成品
☐	16	CPR210729A17	2021-07-29	海淀区西北旺镇新村一...		5XBW-F6GZ-A4-01	廊坊厂北区（B）	成品
☐	17	CPR210729A16	2021-07-29	海淀区西北旺镇新村一...		XBW-F7YC-A12-01,XBW...	廊坊厂北区（B）	成品
☐	18	CPR210729A19	2021-07-29	海淀区西北旺镇新村一...		5XBW-F6GKL-A4-01,5X...	廊坊厂北区（B）	成品
☐	19	CPR210729A09	2021-07-29	回龙观体育文化公园南...		HLG-A3-1GZ-01,HLG-B2...	廊坊厂北区（B）	成品

图 6-22 成品入库单功能

		单据编号	单据日期 ↓	项目名称	分部工程名称	生产加工号	单况	审批状态
☐	1	CPC210809A01	2021-08-09	海淀区西北旺镇新村一期...		XBW-F8JGZ-A...	未结案	○ 审批中
☐	2	CPC210809A02	2021-08-09	海淀区西北旺镇新村一期...		XBW-F7GL-A1...	未结案	○ 审批中
☐	3	CPC210809A03	2021-08-09	海淀区西北旺镇新村一期...		XBW-F8JGZ-A...	未结案	○ 审批中
☐	4	CPC210809A04	2021-08-09	海淀区西北旺镇新村一期...		XBW-F7GKL-...	未结案	○ 审批中
☐	5	CPC210809A05	2021-08-09	海淀区西北旺镇新村一期...	八层钢梁深化版	XBW-F7GKL-...	未结案	○ 审批中
☐	6	CPC210807A02	2021-08-07	海淀区西北旺镇新村一期...		XBW-F8GKL-...	未结案	○ 审批中
☐	7	CPC210807A03	2021-08-07	海淀区西北旺镇新村一期...		XBW-F8GKL-...	未结案	○ 审批中
☐	8	CPC210730A01	2021-07-30	海淀区西北旺镇新村一期...	,西北旺镇新村一期A4区...	XBW-F8GKL-...	未结案	◉ 已批准
☐	9	CPC210730A02	2021-07-30	北京市昌平区沙河镇七里...		HWL-H2ZC-01...	未结案	○ 审批中
☐	10	CPC210730A03	2021-07-30	北京市昌平区沙河镇七里...		HWL-H2ZC-01...	未结案	○ 审批中
☐	11	CPC210730A04	2021-07-30	北京市昌平区沙河镇七里...		HWL-G2GL-01...	未结案	○ 审批中
☐	12	CPC210730A05	2021-07-30	上海火车站北广场C1地块...		C1-F-3GL-02,...	未结案	○ 审批中
☐	13	CPC210730A06	2021-07-30	北京市昌平区沙河镇七里...		HWL-2BGZ-01...	未结案	○ 审批中
☐	14	CPC210727A03	2021-07-27	回龙观体育文化公园南部...		HLG-B2-2GZ-02	未结案	○ 审批中
☐	15	CPC210721A03	2021-07-21	海淀区西北旺镇新村一期...		5XBW-F7GZ-...	未结案	◉ 已批准
☐	16	CPC210721A04	2021-07-21	海淀区西北旺镇新村一期...		5XBW-F8GZ-...	未结案	◉ 已批准
☐	17	CPC210721A05	2021-07-21	海淀区西北旺镇新村一期...		5XBW-F7GZ-...	未结案	◉ 已批准
☐	18	CPC210718A03	2021-07-20	北京市昌平区沙河镇七里...		HWL-B1BGZ-...	未结案	○ 审批中
☐	19	CPC210720A02	2021-07-20	海淀区西北旺镇新村一期...		XBW-F7GKL-...	未结案	◉ 已批准

图 6-23 成品出库单功能

	单据编号	单据日期 ↓	项目名称	分部工程名称	生产加工号	仓库名称
1	6216.6561	2021-08-09	海淀区西北旺镇新村一期公…		XBW-F8JGZ-A6-01	廊坊厂北区（B）
2	3569.4503	2021-08-09	海淀区西北旺镇新村一期公…		XBW-F8JGZ-A7-01	廊坊厂北区（B）
3	3553.0255	2021-08-09	海淀区西北旺镇新村一期公…		XBW-F8JGZ-A7-01	廊坊厂北区（B）
4	3643.3361	2021-08-09	海淀区西北旺镇新村一期公…		XBW-F8JGZ-A7-01	廊坊厂北区（B）
5	3437.8963	2021-08-09	海淀区西北旺镇新村一期公…		XBW-F8JGZ-A7-01	廊坊厂北区（B）
6	328.4292	2021-08-09	海淀区西北旺镇新村一期公…		XBW-F8JGZ-A2-01	廊坊厂北区（B）
7	330.6204	2021-08-09	海淀区西北旺镇新村一期公…		XBW-F8JGZ-A2-01	廊坊厂北区（B）
8	577.4717	2021-08-09	海淀区西北旺镇新村一期公…		XBW-F7JGZ-A3-01	廊坊厂北区（B）
9	612.2230	2021-08-09	海淀区西北旺镇新村一期公…		XBW-F7JGZ-A3-01	廊坊厂北区（B）
10	542.3230	2021-08-09	海淀区西北旺镇新村一期公…		XBW-F7JGZ-A3-01	廊坊厂北区（B）
11	611.1630	2021-08-09	海淀区西北旺镇新村一期公…		XBW-F7JGZ-A3-01	廊坊厂北区（B）
12	543.6345	2021-08-09	海淀区西北旺镇新村一期公…		XBW-F7JGZ-A3-01	廊坊厂北区（B）
13	581.0248	2021-08-09	海淀区西北旺镇新村一期公…		XBW-F7JGZ-A3-01	廊坊厂北区（B）
14	578.9447	2021-08-09	海淀区西北旺镇新村一期公…		XBW-F7JGZ-A3-01	廊坊厂北区（B）
15	583.4080	2021-08-09	海淀区西北旺镇新村一期公…		XBW-F7JGZ-A3-01	廊坊厂北区（B）
16	503.2814	2021-08-09	海淀区西北旺镇新村一期公…		XBW-F7JGZ-A3-01	廊坊厂北区（B）
17	555.0850	2021-08-09	海淀区西北旺镇新村一期公…		XBW-F7JGZ-A3-01	廊坊厂北区（B）
18	568.6728	2021-08-09	海淀区西北旺镇新村一期公…		XBW-F7JGZ-A3-01	廊坊厂北区（B）
19	545.4389	2021-08-09	海淀区西北旺镇新村一期公…		XBW-F7JGZ-A3-01	廊坊厂北区（B）

图 6-24　台账管理模块

		单据编号	项目名称	分部工程名称	质检人	重量单位	总重量	总数量	送检日期 ↓
☐	1	ZJD210812A04	海淀区西三旗华润…		王传	千克	50,220.000	75.00	2021-08-12
☐	2	ZJD210811A03	北京市昌平区沙河…	F5层F6层梁柱支撑	王传	千克	138,459.091	33.00	2021-08-11
☐	3	ZJD210811A04	北京市昌平区沙河…	F5层F6层梁柱支撑	王传	千克	122,034.690	32.00	2021-08-11
☐	4	ZJD210811A05	北京市昌平区沙河…	F5层F6层梁柱支撑	王传	千克	205,306.503	61.00	2021-08-11
☐	5	ZJD210811A06	北京市昌平区沙河…	F5层F6层梁柱支撑	王传	千克	209,992.369	62.00	2021-08-11
☐	6	ZJD210811A07	北京市昌平区沙河…	F5层F6层梁柱支撑	王传	千克	208,110.789	66.00	2021-08-11
☐	7	ZJD210811A09	北京市昌平区沙河…	F5层F6层梁柱支撑	王传	千克	132,872.230	30.00	2021-08-11
☐	8	ZJD210811A10	北京市昌平区沙河…	F5层F6层梁柱支撑	王传	千克	175,701.373	38.00	2021-08-11
☐	9	ZJD210811A11	北京市昌平区沙河…	F5层F6层梁柱支撑	王传	千克	102,273.220	21.00	2021-08-11
☐	10	ZJD210810A06	海淀区西三旗华润…	华润西三旗万象汇…	王传	/	/	2,150.00	2021-08-10

图 6-25　入库复检功能

6.2.7　成本模块

成本管理以核算项目的直接材料成本、制作人工成本为目的，根据 BOM 清单对各项目所需的主材、辅材、人工进行成本核定及统计分析，出具成本统计报表，形成成本管理柱状图，为成本控制提供直观的管理数据。主要包含成本核算、报表管理以及台账管理三个部分。

成本核算是对钢结构生产过程中涉及制作成本进行成本管理的流程，包含定额单价、工程结算单等流程，如图 6-27、图 6-28 所示。

		单据编号	单据日期 ↓	项目名称	检验类型	质检部门	质检人员	送检日期
☐	1	QI191020A25	2019-10-20	上海火车站北广场C...	外观尺寸	廊坊厂制造厂...	王明皓	2019-10-20
☐	2	QI191020A26	2019-10-20	上海火车站北广场C...	外观尺寸	廊坊厂制造厂...	王明皓	2019-10-20
☐	3	QI191020A27	2019-10-20	上海火车站北广场C...	外观尺寸	廊坊厂制造厂...	王明皓	2019-10-20
☐	4	QI191010A01	2019-10-10	通州两站一佳E5、E...	外观尺寸	廊坊厂制造厂...	彭传新	2019-10-10
☐	5	QI191010A02	2019-10-10	通州两站一佳E5、E...	外观尺寸	廊坊厂制造厂...	彭传新	2019-10-10
☐	6	QI191010A03	2019-10-10	通州两站一佳E5、E...	外观尺寸	廊坊厂制造厂...	彭传新	2019-10-10
☐	7	QI191010A04	2019-10-10	通州两站一佳E5、E...	外观尺寸	廊坊厂制造厂...	彭传新	2019-10-10
☐	8	QI191010A05	2019-10-10	通州两站一佳E5、E...	外观尺寸	廊坊厂制造厂...	彭传新	2019-10-10
☐	9	QI191010A06	2019-10-10	通州两站一佳E5、E...	外观尺寸	廊坊厂制造厂...	彭传新	2019-10-10
☐	10	QI191009A05	2019-10-09	通州两站一佳E5、E...	外观尺寸	廊坊厂制造厂...	彭传新	2019-10-09
☐	11	QI191009A06	2019-10-09	通州两站一佳E5、E...	外观尺寸	廊坊厂制造厂...	彭传新	2019-10-09
☐	12	QI191009A07	2019-10-09	通州两站一佳E5、E...	外观尺寸	廊坊厂制造厂...	彭传新	2019-10-09
☐	13	QI191009A08	2019-10-09	通州两站一佳E5、E...	外观尺寸	廊坊厂制造厂...	彭传新	2019-10-09
☐	14	QI191008A01	2019-10-08	北京国家会议中心二期	外观尺寸	廊坊厂制造厂...	彭传新	2019-10-08
☐	15	QI191008A02	2019-10-08	北京国家会议中心二期	外观尺寸	廊坊厂制造厂...	彭传新	2019-10-08
☐	16	QI191008A04	2019-10-08	北京国家会议中心二期	外观尺寸	廊坊厂制造厂...	彭传新	2019-10-08
☐	17	QI191008A05	2019-10-08	北京国家会议中心二期	外观尺寸	廊坊厂制造厂...	彭传新	2019-10-08
☐	18	QI191008A06	2019-10-08	北京国家会议中心二期	外观尺寸	廊坊厂制造厂...	彭传新	2019-10-08
☐	19	QI191006A02	2019-10-06	北京国家会议中心二期	无损检测	廊坊厂制造厂...	张雪田	2019-10-06

图 6-26 成品质检列表

		单据编号	单据名称	版本	单据日期 ↓	项目编号	项目名称	生产加工号	成本代码
☐	1	CBY210813A01		0.0	2021-08-13	XALJDC	垃圾综合处理设施...	XACF-FDGZ4-01	0107
☐	2	CBY210813A02		0.0	2021-08-13	HWL	北京市昌平区沙河...	HWL-G5BT-01,HW...	0107
☐	3	CBY210813A03		0.0	2021-08-13	HWL	北京市昌平区沙河...	HWL-G5BT-01,HW...	0103,0107
☐	4	CBY210813A04		0.0	2021-08-13	HWL	北京市昌平区沙河...	HWL-A5BT-01,HWL...	0102
☐	5	CBY210813A05		0.0	2021-08-13	HWL	北京市昌平区沙河...	HWL-D5XN-01,HW...	0101
☐	6	CBY210813A06		0.0	2021-08-13	HWL	北京市昌平区沙河...	HWL-A5CL-01,HW...	0101
☐	7	CBY210813A07		0.0	2021-08-13	BJLZ-D07	丽泽商务区D07、D...	LZ-C-21LMJ-01	0102,0106
☐	8	CBY210813A08		0.0	2021-08-13	BJLZ-D07	丽泽商务区D07、D...	LZ-C-21LMJ-01	0101
☐	9	CBY210813A09		0.0	2021-08-13	BJLZ-D07	丽泽商务区D07、D...	LZ-C-21LMJ-01	0107
☐	10	CBY210813A10		0.0	2021-08-13	HRXSQ	海淀区西三旗华润...	WXH-DNT-01	0101
☐	11	CBY210813A11		0.0	2021-08-13	HRXSQ	海淀区西三旗华润...	WXH-DNT-01	0107
☐	12	CBY210813A12		0.0	2021-08-13	BJLZ-D07	丽泽商务区D07、D...	LZ-D-8GZ-01	0102,0106
☐	13	CBY210813A14		0.0	2021-08-13	BJLZ-D07	丽泽商务区D07、D...	LZ-D-8GZ-01	0101
☐	14	CBY210813A15		0.0	2021-08-13	BJLZ-D07	丽泽商务区D07、D...	LZ-D-8GZ-01	0101
☐	15	CBY210813A16		0.0	2021-08-13	BJLZ-D07	丽泽商务区D07、D...	LZ-D-8GZ-01	0101
☐	16	CBY210813A17		0.0	2021-08-13	BJLZ-D07	丽泽商务区D07、D...	LZ-D-8GZ-01	0101
☐	17	CBY210813A18		0.0	2021-08-13	BJLZ-D07	丽泽商务区D07、D...	LZ-D-8GZ-01	0101
☐	18	CBY210813A19		0.0	2021-08-13	BJLZ-D07	丽泽商务区D07、D...	LZ-D-8GZ-01	0107,0103
☐	19	CBY210813A20		0.0	2021-08-13	20210520-ZYTX	中央团校学术报告...	TX-DZ-01	0102,0106

图 6-27 定额单价列表

定额单价是指对钢结构生产制作中产生的人工费用采用单价的定义，通过人工单价，可以计算出制作构件的人工成本以及整个车间的成本，为以后的项目结算工作打好基础。

工程结算单是指对出库的构件进行结算的单据，即在构件出库时，对项目发出的成品构件做成本的结算。通过项目构件的重量等主要数据，对该批发运的项目构件做出整个工程结算单，方便以后的各种项目结算。

☐		单据编号	单据名称	单据日期 ↓	项目名称	总重量	单况	审批状态	批准时间
☐	1	CSP210628A01		2021-06-28	回龙观体育文化公园...	22,851.885	未结案	已批准	2021-07-01 15:01:22
☐	2	CSP210621A01		2021-06-21	万伟物流天津东疆港...	461,183.792	未结案	已批准	2021-08-11 14:06:03
☐	3	CSP210620A01		2021-06-20	回龙观体育文化公园...	736,142.880	未结案	已批准	2021-07-01 15:01:34

图 6-28　工程结算单列表

6.2.8　报表管理模块

报表管理模块针对平台的各种单据生成汇总的相关数据报表，主要包含物料报表管理以及生产报表管理两个部分。物料报表管理是针对钢结构生产加工过程中涉及的材料、合同等所产生的报表，方便管理者对物料进行实时管理，包含材料收发存明细、合同执行查询汇总、合同执行查询明细、型材材质跟踪和利用率及板材材质跟踪和利用率统计等报表。图 6-29 所示为材料收发存明细功能。

☐		项目名称	分部工程	仓库	材料编号 ↓	物资编码	物资名称	材质	规格
☐	1	丽泽商务区D07、D...	D#公寓楼F2~F7层...	X46	LZ-D07A0547	1010102008	钢板	Q34...	20
☐	2	丽泽商务区D07、D...	北京丽泽D07地块C...	X51	LZ-D07A0521	1010102008	钢板	Q34...	20
☐	3	丽泽商务区D07、D...	北京丽泽D07地块C...	X38	LZ-D07A0356	1010102008	钢板	Q34...	20
☐	4	丽泽商务区D07、D...	北京丽泽D07地块C...	X38	LZ-D07A0345	1010102008	钢板	Q34...	20
☐	5	丽泽商务区D07、D...	北京丽泽D07地块C...	X38	LZ-D07A0344	1010102008	钢板	Q34...	20
☐	6	丽泽商务区D07、D...	北京丽泽D07地块C...	X48	LZ-D07A0151	1010102008	钢板	Q34...	20
☐	7	丽泽商务区D07、D...	北京丽泽D07地块C...	X48	LZ-D07A0150	1010102008	钢板	Q34...	20
☐	8	丽泽商务区D07、D...	北京丽泽D07地块C...	X48	LZ-D07A0145	1010102008	钢板	Q34...	20
☐	9	丽泽商务区D07、D...	北京丽泽D07地块D...	N18	LZ-D07A0050	1010102008	钢板	Q34...	20
☐	10	海淀区西三旗华润...		X1	G210803H8	1020306020	槽钢	Q35...	6.3
☐	11	海淀区西三旗华润...		X1	G210803H7	1020119014	H型钢	Q35...	248*124*5*8
☐	12	海淀区西三旗华润...		X1	G210803H6	1020119014	H型钢	Q35...	248*124*5*8
☐	13	海淀区西三旗华润...		X1	G210803H5	1020119017	H型钢	Q35...	294*200*8*...
☐	14	海淀区西三旗华润...		X1	G210803H4	1020119017	H型钢	Q35...	294*200*8*...
☐	15	海淀区西三旗华润...		X1	G210803H3	1020119018	H型钢	Q35...	346*174*6*9
☐	16	海淀区西三旗华润...		X1	G210803H2	1020119018	H型钢	Q35...	346*174*6*9
☐	17	青岛东方伊甸园项...	青岛伊甸园入口场...	X21	G210803H1	1020822181	圆管	Q35...	133*8
☐	18	青岛东方伊甸园项...	热带雨林主拱深化版	X21	G210803G7	1020801177	圆管	Q23...	180*10

图 6-29　材料收发存明细功能

生产报表管理主要涉及生产中工艺方面的报表，包括板材配料查询报表、套料材料用料统计等，如图 6-30 所示。套料材料用料统计是套料用的所有材料的统计列表，可通过材料编号查出，方便追溯材料的源头，掌握套料的全生命周期，把控材料的使用情况。

材料编号		生产加工号	入库项目	入库分部	使用项目	使用分部
√ [原材料] A210803A0024		RDYL-10MD-01	青岛东方伊甸园顶...	青岛伊甸...	青岛东方伊甸园顶...	青岛伊甸园热...
√ [原材料] A210729A0397			万伟物流天津东疆...	天津东疆...	万伟物流天津东疆...	天津东疆港二...
√ [原材料] A210729A0442			万伟物流天津东疆...	天津东疆...	万伟物流天津东疆...	天津东疆港二...
√ [原材料] A210729A0443			万伟物流天津东疆...	天津东疆...	万伟物流天津东疆...	天津东疆港二...
√ [原材料] A210729A0444			万伟物流天津东疆...	天津东疆...	万伟物流天津东疆...	天津东疆港二...
√ [原材料] A210729A0174			万伟物流天津东疆...	天津东疆...	万伟物流天津东疆...	天津东疆港二...
√ [原材料] A210729A0175			万伟物流天津东疆...	天津东疆...	万伟物流天津东疆...	天津东疆港二...
√ [原材料] A210729A0176			万伟物流天津东疆...	天津东疆...	万伟物流天津东疆...	天津东疆港二...
√ [原材料] A210729A0177			万伟物流天津东疆...	天津东疆...	万伟物流天津东疆...	天津东疆港二...
√ [原材料] A210729A0178			万伟物流天津东疆...	天津东疆...	万伟物流天津东疆...	天津东疆港二...
√ [原材料] A210729A0179			万伟物流天津东疆...	天津东疆...	万伟物流天津东疆...	天津东疆港二...
√ [原材料] A210729A0180			万伟物流天津东疆...	天津东疆...	万伟物流天津东疆...	天津东疆港二...
√ [原材料] A210729A0181			万伟物流天津东疆...	天津东疆...	万伟物流天津东疆...	天津东疆港二...
√ [原材料] A210729A0182			万伟物流天津东疆...	天津东疆...	万伟物流天津东疆...	天津东疆港二...
√ [原材料] A210729A0276			万伟物流天津东疆...	天津东疆...	万伟物流天津东疆...	天津东疆港二...
√ [原材料] A210729A0277			万伟物流天津东疆...	天津东疆...	万伟物流天津东疆...	天津东疆港二...
√ [原材料] A210729A0278			万伟物流天津东疆...	天津东疆...	万伟物流天津东疆...	天津东疆港二...
√ [原材料] A210729A0279			万伟物流天津东疆...	天津东疆...	万伟物流天津东疆...	天津东疆港二...
√ [原材料] A210729A0280			万伟物流天津东疆...	天津东疆...	万伟物流天津东疆...	天津东疆港二...
√ [原材料] A210729A0281			万伟物流天津东疆...	天津东疆...	万伟物流天津东疆...	天津东疆港二...
√ [原材料] A210729A0282			万伟物流天津东疆...	天津东疆...	万伟物流天津东疆...	天津东疆港二...
√ [原材料] A210729A0283			万伟物流天津东疆...	天津东疆...	万伟物流天津东疆...	天津东疆港二...
√ [原材料] A210729A0156			万伟物流天津东疆...	天津东疆...	万伟物流天津东疆...	天津东疆港二...

图 6-30　套料材料用料统计功能

6.2.9　人力管理模块

人力管理模块是针对人力资源管理部门设立的模块，通过建立员工信息库，可实时查询各分公司、各部门、各车间、各项目部的在岗人员基本信息，可根据员工入、离职信息安排季节性招聘工作等（图 6-31、图 6-32）。人力管理模块主要包含资源规划、绩效考核、劳动合同 3 个部分。

6.2.10　运维模块

运维的目的是确保根据业务需求和运行环境变化，提供及时有效地支持，其直接取决于应用系统对变化响应的能力、效率和可管理性。钢结构平台的运维管理模块让用户能够通过相应的工具，对相关构件和组件的配置、定义、修改，以实现对业务和环境的运营维护，并且实现对变化过程的记录、跟踪和分析管理。

		员工编号	员工工号	员工姓名 ↑	性别	员工照片	部门名称 ↑	员工组	状态	考勤卡号
☐	1	YG-LF3801		艾青	♂ 男		廊坊厂制造厂…		正常	
☐	2	YG-LF3227		安卫光	♂ 男		廊坊厂制造厂…		正常	
☐	3	YG-LF3838		安富	♂ 男		项目部 (沈阳…		正常	
☐	4	YG-256		安玉爱	♀ 女		廊坊厂制造厂…		正常	
☐	5	YG-LF2604		白名宇	♂ 男		廊坊厂制造厂…		正常	
☐	6	YG-LF3318		白明昊	♂ 男		项目部 (西三…		正常	
☐	7	YG-236		白阳	♂ 男		项目部 (郑州)		正常	
☐	8	YG-155		白泽	♂ 男		项目部 (北京…		正常	
☐	9	YG-3000		保定牛桥			廊坊厂分厂五…		正常	

图 6-31　员工管理列表

				可用	编号 ↑	机器别名	IP地址	端口	设…	序列号	同步锚点时间	最近同步时间
☐	1	查看	启用/禁用	☑	01	01一车间	192.168.95.166	4370	1	CBP9183060558	2021-08-13 08:19:23	2021-08-13 08:19:23
☐	2	查看	启用/禁用	☑	02	02打印室	192.168.90.229	4370	2	3394171802089	2021-08-13 08:19:26	2021-08-13 08:19:26
☐	3	查看	启用/禁用	☑	03	03三车间	192.168.95.29	4370	3	AC83181860877	2021-08-13 09:09:05	2021-08-13 09:09:05
☐	4	查看	启用/禁用	☑	04	04四车间	192.168.95.42	4370	4	CBP9183060689	2021-08-13 09:33:28	2021-08-13 09:33:28
☐	5	查看	启用/禁用	☑	05	05五车间	192.168.95.36	4370	5	AC83181160076	2021-08-13 10:08:19	2021-08-13 10:08:19
☐	6	查看	启用/禁用	☑	06	06库房六车间	192.168.95.194	4370	6	3394171801961	2021-08-13 10:49:39	2021-08-13 10:49:39
☐	7	查看	启用/禁用	☑	07	07前台	192.168.60.254	4370	7	3394171805126	2021-08-12 09:23:24	2021-08-13 10:50:07
☐	8	查看	启用/禁用	☑	08	08二车间	192.168.95.107	4370	8	3394171804613	2021-08-13 11:13:48	2021-08-13 11:13:48
☐	9	查看	启用/禁用	☐	09	09人力	192.168.60.239	4370	9	3394173201399	2021-08-12 15:30:09	2021-08-12 15:30:09
☐	10	查看	启用/禁用	☑	10	10五车间	192.168.95.146	4370	10	3394173202178	2021-08-13 11:23:09	2021-08-13 11:23:09

图 6-32　考勤设备列表

6.2.11　资产管理模块

如图 6-33 和图 6-34 所示，资产管理模块的设备台账中涉及用于钢结构生产加工的设备信息，以及设备维护保养信息，后者对于快速维保设备，对高效维修、节约时间以及维修成本具有重要作用。

☐		设备编号 ↑	设备类型	设备名称 ↑	设备图片	使用部门	负责人	操作人员
☐	1	A-03-SC0074	生产制作设备	半门式起重机		四川加工厂一...	王磊	阿尔你布莫
☐	2	AC-03-SC0073	生产制作设备	半门式起重机		四川加工厂一...	王磊	阿尔你布莫
☐	3	AG-03-0001-cx	生产制作设备	H型钢组立机		廊坊厂制造厂...	NONE	安宝文
☐	4	AG-03-0002-hj	生产制作设备	H-型钢焊接机		廊坊厂制造厂...	NONE	安宝文
☐	5	AG-03-0003-hj	生产制作设备	H-型钢焊接机		廊坊厂制造厂...	NONE	安宝文
☐	6	AG-03-0004-cx	生产制作设备	H型钢翼缘矫...		廊坊厂制造厂...	NONE	安宝文
☐	7	AG-03-0005-cx	生产制作设备	H型钢翼缘矫...		廊坊厂制造厂...	NONE	安宝文
☐	8	AG-03-0006-ys	生产制作设备	电动平车		廊坊厂制造厂...		
☐	9	AG-03-0007-qz	生产制作设备	电动葫芦桥（...		廊坊厂制造厂...	NONE	安宝文

图 6-33 设备台账功能

☐		维护保养编号	设备编号	设备名称	修理类别	开工时间	完工时间 ↓	工时单位	计划工时	实际工时
☐	1	202108100008	AG-03-0008-qz	电动葫芦桥（门...	维修	2021-08-10	2021-08-10	时	0.5	0.5
☐	2	202108100327	AG-03-0327-qz	电动葫芦桥（门...	维修	2021-08-10	2021-08-10	时	0.5	0.5
☐	3	202108090149	AG-03-0149-hj	松下CO₂气保焊机	维修	2021-08-09	2021-08-09	时	0.5	0.5
☐	4	202108090182	AG-03-0182-pt	通过式抛丸机	维修	2021-08-09	2021-08-09	时	2	2
☐	5	202108090183	AG-03-0183-pt	通过式抛丸机	维修	2021-08-09	2021-08-09	时	1	1
☐	6	202108090306	AG-03-0306-hj	松下CO₂气保焊机	维修	2021-08-09	2021-08-09	时	1	1
☐	7	202108090451	AG-03-0451-hj	埋弧焊机	维修	2021-08-09	2021-08-09	时	1	1
☐	8	2021080910183	AG-03-0183-pt	通过式抛丸机	维修	2021-08-09	2021-08-09	时	1	1
☐	9	202108080051	AG-03-0051-qz	电动葫芦桥（门...	维修	2021-08-08	2021-08-08	时	0.5	0.5
☐	10	202108070154	AG-03-0154-hj	时代逆变焊机	维修	2021-08-07	2021-08-07	时	0.5	0.5
☐	11	202108070173	AG-03-0173-qz	电动葫芦桥（门...	维修	2021-08-07	2021-08-07	时	0.5	0.5
☐	12	202108070183	AG-03-0183-pt	通过式抛丸机	维修	2021-08-07	2021-08-07	时	1.5	1.5
☐	13	202108060014	AG-03-0014-hj	时代逆变焊机	维修	2021-08-06	2021-08-06	时	0.5	0.5
☐	14	202108060096	AG-03-0096-qz	电动葫芦桥（门...	维修	2021-08-06	2021-08-06	时	0.5	0.5
☐	15	202108060182	AG-03-0182-pt	通过式抛丸机	维修	2021-08-06	2021-08-06	时	2.5	2.5
☐	16	202108060192	AG-03-0192-qz	通用桥（门）式...	维修	2021-08-06	2021-08-06	时	1	1
☐	17	202108050182	AG-03-0182-pt	通过式抛丸机	维修	2021-08-05	2021-08-05	时	0.5	0.5
☐	18	202108050351	AG-03-0351-ja	龙门移动式数控...	维修	2021-08-05	2021-08-05	时	1.5	1.5
☐	19	202108050362	AG-03-0362-hj	逆变式二氧化碳...	维修	2021-08-05	2021-08-05	时	0.5	0.5
☐	20	202108050408	AG-03-0408-hj	全数字多功能焊...	维修	2021-08-05	2021-08-05	时	0.5	0.5
☐	21	202108050025	AG-03-0025-hj	松下CO₂气保焊机	维修	2021-08-05	2021-08-05	时	0.5	0.5

图 6-34 设备保养功能

第3部分

钢结构非原位安装典型案例

第7章 钢结构提升方案典型案例

钢结构提升施工是非原位安装技术的重要内容之一。提升施工现场采用起重比高的专用提升设备，构件和节点组装等均可在地面完成，故高空作业量少，施工效率和安全性较高，因而广泛地应用于大跨度钢结构及高层钢结构的施工。结构提升过程作为该方法的核心部分，包括地面装配阶段、起提阶段、提升阶段、就位合龙阶段及（或）拆撑卸载阶段。每个阶段都涉及大量的施工控制和分析计算等技术难题，需要在工程实践中进行创新和突破。

体育场馆、会展中心等大跨度钢结构建筑的屋盖安装是传统钢结构提升施工的重要应用场景。随着城市建筑用地的日益紧张，大底盘超高层双塔甚至多塔的空中连廊日益增多，有的沿着建筑立面"多道布置"，而对于超高层建筑的连廊提升，多年实践探索也取得了因地制宜的创新性施工技术。本章将精选高层及大跨钢结构提升安装施工的典型工程案例做介绍。

7.1 东海国际公寓项目——含吊挂结构的连廊提升

7.1.1 项目概况

东海国际公寓项目位于深圳市福田区，是亚洲第一高的顶级服务式公寓。项目工程由两栋呈 45°角的塔楼及商场裙楼组成，其中 A 塔楼 82 层总高 309.6m，B 塔楼 75 层总高 283.6m，空中连廊在主体结构 44～50 层之间连接两座塔楼，如图 7-1 所示。

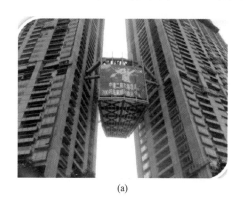
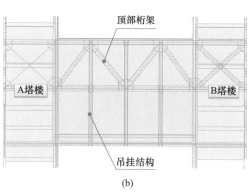

(a)　　　　　　　　　　(b)

图 7-1　东海国际公寓项目

(a) 工程现场；(b) 连廊结构示意图

本项目连廊结构采用"顶部桁架＋吊挂结构"的形式，吊挂结构的自重与荷载主要通过顶部桁架间接传递到塔楼结构，其最大安装高度达 180m，总重量约 700t。连廊上部

47～50层为三层主桁架结构，高度9.9m，桁架两端与塔楼的劲性混凝土柱连接。连廊桁架最大跨度（弧长）约30m，最小（弧长）跨度约16m，上下弦截面为□800mm×900mm×30mm/20mm，斜腹杆截面为□800mm×800mm×36mm/30mm。桁架底部44～47层之间为3层吊挂结构，吊挂柱截面为□800mm×700mm×30mm，其他连系梁截面主要为□400mm×500mm×20mm，与混凝土连接部位采用预埋件连接。

7.1.2 安装方案比选

空中连廊可供选择的施工方案包括高空散装和整体提升，需要在场地条件、连廊结构形式、连廊高度和体量以及整体工期要求多因素约束下，寻求安全适用、技术先进的最优解。

具体到本项目，连廊结构的安装高度大（180m）、总重量大（700t）、构件多且单重大，若采用分件高空原位安装，不但高空组装、焊接工作量巨大，机械设备难以满足吊装要求，同时由于高空作业条件相对较差、施工难度大、作业效率低，不利于现场安全、质量、工期及成本的控制。

相比之下，连廊结构采用整体提升施工，可显著地减少结构施工过程中的高空作业，有利于提高结构安装的质量控制、作业安全和施工效率。然而本项目实施时，国内整体提升技术还主要应用在大体量桥梁结构、大跨度机场屋盖、交通枢纽及大型体育场馆中，在高层房建项目中还尚未普及。本项目超高层连体结构的连廊单次提升高度在国内尚属首次，尚无成功的工程实践经验可借鉴。

在确定液压整体提升方案后，本项目特殊的"顶部桁架＋吊挂结构"的连廊结构形式，又给技术人员提出了新的挑战。对于普通刚性连廊结构，其具有足够刚度和承载力，因此可以一次性完成"地面拼装、提升就位"的常规提升施工过程。"顶部桁架＋吊挂结构"的连廊结构，下部吊挂结构的自重与所受荷载通过顶部桁架间接传递到塔楼结构，即顶部桁架重、吊挂结构轻。因此，在提升前的地面拼装过程中，由于吊挂结构本身不具有足够承受顶部桁架重量的能力，无法采用"先吊挂结构、后顶部桁架"的常规顺序进行地面拼装。对于上述问题，一种解决方案是先进行顶部桁架部分的地面拼装和整体提升，待顶部桁架提升至设计标高并完成与塔楼结构的永久连接之后，再基于塔吊进行吊挂结构的高空散装。这种方案在吊挂结构的高度较小时尚能创造条件完成安装，但对于本项目吊挂结构较大时高空散装难度很大。

鉴于上述问题，技术人员创造性地提出了"预提升＋分阶段组装"的改进的整体提升方案，即首先在楼面进行连廊顶部桁架的拼装，完成后启动首次提升，将顶部桁架抬高到一定高度，给吊挂结构的低空拼装提供足够的空间场地条件；接着，进行连廊下部吊挂结构的地面拼装，将其抬高并与顶部桁架完成连接，达到与连廊结构传力路径相一致的初始提升状态；最后，将带吊挂结构的空中连廊整体提升至设计标高，完成连廊结构的施工安装。

本工程中的钢连廊结构采用整体液压同步提升技术，具有以下诸多优点（图7-2）：（1）连廊结构主桁架高度为9.900m，地面拼装临时措施的高度低，措施量小，作业效率高，同时，大量的拼装及焊接作业可在地面完成，有利于控制拼装质量及拼装进度；

（2）地面拼装时，作业条件好，降低了安装风险，提高了作业的安全性，有利于现场的安全控制；（3）结构体系中的檩条、吊挂、楼承板以及其他次结构，均可在地面安装完成后，整体吊装，能够最大限度的减少高空作业量，有利于整体施工进度的控制；（4）降低了对施工机械的要求，作业高度低、效率高，且施工机械布置灵活，作业面广，利于施工进度的控制；（5）采用整体液压同步提升，作业时间短、效率高、安全性好、安装精度高；（6）液压同步提升速度快，最高可达 10m/h；（7）液压提升设备设施体积、重量较小，机动能力强，倒运、安装和拆除方便；（8）提升上吊点等临时结构利用混凝土塔楼及桁架自身牛腿设置，加之液压同步提升动荷载极小的优点，可以使临时设施用量降至最小。

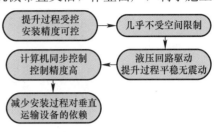

图 7-2 施工方案优点

7.1.3 现场安装流程

本项目连廊结构的具体安装步骤如下（图 7-3）：

第 1 步：连廊结构在设计安装位置正下方，根据设计图纸及整体液压提升的要求，在地面上将连廊三榀主桁架拼装成整体。

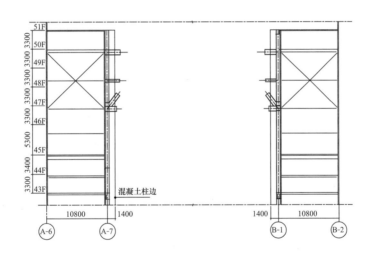

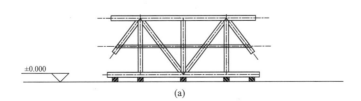

(a)

图 7-3 连廊结构整体提升步骤（一）

(a) 流程 1

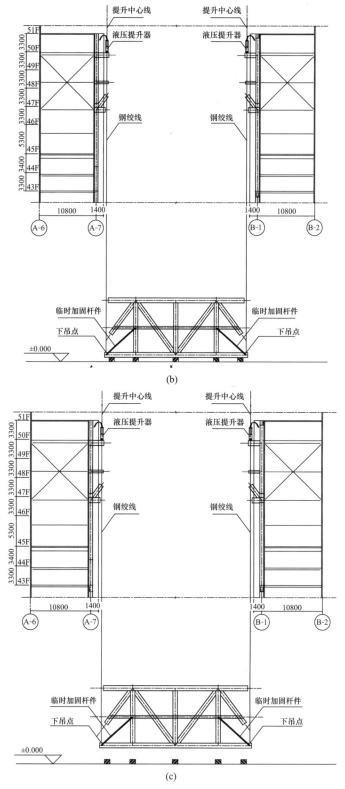

图 7-3　连廊结构整体提升步骤（二）

（b）流程 2；（c）流程 3

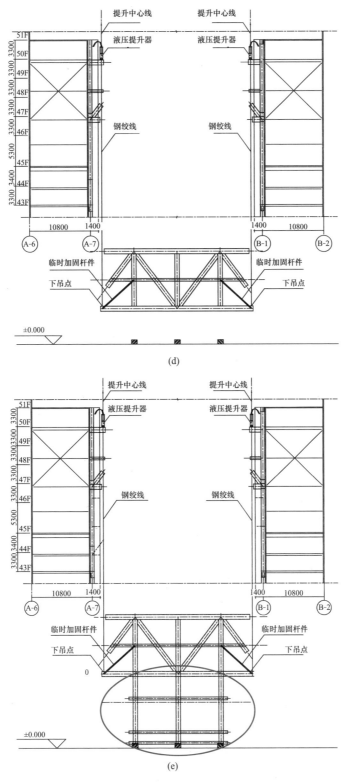

图 7-3　连廊结构整体提升步骤（三）

（d）流程 4；（e）流程 5

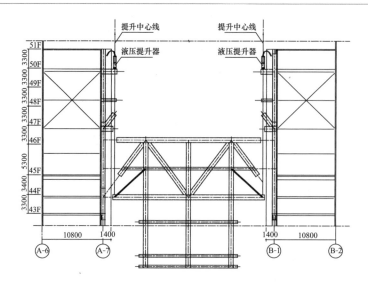

(f)

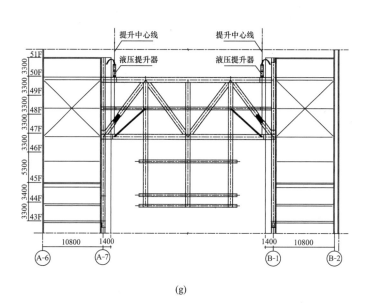

(g)

图7-3 连廊结构整体提升步骤（四）

（f）流程6；（g）流程7

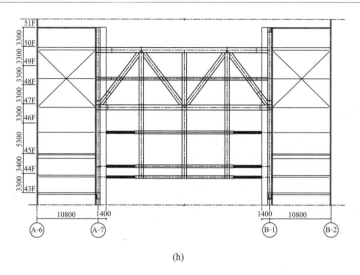

(h)

图 7-3　连廊结构整体提升步骤（五）

（h）流程 8；流程 9

第 2 步：根据连廊结构特点，基于钢桁架的重置和位置，共设置 6 组液压提升平台，分别在与主桁架连接的劲性柱外伸牛腿上各设置 1 组液压提升平台作为桁架提升的上吊点，液压同步提升系统设备安装在提升平台上；在与上吊点垂直对应的主桁架弦杆上设置提升用下吊点，并对下吊点附近进行局部加固处理；通过提升用钢绞线将液压提升设备与主桁架上对应的下吊点连接，同时连接安装好其他提升辅助设施。

第 3 步：液压提升系统预加载，整体提升连廊结构离开拼装胎架一定高度（150～200mm），空中停留、观测约 12h。

第 4 步：在确保提升系统设备、临时设施（提升平台、下吊点及加固措施）及永久结构（核心筒、钢连廊）等安全的情况下，继续同步提升连廊结构，提升 13m 后，暂停提升。

第 5 步：将连廊桁架通过捯链、钢丝绳等工具与两侧的混凝土结构连接牢固、稳定，然后开始安装连廊安装底部的三层吊挂结构。

第 6 步：拼装完成后，重复预提升、安全检查等工作，确认安全后，继续提升。

第 7 步：提升连廊结构距离设计标高约 100mm 时，停止提升，开始单点调整各个接口处的桁架标高，完成钢连廊的对口、焊接等工作。之后，开始安装连廊桁架部分的后装段杆件。安装主桁架两端斜腹杆件，使主桁架结构与两侧塔楼达到设计状态，形成整体稳定受力体系。

第 8 步：液压提升系统同步卸载作业，至钢绞线完全松弛，使连廊结构自身重量全部转移到核心筒钢骨柱上；液压提升设备、临时设施拆除，完成连廊结构的整体液压同步提升吊装。

第 9 步：安装预留后装杆件（各层平台与混凝土连接的次结构等），进行后续专业施工。

提升施工现场如图 7-4 所示。

(a)   (b)

图 7-4　提升施工现场

（a）提升流程 1；（b）提升流程 2

7.1.4　关键施工问题

对于大体量大高度的结构整体提升施工，需利用地面或其他原有拼装平台完成提升结构整体或局部拼装，通过设置临时提升平台作为上提升点，采用多台提升机械将提升结构提升就位。因此，首先投影地面或楼面应具有良好的拼装条件和支撑条件；其次，吊点的数量、位置和强度需要经过合理规划和验算，尤其要考虑起提阶段边界条件和受力机理的显著转变的影响；再次，提升过程中各吊点的位移同步控制及容差影响分析和确定；最后，提升过程中风、地震等突发影响的评判和预防措施等。因此，本工程在具体现场提升施工时，重点关注了以下问题。

1. 地下室顶板加固

由于施工的需要，拟在两塔楼之间的地下室顶面的连廊投影位置进行拼装。由于地下室顶板的承载力有限，必要时需对受力较大的部位进行回顶，以便使荷载有效传递到基础底板上。考虑桁架重量较大，需在中、外两道钢桁架的中间部位设置地下室楼板的回顶，考虑到圆钢管及方钢管构件受力的各向均匀性，回顶采用 $\phi500 \times 16$mm 钢管结构（图 7-5）。

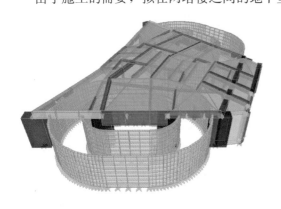

图 7-5　地下室楼板回顶分析

2. 提升吊点的布置及受力

为了减小在提升过程中提升吊点产生的反力对原结构的影响，如图 7-6 所示需要将吊点的位置尽量靠近混凝土劲性柱，要尽量缩短桁架牛腿的长度，根据现有图纸，原设计的桁架分段点距离劲性柱中心较远，按照以往已完工程中的处理方法，需将桁架分段点与劲性柱中心的距离减小。此外，为保证整体结构的安全性，需要在原结构的部分位置进行加强，如增加加劲板、临时杆件等。

根据提升最不利工况，即为最大不同步提升（不同步位移为 50mm）时，相比理想同步提升时吊点的反力变化不超过 15％，对各吊点的强度进行了验算，满足受力安全要求，图 7-6 为连廊结构整体提升吊点。

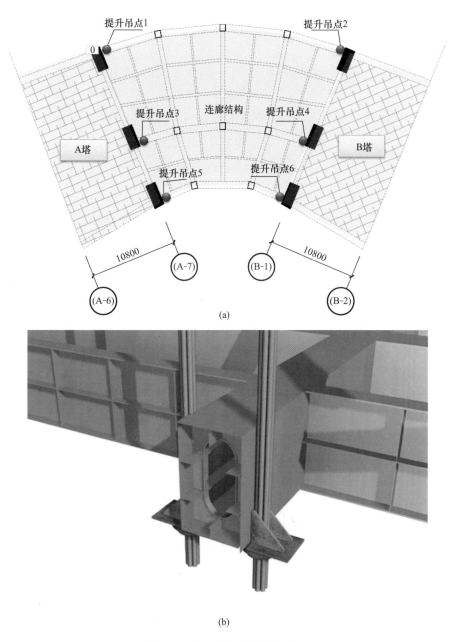

图 7-6　连廊结构整体提升吊点

（a）提升吊点的布置示意图；（b）提升下吊点

3. 风荷载的影响

按照国家相关规范，提升时的风荷载不得超过 6 级风，否则要采取紧急措施。按照 6

级风计算，总迎风面积约为 335m²；由于提升时不同高度处有不同的风压高度系数，计算按照 60m、120m、175m 三个高度验算。分析表明，在风力作用下，60m 高度处，钢绞线的长度约为 120m，结构的前后偏移量约 1.48m，偏移角度约为 0.71°；120m 高度处，钢绞线的长度约为 60m，结构的前后偏移量约 1.00m，偏移角度约为 0.96°；175m 高度处，钢绞线的长度约为 14m，结构的前后偏移量约 0.28m，偏移角度约为 1.13°。

尽管桁架的偏移角度小于 1°，但由于连廊提升高度高，其偏移量超过了允许的范围，因此，连廊结构提升时应选择地面风级为 2~3 级微风时进行，在提升过程中持续风力超过 5 级时暂停提升，并采取相应的稳固措施。在提升过程中应随时观测钢连廊结构的偏移量，当超过上述偏移量值时，亦需暂停提升，并通过钢丝绳将钢连廊结构四角与邻近主楼结构临时连接，限制连廊的水平摆动。

4. 连廊钢结构的稳定性

连廊钢结构的设计工作状态中，连廊主桁架中间分段两端与混凝土劲性柱结构可视为刚接；而在其整体提升过程中的受力状态类似简支梁。在连廊结构中间分段卸载就位之前，无论在建筑造型和结构体系上都与设计状态不一致。另外，连廊钢结构的预先分段导致部分杆件无法在就位前安装。这些都对整体提升过程中连廊钢结构的稳定性带来了隐患。

通过对整体提升过程各种工况的连廊钢结构进行模拟分析，对提升安装过程中的结构变形、应力状态进行预先调整控制；连廊钢结构中间及端部分段在组拼时、提升之前通过加设临时支撑结构、加固构件，临时改变永久结构的受力体系，达到控制局部变形和改善局部应力状态的目的，保证连廊钢结构在提升安装过程的稳定性和安全。

通过预先分析计算得到的连廊钢结构整体提升过程中各吊点提升反力数值，在液压同步提升系统中，依据计算数据对每台液压提升器的最大提升力进行相应设定。

当遇到某吊点实际提升力有超出设定值趋势时，液压提升系统自动采取溢流卸载，使得该吊点提升反力控制在设定值之内，以防止出现各吊点提升反力分布严重不均，造成对永久结构及临时设施的破坏。

5. 空中停留的稳定性控制

由于本工程钢连廊的提升工艺为先将桁架部分提升 13m 高，再进行桁架底部吊挂结构的安装，最后再整体提升，加上总体提升高度达 176m，提升的时间较长，提升过程中必然存在暂停提升的情况，为保证连廊结构在暂停提升时的稳定性，主要从以下几个方面考虑：(1) 液压提升器自身独有的机械和液压自锁装置，保证了连廊钢结构单元在整体提升过程中能够长时间的在空中停留。(2) 为防止突发大风天气的影响，保证结构单元整体提升过程的绝对安全，并考虑到高空对口精度和调整的需要，在连廊钢结构提升单元空中停留或有突发情况时，可通过捯链＋钢丝绳将结构单元四角与邻近主楼结构临时连接，起到限制其水平摆动和便于安装微调的作用。(3) 连廊钢结构单元提升离地之前，应在其四角附近，将水平限位所需的钢丝绳、卸扣和捯链等预先挂好，方便随时使用。

6. 提升过程同步控制

提升过程控制要点：为确保连廊钢结构以及临时措施结构提升过程的平稳、安全，根据连廊钢结构的特性，拟采用"吊点油压均衡，结构姿态调整，位移同步控制，分级卸载就位"的同步提升和卸载落位控制策略。

同步吊点设置：

本工程中，共有 6 个提升吊点，每个吊点 2 台液压提升器。在每台液压提升器处各设置一套位移同步传感器，用以测量提升过程中各台液压提升器的提升位移同步性。主控计算机根据这 12 套传感器的位移检测信号及其差值，构成"传感器-计算机-泵源控制阀-提升器控制阀-液压提升器-连廊钢结构"的闭环系统，控制整个提升过程的同步性。

吊点油压均衡：

每一个提升吊点的液压提升器在正式提升阶段施以均衡的油压，以保证上下吊点结构的稳定性，所有吊点以恒定的驱动力向上提升。

提升分级加载：

通过试提升过程中对连廊钢结构、提升设施、提升设备系统的观察和监测，确认符合模拟工况计算和设计条件，保证提升过程的安全。

以计算机仿真计算的各提升吊点反力值为依据，对连廊钢结构单元进行分级加载（试提升），各吊点处的液压提升系统伸缸压力应缓慢分级增加，依次为 20%、40%、60%、80%；在确认各部分无异常的情况下，可继续加载到 90%、95%、100%，直至连廊钢结构提升部分全部脱离拼装胎架。

在分级加载过程中，每一步分级加载完毕，均应暂停并检查如上吊点、下吊点结构、连廊结构等加载前后的变形情况，永久及临时基础的沉降，以及临时支撑结构的稳定性等情况。在一切正常情况下，继续下一步分级加载。

当分级加载至连廊结构即将离开拼装胎架时，可能存在各点不同时离地，此时应降低提升速度，并密切观察各点离地情况，必要时做"单点动"提升。确保连廊钢结构脱胎平稳，各点同步。

结构离地检查：

连廊结构离开拼装胎架约 150mm 后，保持稳定后，空中停留 12h 做全面检查（包括吊点结构、临时支撑承重体系、永久结构和提升设备等，尽量安排在夜间以节省施工时间），各项检查正常无误，才能进行正式提升。

姿态检测调整：

用测量仪器检测各吊点的离地距离，计算出各吊点相对高差。通过液压提升系统设备调整各吊点高度，使连廊分区结构中间分段达到水平姿态。

整体同步提升：

以调整后的各吊点高度为新的起始位置，复位位移传感器。在连廊钢结构整体提升过程中，保持该姿态直至提升到设计标高附近。

分级卸载就位：

以卸载前的吊点载荷为基准，所有吊点同时下降卸载 10%；在此过程中可能会出现载荷转移现象，即卸载速度较快的点将载荷转移到卸载速度较慢的点上，以致个别点超载甚至可能会造成局部构件失稳。

计算机控制系统监控并阻止上述情况的发生，调整各吊点卸载速度，使快的减慢，慢的加快。某些吊点载荷超过卸载前载荷的 10%，则立即停止其他点卸载，而单独卸载这些点。如此往复，直至钢绞线彻底松弛，连廊中间分段结构自重载荷完全转移到两端分段结构上，整体提升安装结束。

提升过程的微调：

连廊结构在提升及下降过程中，因为空中姿态调整和杆件对口等需要进行高度微调。在微调开始前，将计算机同步控制系统由自动模式切换成手动模式。根据需要对整个液压提升系统中 6 组吊点的液压提升器进行精度可达到毫米级的同步微动调整（上升或下降），或者对单台提升器进行微动调整。经过现场实测，各对口点的最终偏差均在规范许可的范围内。

提升过程的监控：

在整个同步提升过程中应随时检查：（1）观测液压提升系统压力变化情况，与预设值进行比对；（2）上吊点提升平台结构工作情况；（3）连廊钢结构提升过程的整体稳定性；（4）提升钢绞线的垂直度是否控制在 ±1° 以内；（5）提升系统设备的同步性；（6）激光测距仪测量各提升吊点的同步性；（7）提升承重系统是提升工程的关键部件，务必重点检查：锚具、导向架中钢绞线穿出顺畅、主油缸及上、下锚具油缸、缸头阀块、软管及管接头、各种传感器及其导线；（8）液压动力系统监控：系统压力变化情况、油路泄漏情况、油温变化情况、油泵、电机、电磁阀线圈温度变化情况。

提升就位措施：

连廊结构提升至设计标高附近后暂停提升，测量各对接口位置牛腿与桁架的错边数据，以此为依据制定桁架调整措施（包括偏移的调整、长度的调整等），同时液压系统做相应的调整，降低提升速度，准备完成后，继续提升，待距离设计标高约 50mm 时，各吊点逐级微调使主桁架各层弦杆精确提升到达设计位置，单次调整高度不得超过 10mm；调整完成后，液压提升系统设备暂停工作，保持连廊中间分段结构的空中姿态；实测主桁架后装段尺寸，对后装杆件现场修改尺寸、开坡口。

就位后吊点焊接顺序：

由于连廊钢桁架在提升状态下，提升点部位的杆件受力产生变形。如提升到位后，首先对提升点部位的杆件进行焊接，提升钢绞线放张后，必然造成焊缝及构件内产生应力。

（1）经分析，连廊钢桁架提升到位后，首先，要对自由状态下的杆件进行焊接，即对斜腹杆进行连接焊接。

（2）斜腹杆焊接连接后，6 个提升点的钢绞线进行同时放张卸载。放张卸载要分级卸载。放张过程中，对接焊接构件部位进行标记，并使用全站仪及其他辅助测量工具进行监测，以保证对接的准确无误。

（3）液压提升系统设备整体卸载至钢绞线完全松弛；卸载完毕后，上、下吊点处的构件回弹，整体连廊的重量转移为斜撑临时受力支撑。调整上、下弦杆的焊接口，临时点焊。待整体调整达到设计要求后，每根杆件两侧的焊接口对称施焊，以利于消除焊接变形对构件产生的影响。进行连廊钢桁架上、下弦杆的焊接固定。再依次进行次杆件的焊接。全部焊接完毕，最后割除三道钢桁架之间加设的临时竖向支撑。

（4）上下弦杆构件对接完毕后，进行连廊钢结构的后续杆件的高空安装；拆除液压提升系统设备及相关临时措施结构，完成连廊钢结构的整体提升施工。

油缸不同步计算：

在提升过程中，如果发生油缸行走不同步，最大的不同步为 50mm，此时相当于别的吊点不动，在不同步吊点施加 50mm 的位移作用，来判断别的吊点力的变化。从计算结果来看，不同步 50mm 时，各个吊点的反力变化不超过 15％，提升器预留一定的安全储备即可满足要求。根据结构提升不同步提升工况的计算，为安全起见，提升过程中各组提升吊点之间的不同步控制在 10mm 以内。

综上所述，本工程提出了"预提升＋分阶段组装"的改进的整体提升方案（图 7-7）。在超高层连廊结构运用该技术，大大地减少了吊装措施，如贝雷架、操作平台、悬挑外架等，且大大地减少了对主体结构施工垂直运输设备的占用，大大缓解了对工期普遍紧张的超高层主体进度的压力；整个拼装作业均在地面上进行，质量有保障，安全可控，大大地减少了施工成本，经济效益显著。本项目的工程实践丰富了空中连廊结构提升安装的内涵与外延，为超高层超高超重空中连廊的吊装提供了一种安全、经济、可靠的新技术。随着城市建筑用地的日益紧张以及建造成本的逐日剧增，超高层建筑将成为趋势，双塔甚至多塔空中连廊也将日益增多，"空中连廊液压整体提升技术"应用前景广阔，值得大力推广。

(a)　　　　　　　　　　　　　　(b)

(c)　　　　　　　　　　　　　　(d)

图 7-7　东海国际公寓项目现场施工（一）

（a）连廊主桁架层地面拼装；（b）上吊点平台搭设及液压提升器安装；

（c）下吊点地锚安装；（d）连廊首次提升试吊

（e）　　　　　　　　　　　　　　　　　　（f）

图 7-7　东海国际公寓项目现场施工（二）

（e）连廊吊挂层结构拼装；（f）施工安装完成

7.2　腾讯滨海大厦项目——连廊正序提升

7.2.1　项目概况

腾讯滨海大厦坐落于深圳市高新技术工业园的西南角。如图 7-8、图 7-9 所示，项目分为南北两座塔楼，其中南塔楼 50 层，建筑高度为 244.10m，北塔楼 39 层，建筑高度为 194.85m，总建筑面积为 34 万 m²。南北塔楼结构形式均为核心筒框架结构，北塔标准层 4.35m，最大层高为 7.3m，北塔楼设置了三道避难层，位于 6 层、21 层、34 层，避难层设置有环带桁架和伸臂桁架，南塔楼标准层高 4.35m，最大层高为 7.3m，四道避难层，位于 6 层、21 层、34 层、47 层。工程总用钢量 5 万 t，最重构件为 48t，最大板厚 100mm，所用材质为 Q345B、Q390GJ。

南北塔之间设置有三道钢结构连廊，最大跨度为 51m，钢结构总量 7500t（图 7-10）。其中，在 1~5F 相连形成低区连接层，主要功能为大堂、商业、食堂等。钢桁架连体层标高为 +22.500~+29.000m，包括 2 个独立的钢结构连廊，每个连廊由 2 榀桁架（5F）及其下部的吊挂结构（3~4F）组成，最大跨度约为 51.25m。中区连体位于 21~25F，主要功能为健身、球类等文体活动。钢桁架连廊标高为 +97.650~+102.650m，由 7 榀钢桁架（21F）及其上部的钢框架结构（22~25F）组成，最大跨度约为 50m。高区连体位于 34~37F，主要功能为阅读、培训、会议等研发功能，钢桁架连廊标高为 +155.150~161.150m，由 8 榀钢桁架（34F）及其上部的钢框架结构（35~37F）组成，最大跨度约为 50m。

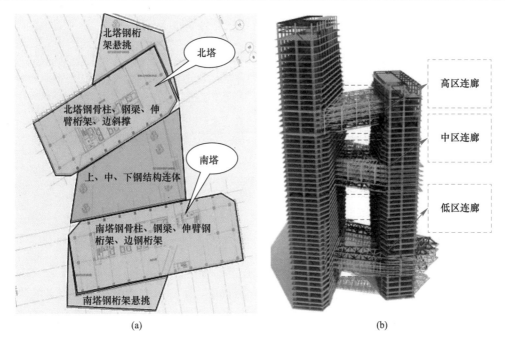

(a)　　　　　　　　　　　　　　　(b)

图 7-8　深圳腾讯滨海大厦项目

（a）高、中、低区空中连廊；（b）中区连廊结构相关构造

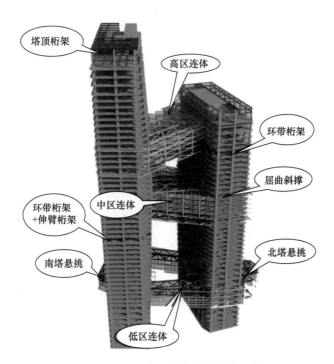

图 7-9　深圳腾讯滨海大厦结构组成

图 7-10 空中连廊结构示意图

（a）低区空中连廊；（b）高区空中连廊

7.2.2 安装方案比选

如图 7-11 所示，本项目的高、中、低三道连廊外观尺寸异形、单体重量大（中区连廊重约 3360t），安装高度大（约 160m）、作业面狭窄，因此成为钢结构安装施工的难点之一。连廊施工安装方案的确定需充分考虑结构形式、总体施工计划、施工场地、地下室顶板承载能力和机械设备等因素，优选安全、经济、快捷的施工工艺方法。

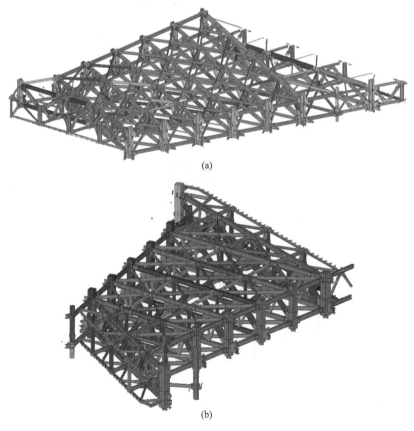

(a)

(b)

图 7-11 低、中、高区空中连廊结构

（a）低区空中连廊；（b）中区空中连廊

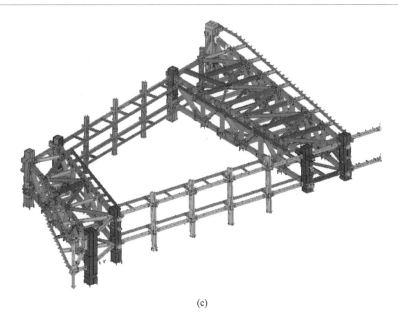

(c)

图 7-11　低、中、高区空中连廊结构

（c）高区空中连廊

　　首先，高空悬臂拼装法作为一种备选方案，已在很多高层建筑中得到应用。例如，央视新台址主楼中连接两座塔楼的大悬臂便采用"无支撑胎架高空悬伸拼装"的安装方案，即大悬臂分别从两塔楼伸出，在高空对接合龙。然而，此法高空作业量大，安全防护要求较高，施工效率较低，且对于复杂结构高空现场拼装的精度难以保证。

　　当下部具有拼装平台、上部具有通畅的提升空间时，整体提升也是一种可行方案，其利用塔楼主体作为提升胎架，采用提升设备将拼装好的结构整体提升就位。相比于高空悬臂拼装法，高空作业少、安全防护要求较低；在拼装平台上能保证拼装质量，对其他专业的施工影响较小；液压提升设备体积小、自重轻、承载能力大、机动能力强。这些特点都有助于缩短安装施工周期，提高整体施工技术水平和安装质量。

　　本项目最终选用"自上而下"的整体提升施工方案（图 7-12），即待两栋塔楼均结构封顶后，再采用"先高区、后低区"的正序提升进行三个钢结构连廊的施工安装。但是具体实施时由于工程的特点，又面临一些新的问题，也催生创新性的应对方法：

　　（1）拼装作业面承载力不足的问题。中区的空中连廊总重达 3360t，其投影作业面的地下室顶板结构的承载力不足以作为拼装平台提供连廊的完整地面拼装。为此，项目组提出先在地下室顶板上完成连廊的基层桁架拼装；基层桁架拼装完成后即以塔楼作为受力提升胎架启动第一次提升，但本次提升仅是将基层桁架抬高 200mm，如图 7-12（b）所示，其目的仅是实现基层桁架与地下室顶板的脱离，避免后续拼装结构的自重传递到顶板结构；继而在基层桁架与顶板结构脱开的状态下，完成基层桁架之上的连廊框架结构的拼装，并进行第二次提升，直至将中区连廊提升至设计标高。

　　（2）连廊吊挂结构的拼装提升问题。本项目低区钢结构连廊采用了"上部钢桁架＋下部吊挂结构"的结构形式，吊挂结构并不能承担上部钢桁架的重量，因此为了与设计中的最终受力状态一致，对于低区连廊采用与前述东海国际公寓项目类似的"预提升＋分阶段

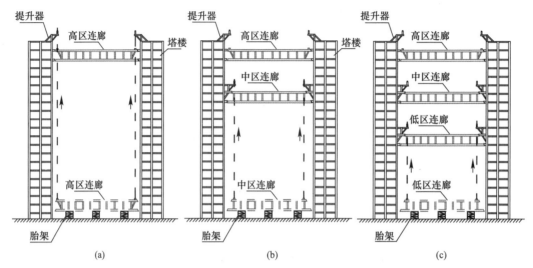

图 7-12　空中连廊的正序整体提升

组装"的整体提升方法，即先在拼装平台（地下室顶板上）完成连廊上部桁架的拼装，提升至设计标高后，利用其汽车式起重机、高空作业车、捯链等工具，采用逆装的方式完成下部吊挂结构的拼装。

本工程中钢结构连廊采用液压同步提升技术进行吊装，具有以下诸多优点：（1）钢结构连廊主要的拼装、焊接及油漆等工作均在地面上进行，施工效率高，施工质量易于保证，对其他专业的施工影响较小，且能够多作业面平行施工，有利于项目总工期控制；（2）钢结构连廊的附属结构件及楼承板等均可在地面安装或带上，可最大限度地减少高空吊装工作量，缩短安装施工周期；（3）采用"超大型构件液压同步提升施工技术"吊装空中钢结构连廊，技术成熟，有大量类似工程成功经验可供借鉴，吊装过程的安全性有保证；（4）通过钢结构连廊单元的整体提升，将高空作业量降至最少，加之液压提升作业绝对时间较短，能够有效保证空中钢结构连廊安装的总体工期；（5）提升上下吊点等主要临时结构利用主桁架自身结构和核心筒结构设置，加之液压同步提升动荷载极小的优点，可以使提升临时设施用量降至最小，有利于施工成本控制；（6）通过提升设备扩展组合，提升重量、跨度、面积不受限制；（7）采用柔性索具承重，只要有合理的承重吊点，提升高度与提升幅度不受限制；（8）提升油缸锚具具有逆向运动自锁性，使提升过程十分安全，并且构件可在提升过程中的任意位置长期可靠锁定；（9）提升系统具有毫米级的微调功能，能实现空中垂直精确定位；（10）设备体积小，自重轻，承载能力大，特别适宜于在狭小空间或室内进行大吨位构件提升。

7.2.3　现场安装流程

本项目高、中、低区连廊采用液压整体提升方式进行整体安装，避免了传统的高空散拼施工难度大、作业效率低、安全风险大、质量以及工期难以控制的缺点。项目总体施工流程如图 7-13 所示。

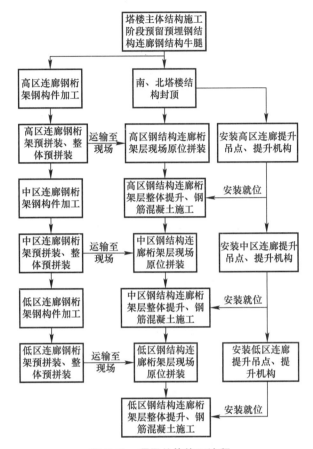

图 7-13　项目总体施工流程

高区连廊的整体提升施工如图 7-14 所示。

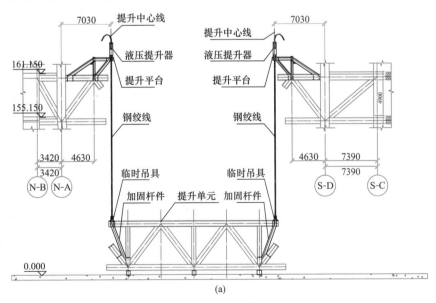

图 7-14　高区连廊的整体提升施工（一）

（a）提升示意图

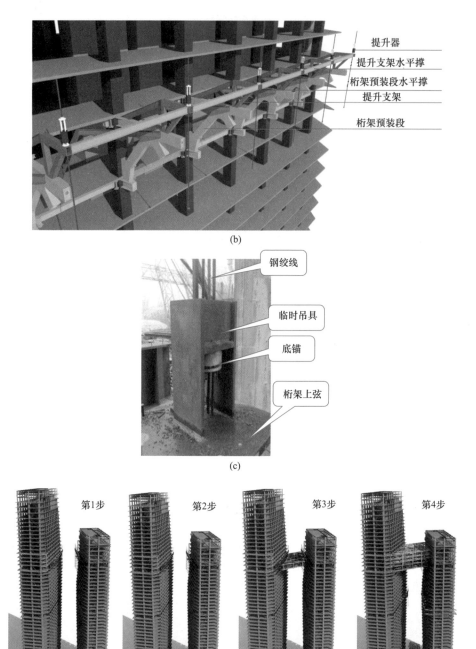

(b)

(c)

第1步：①在高区连体两侧采用悬臂法安装部分钢桁架段，使桁架段的悬挑长度达到整体提升结构能够顺利通过中间的狭窄的间隙。②在地下室顶板混凝土面找平后，设置拼装胎架及高区提升设备。第2步：利用塔吊，拼装高区连体34~45层桁架，并连接其间的联系杆件。第3步：提升高区连体桁架。第4步：利用塔吊，依次安装高区连体36层、37层、38层结构。

(d)

图 7-14 高区连廊的整体提升施工（二）

（b）提升架及提升器设置；（c）下提升点；（d）提升步骤

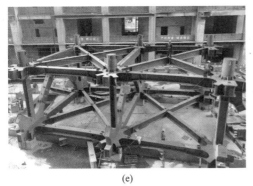
(e)

(f)

图 7-14　高区连廊的整体提升施工（三）

（e）提升体地面拼装；（f）提升离地

1. 高区连廊

高区连廊钢结构最大跨度约为 51m，提升重量约为 1521t，提升高度 155m。首先，将高区钢结构连廊的桁架层及其上部框架结构在其投影面的正下方首层楼面上拼装为整体，并利用主楼结构 35 层（标高＋161.150m）的桁架预装段设置提升平台（上吊点），共计 13 组，每组提升平台配置 1 台 YS-SJ-180 型液压提升器，共计 13 台；然后在已拼装完成的钢桁架的上弦安装提升临时吊具（下吊点），将高区钢结构连廊整体提升至设计标高，提升速度控制在 21m/h。

2. 中区连廊

中区连廊的提升施工如图 7-15 所示，中区连体钢结构最大跨度约为 50m，提升重量约为 3360t，提升高度 96m，共分为两次进行提升。首先将中区钢结构连廊的桁架部分在地下室顶板上拼装为整体，并利用主楼结构 23 层（标高＋107.000m）的钢骨柱及连体结构的框架梁设置提升平台（上吊点），共计 13 组，每组提升平台配置 1 台 YS-SJ-405 型液压提升器，共计 13 台，然后在已拼装完成的桁架层的上弦安装提升临时吊具（下吊点）。考虑到楼面无法承受中区连廊的整体重量，将中区连廊的桁架部分提升 200mm，待其脱离拼装胎架后暂停提升从而使地下室顶板卸载；再利用汽车式起重机拼装其上部框架，拼装完成后将中区连廊整体提升至设计标高，提升速度控制在 11m/h。

值得注意的是，在完成第一提升之后，由于基层桁架处于悬空状态，且后续还要在基层桁架之上继续拼装连廊框架结构，所以一方面采取临时侧向支撑约束了基层桁架的平动自由度，控制其在风荷载或其他偶然荷载下的摆动，另一方面为控制连廊结构拼装过程中的竖向振动，在基层桁架与顶板结构之间的 100mm 间隙处，结合顶板结构之下钢筋混凝土梁的位置，塞入了桥梁支座用的橡胶垫块材料，柔性约束基层桁架竖向振动。上述分次提升的措施，化解了连廊结构自重过大而拼装平台承载力不足的场地条件难题，是一次利用液压提升技术本身灵活解决提升场地条件受限的工程案例。

3. 低区连廊

低区连廊的提升施工如图 7-16 所示，低区连廊钢结构由 2 榀桁架及其下部的吊挂结构组成，最大跨度约为 51.25m。本次提升仅提升桁架层部分，提升重量约为 954t，提升高度 25m。首先将低区钢结构连廊的 6 层桁架部分拼装为整体提升单元；待中区钢结构连廊提升到位后,将提升单元滑移至安装位置的正下方;在结构 7 层上,利用主楼结构的钢骨柱设置提升平台(上吊点),共计 8 组,每组提升平台配置 1 台 YS-SJ-405/180 型液压提升器,共计 8 台;然后,在已拼装完成的上部钢桁架安装提升临时吊具(下吊点),利用液压同步提升系统将桁架部分整体提升至设计标高。最后,利用其汽车式起重机、高空作业车、捯链等工具,采用逆装的方式完成低区连廊的下部吊挂结构的安装。

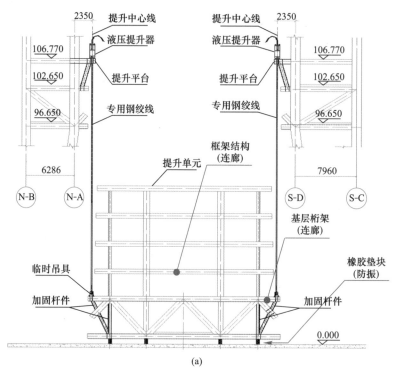

(a)

第1步:①高区桁架提升完毕后利用塔吊,依次安装高区连体36层、37层、38层结构。②同时调整拼装胎架,利用汽车式起重机拼装中区连体桁架。③设置中区提升设备。第2步:待中区连体桁架拼装完毕后,提升200mm,使地下室顶板卸载后,再利用汽车式起重机安装中区连体桁架上部结构。第3步:①连体提升;②提升就位后,吊装桁架后装斜腹杆,依次对中区连体桁架的斜腹杆、下弦杆、上弦杆进行焊接。第4步:利用塔吊安装中区剩余杆件。

(b)

图 7-15 中区连廊的提升施工(一)

(a)提升示意图;(b)提升步骤

(c)

图 7-15　中区连廊的提升施工（二）

（c）提升现场

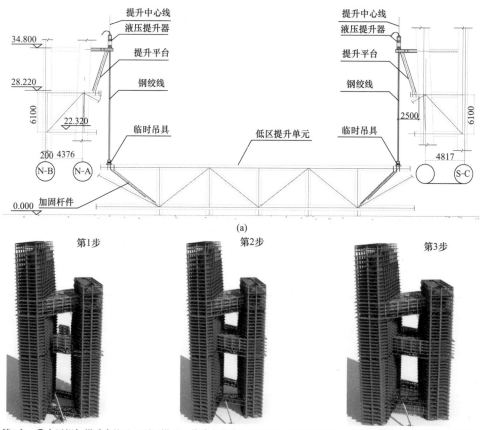

第1步：①中区桁架提升完毕后，利用塔吊，依次安装中区连体23~26层后装杆件。②同时调整拼装胎架，利用汽车式起重机拼装低区连体桁架。③设置低区提升设备。第2步：低区连体提升。第3步：利用其汽车式起重机、高空作业车、捯链等工具，采用逆装的方式进行低区连体桁架下部吊挂结构的安装。

(b)

图 7-16　低区连廊的提升施工（一）

（a）提升示意图；（b）提升步骤

地面拼装   提升体对接

(c)

图 7-16 低区连廊的提升施工（二）

（c）提升现场

7.2.4 关键施工问题

1. 提升吊点选择

吊点布置：主要根据以下原则进行：（1）提升吊点的安全性和稳定性；（2）提升吊点对原结构设计的影响大小；（3）提升吊点临时措施的材料用量；（4）提升吊点临时措施的加工、安装工艺的难易程度；（5）提升系统设备安装的简易性；（6）提升吊点临时措施的可重复利用性。

为了减小在提升过程中提升吊点产生的反力对原结构的影响，在吊点布置时需要考虑将吊点的位置尽量靠近混凝土劲性柱，即要尽量缩短桁架牛腿的长度，根据现有图纸，原设计的桁架分段点距离劲性柱中心较远，按照以往已完工程中的处理方法，需将桁架分段点与劲性柱中心的距离减小。为保证整体结构的安全性，需要在原结构的部分位置进行加强，如增加加劲板、临时杆件等。

如图 7-17 所示，高区钢结构连廊共布置 13 组吊点，共 13 台 YS-SJ-180t 液压提升器；计算表明提升点反力最大值约为 150t，最小值约为 83t；单台提升器最多配置 12 根钢绞线，钢绞线安全系数均大于 2.82。中区钢结构连廊同样布置 13 组吊点，共 13 台 YS-SJ-405t 液压提升器；提升点反力最大值约为 322t，最小值约为 189t。单台提升器最多配置 24 根钢绞线，钢绞线安全系数均大于 3.02。对于低区钢结构连廊，提升平台设置在 6 层，提升高度 31.7m，提升重量约为 950t，设置 8 组提升吊点，布置 6 台 YS-SJ-180t＋2 台 YS-SJ-405t 提升器；提升点反力最大值约为 177t，最小值约为 79t。单台提升器最多配置 15 根钢绞线，钢绞线安全系数均大于 3.05。

2. 同步提升和卸载落位控制

为确保钢结构连廊以及临时措施结构提升过程的平稳、安全，根据钢结构连廊的特性，采用"吊点油压均衡，结构姿态调整，位移同步控制，分级卸载就位"的同步提升和卸载落位控制策略：

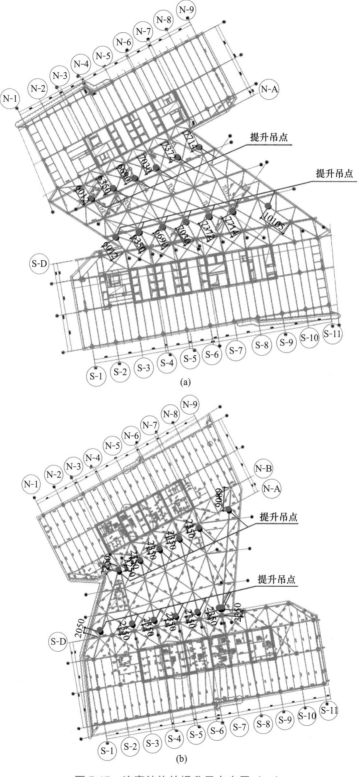

图 7-17　连廊结构的提升吊点布置（一）

（a）高区连廊；（b）中区连廊

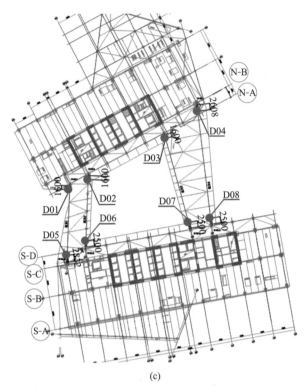

(c)

图 7-17 连廊结构的提升吊点布置（二）

（c）低区连廊

（1）同步吊点设置

在每台液压提升器处各设置一套位移同步传感器，用以测量提升过程中各台液压提升器的提升位移同步性。主控计算机根据全部传感器的位移检测信号及其差值，构成"传感器-计算机-泵源控制阀-提升器控制阀-液压提升器-钢结构连廊"的闭环系统，控制整个提升过程的同步性。

（2）吊点油压均衡

每一个提升吊点的液压提升器在正式提升阶段施以均衡的油压，以保证上下吊点结构的稳定性。所有吊点以恒定的驱动力向上提升。

（3）提升分级加载

通过试提升过程中对钢结构连廊、提升设施、提升设备系统的观察和监测，确认符合模拟工况计算和设计条件，保证提升过程的安全。

以计算机仿真计算的各提升吊点反力值为依据，对钢结构连廊单元进行分级加载（试提升），各吊点处的液压提升系统伸缸压力应缓慢分级增加，依次为 20％、40％、60％、70％、80％；在确认各部分无异常的情况下，可继续加载到 90％、95％、100％，直至钢结构连廊全部脱离拼装胎架。

在分级加载过程中，每一步分级加载完毕，均应暂停并检查如：上吊点、下吊点结构、屋面钢结构连廊结构等加载前后的变形情况，永久及临时基础的沉降，以及临时支撑结构的稳定性等情况。一切正常情况下，继续下一步分级加载。

当分级加载至钢结构连廊结构即将离开拼装胎架时，可能存在各点不同时离地，此时应降低提升速度，并密切观察各点离地情况，必要时做"单点动"提升。确保钢结构连廊脱胎平稳，各点同步。

（4）结构离地检查

屋面钢结构连廊结构离开拼装胎架约 200mm 后，利用液压提升系统设备锁定，并在桁架底部增设垫板等预防措施，空中停留 12h 做全面检查（包括吊点结构、临时支撑承重体系、永久结构和提升设备等，尽量安排在夜间以节省施工时间），并将检查结果以书面形式报告现场总指挥部。各项检查正常无误，才能进行正式提升。

（5）姿态检测调整

用测量仪器检测各吊点的离地距离，计算出各吊点相对高差。通过液压提升系统设备调整各吊点高度，使屋面钢结构连廊提升部分达到水平姿态。

（6）整体同步提升

以调整后的各吊点高度为新的起始位置，复位位移传感器。在钢结构连廊整体提升过程中，保持该姿态直至提升到设计标高附近。连廊提升过程中，采用全站仪在地面每隔 15min 观测连廊各角点高度辅助判断连廊在空中的平衡姿势并及时做出相应调整。各个吊点在上升过程中保持一定的同步性（±20mm），以确保提升结构的空中稳定。禁止在风速 6 级以上进行提升工作。

（7）分级卸载就位

以卸载前的吊点载荷为基准，所有吊点同时下降卸载 10%；在此过程中可能会出现载荷转移现象，即卸载速度较快的点将载荷转移到卸载速度较慢的点上，以致个别点超载甚至可能会造成局部构件失稳。

计算机控制系统监控并阻止上述情况的发生，调整各吊点卸载速度，使快的减慢，慢的加快。当出现某些吊点载荷超过卸载前载荷的 10%，应立即停止其他点卸载，而单独卸载这些点。如此往复，直至钢绞线彻底松弛，钢结构连廊结构自重荷载完全转移到两端分段结构上。

（8）提升过程的微调

钢结构连廊结构在提升过程中，因为空中姿态调整和杆件对口等需要进行高度微调。在微调开始前，将计算机同步控制系统由自动模式切换成手动模式。根据需要，对整个液压提升系统中所有吊点的液压提升器进行同步微动（上升或下降），或者对单台液压提升器进行微动调整。微动即点动调整精度可以达到毫米级，完全可以满足主桁架分段之间补挡、对口安装的精度需要。

（9）提升过程的监控

对于空中连廊整体提升施工实施全过程监测，由建设单位委托专业监测单位实施，采用 3D 变形监测系统、无线振弦应变采集系统、无线风速仪等仪器装置，对提升过程中两座塔楼的整体变形、主体结构、提升架及被提升体的应变、现场风场等进行监测，保证施工过程中整体结构的变形和应力处于可控范围。

在整个同步提升过程中应随时检查：①观测液压提升系统压力变化情况，定时做好记录，并与预设值进行比对；②上吊点提升平台结构工作情况；③钢结构连廊提升过程的整体稳定性；④提升钢绞线的垂直度（应控制在±1°以内）；⑤液压提升系统设备的提升同步性；⑥激光测距仪配合测量各提升吊点在提升过程中的同步性；⑦提升承重系统监控，包括锚具（脱锚情况，锚片及其松锚螺钉），导向架中钢绞线穿出顺畅，主油缸及上、下锚具油缸（是否有泄漏及其他异常情况），缸头阀块、软管及管接头，各种传感器及其导线。

图7-18　项目完工现场

综上，针对三道连廊钢结构单体重量大、安装高度大的施工难点，本项目在传统的"自上而下"的正序提升方案的基础上，因地制宜地采用了"分阶段拼装提升"的施工方法，解决了拼装作业面承载力不足、低区连廊吊挂结构拼装等问题。如采用传统的施工措施，需要对地下室顶板或低区连廊吊挂结构进行加固，这无疑增加很大的工作量，提高施工成本，图7-18为项目完工现场。

7.3　空中华西村项目——连廊反序提升

7.3.1　项目概况

空中华西村项目是集酒店式公寓及附属公共配套设施于一体的超高层综合体（图7-19）。公共建筑总高329.0m，总建筑面积21.3万 m²。本工程为超高层钢—钢筋混凝土混合结构，地下两层，地上72层。

(a)

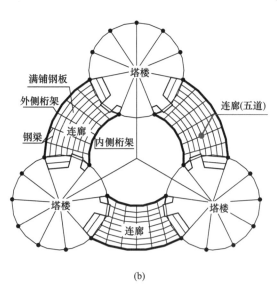

(b)

图7-19　空中华西村项目
（a）主体结构；（b）连廊结构示意图

主体结构由中央核心筒和外围三个筒体结构组成，均采用框架—内筒的结构体系，其中内筒为钢骨混凝土剪力墙，外框架包括钢管混凝土柱、H型钢与混凝土组合梁，中央筒高 329.0m，外围筒高 253.8m。外围三个筒体每隔 12 层由空中连廊将三个塔楼连接在一起，每层 3 个连廊，共 5 层，总计 15 首连廊。5 层连廊的标高分别为 47.4m（第 12 层）、97.8m（第 24 层）、147.2m（第 36 层）、195.6m（第 48 层）、245.0m（第 60 层）。最重连廊整体的重量 270t 左右。连廊整体重量大又成弧形，是本工程施工的难点之一。

7.3.2　安装方案比选

如前所述，高层结构的连廊安装通常可选用高空散拼法和整体提升法，两者各具优缺点。前者的优点在于，无须特殊吊装机械，吊装吨位小、安装简单；缺点在于高空作业量大，安全防护要求高，并且高空现场拼装对于结构准确度和安装质量难以保证。后者的优点在于，高空作业少，安全防护要求较低，且在操作平台上进行拼装准确性较高，提升过程不影响上部塔楼主体结构的施工；然而施工准备期长、提升技术要求高，并且受天气和环境的影响较大。

经过综合比对，施工方最终认为尽管整体提升存在施工工艺要求和准备期长的缺点，但由于之前拥有多项连廊结构整体提升项目的施工经验，因此，上述问题均可采取措施予以克服，最终选定整体提升即"钢绞线集束承重、计算机控制、穿心式液压千斤顶机群同步提升"的施工工艺。

然而，在选定整体提升法后进一步制定细化施工方案时遇到了困难。在以往多层连廊整体提升项目中，基本都采用"自上而下"的正序提升安装，即待塔楼结构具备条件后，先提升高区连廊，再提升次低区连廊，按"先高区连廊、后低区连廊"的正序提升，依次逐步完成多道空中连廊的提升安装，也渐渐成为业界的一种思维定式。按照这一方案，连廊的拼装只在地面拼装进行，且主塔楼结构大致接近封顶时才能进行连廊的提升就位，这对于多层连廊的工程而言无疑拖延了连廊的施工进度。

那么，以为整体工期服务为出发点，如果结合场地条件与结构特点，反其道而行采用"自下而上、由低区到高区"的反序提升，又将有怎么效果？按照这个思路，如图 7-20 所

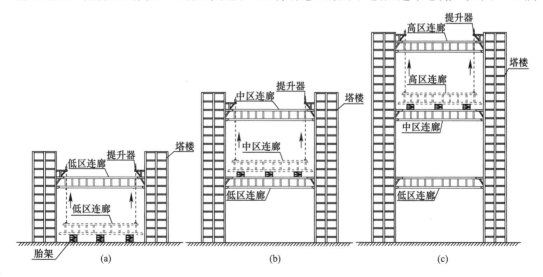

图 7-20　多道空中连廊的反序提升示意图

示，先提升安装低区的首层连廊，而后续相邻高区连廊可利于低区已完工的连廊的顶板作为拼装场地，完成"地面拼装"及整体提升。这就意味着，空中连廊的提升安装可与主结构的升高基本同步，不必像"先高区、后低区"那样要求主塔楼结构大致接近封顶时才能进行，对塔楼其他专业的流水穿插创造了极为有利的条件，因此工期收益是不言而喻的，也成为方案竞标的核心竞争力之一。

当然，将下道连廊作为相邻上道连廊的拼装场地，需要有结构承载力作为前置条件，即下道连廊结构及其与塔楼的连接应具备足够的承载力，以承担上道连廊的自重及施工荷载。要具备这样的承载力，连廊结构自身特别是连廊与塔楼的节点承载力，要比正常设计的空中连廊结构及节点承载力略高，寻求设计上的支持成为实现上述安装理念的前提。而实践中又发现，结构上的这种"成本"与获得的工期及投资收益相比，结构成本就显得微不足道了，而且考虑安装方案在结构上的这种设计调整也并不难以处理。因此，从综合效益来看，最终本项目的实施选用了上述"自下而上、由低区到高区"的连廊反序提升方案（图 7-21）。

相邻上道连廊

低区首道连廊
上道连廊的拼装平台

(a)　　　　　　　　(b)　　　　　　　　(c)

图 7-21　多道空中连廊的反序提升施工

7.3.3　现场安装流程

本项目根据结构特点和现场实际情况决定采用楼面拼装、整体提升的施工工艺。塔楼主体施工完成第 14 层后，进行第 12 层连廊的整体提升，第 12 层连廊的整体拼装在五层群楼楼面上完成；塔楼主体施工完成第 26 层后，进行第 24 层连廊的整体提升，第 24 层连廊的整体拼装在第 12 层连廊结构上完成，以此类推，依次完成塔楼主体与连廊提升施工，实现主体塔楼与钢连廊施工近似同步。提升施工分为试提升和正式提升，具体步骤如下：

1. 试提升

（1）解除上部结构与地面的所有连接。

（2）认真检查上部结构，并去除一切计算之外的载荷。

（3）认真检查整体提升系统的工作情况（结构地锚、钢绞线、安全锚、液压泵站、计算机控制系统、传感检测系统等)。

(4) 运用前述的控制策略,采用手动方式完成油缸的第一个行程;行程结束后,认真检查上部结构、提升平台、提升地锚的情况;确认一切正常后,再完成第二、第三行程,此即试提升阶段。

(5) 试提升结束,经指挥部确认后,提升至预定高度(大约离支撑胎架 30mm)。空中停滞 2~3h 以上,观察整个结构和提升系统的情况。

2. 正式提升

(1) 在正式提升过程中,控制系统运行在自动方式。

(2) 整体提升过程中,认真做好记录工作。

(3) 正常提升预计需要 6~8h。

(4) 按照安装的要求,整体提升至预定高度;若某些吊点与支座高度不符,可进行单独的调整。

(5) 调整完毕后,锁定提升油缸下锚(机械锁定),完成油缸安全行程。提升过程中,由于钢绞线从油缸上部不断出来,为保证提升顺利进行,每点需要 2 人疏导钢绞线和喷脱锚灵。

(6) 结构最终就位。在上部结构接近对口位置,将提升速度调低,快到位后,通过逐点手动控制每点油缸上升或下降;在单点下降过程中,严格控制下降操作程序,防止油缸偏载;在单点卸载过程中,严格控制和检测各点的负载增减状况,防止某点过载。

(7) 连廊就位后安装。待连廊提升就位后,将下弦杆件与牛腿进行连接,并将上弦和腹杆预留调整杆件安装就位。然后对连廊与钢管柱牛腿连接节点进行校正,调整预留杆件及千斤顶校正。达到施工要求后进行下弦和腹杆与牛腿连接节点焊接。上弦安装螺栓连接,待主楼封顶后焊接。

(8) 拆卸提升设备。待连廊与钢管柱牛腿连接节点连接完成,下弦节点和腹杆节点焊接探伤合格后,对提升千斤顶进行卸载。拆除下锚具、千斤顶、提升牛腿等提升设备,准备下一个连廊的提升施工。

此外,提升施工中使用的主要机械设备如表 7-1 所示。

提升施工设备汇总　　　　　　　　　　　　　　　　表 7-1

序号	设备型号名称	单位	数量	备注
1	200t 提升油缸	台	2	
2	100t 提升油缸	台	2	
3	液压同步泵站	台	2	
4	计算机控制柜	套	1	
5	液压传感器	只	4	
6	油缸智能传感器	只	4	
7	油缸锚具传感器	套	4	
8	钢绞线	根	56	
9	锚盘	个	4	
10	油管	根	28	15m 一根

续表

序号	设备型号名称	单位	数量	备注
11	电线			若干
12	其他小型机具			按需要

7.3.4 关键施工问题

1. 千斤顶选用与布置

如图 7-22 所示,空中连廊采用 4 点同步提升方式,连廊外侧桁架的 2 个提升点布置一台 200t 穿芯式千斤顶,连廊内侧桁架的 2 个提升点布置一台 100t 千斤顶。第 12 层连廊同步提升高度约 27.6m,其他连廊同步提升高度约 49.4m。第 12 层、24 层、36 层、48 层连廊结构提升时,吊点设置在连廊的上弦杆位置。提升第 60 层连廊时,吊点设置在连廊的下弦杆位置。

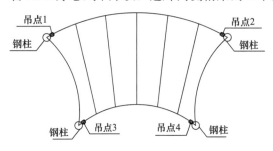

图 7-22 空中连廊的吊点布置

2. 连廊的提升加固

如图 7-23 所示,为保证提升过程中连廊的整体受力和平面稳定,在外侧桁架上弦杆两端和主梁之间各增加一根加固钢梁,并在两端上弦杆吊点下与下弦杆节点位置各增加一根加固杆件,杆件先从上弦杆连接到斜牛腿,然后再从牛腿连接到下弦节点。

3. 提升模拟分析

采用一体化有限元模型对提升过程进行模拟计算,得到吊点反力,确定液压提升千斤顶的布置位置及数量,分析得到提升过程中被提升钢连廊、提升支架的内力及变形情况,论证了施工状态与设计状态的符合性。同时对受力较大且应力状态复杂的提升支架牛腿及吊点锚具等部位,建立精细有限元模型进行校核分析(图 7-24)。

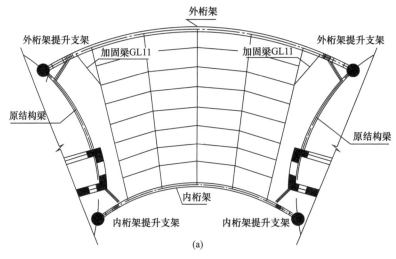

(a)

图 7-23 连廊提升加固示意图(一)

(a)空中连廊提升平面图

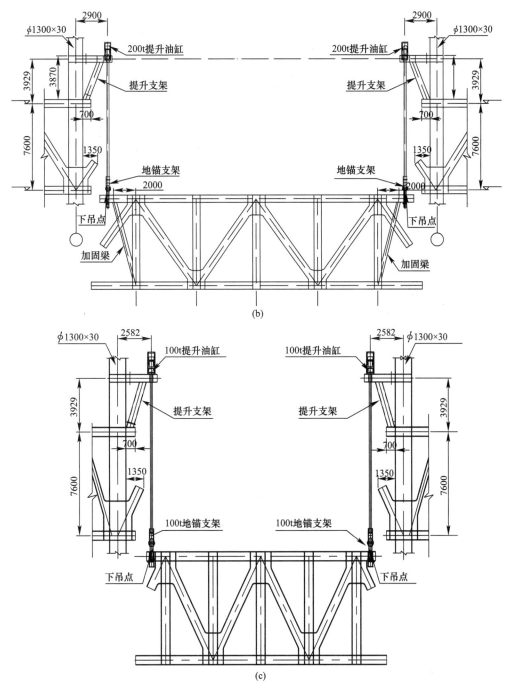

图 7-23　连廊提升加固示意图（二）

（b）连廊提升外侧桁架立面图；（c）连廊提升内侧桁架立面图

4. 整体提升可靠性技术措施

为了保证提升过程中的位置同步，在提升过程中设定某一提升点为主令点，其余提升点为跟随点。主令点以恒定速度向上提升，其余跟随点通过主控计算机分别根据该点同主令点的位置高差来控制提升速度的快慢，以使该跟随点同主令点的位置高度跟随一致。现

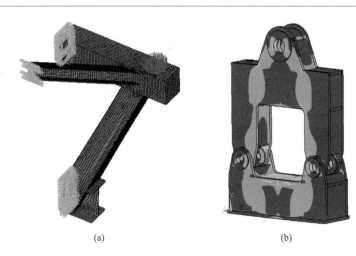

(a)   (b)

图 7-24　关键部位的精细有限元分析
(a) 提升支架；(b) 吊点锚具

场网络控制系统将各传感器的高度信号采集进主控计算机，并根据跟随点与主令点的高差调节千斤顶阀门的开度和提升速度。系统中还设置了超差自动报警停机功能。一旦某跟随点同主令点的同步高差超过某一设定值，系统将自动报警停机，以便检查。计算机同步控制技术和激光测距仪的使用，保证连廊提升吊点的水平同步误差控制在±10mm 以内。

　　此外，提升千斤顶进油口均装有液压锁。即使在提升千斤顶运行过程中，在出现供油管爆裂等意外情况时，千斤顶活塞也能保持原位，提升连廊不会下降。同时在提升千斤顶的下方安装有安全夹持器，承载钢绞线从其中穿过。千斤顶出现意外故障时，承重钢绞线被安全夹持器夹持住，被提升物不会下落。

　　5. 提升连廊的防碰撞构造

　　连廊结构在整体提升过程中，强风荷载或地震等其他偶然荷载下摆动的影响不可忽略，必须提前分析预判并采取有效措施防止连廊与塔楼发生碰撞或发生过大的面外摆动，保证提升的安全顺利进行。

　　针对此问题，一方面应开展施工过程的仿真分析，并以仿真分析结构为基础，进一步加强临时结构及临时措施的承载力设计，确保结构的施工过程的安全；另一方面，也宜从构造上着眼，通过关键部位的构造措施，减弱或预防结构在施工过程可能发生的碰撞等。如图 7-25 所示，本项目在连廊结构的端部设置具备一定刚度的弹性材料，以此大幅削弱风荷载或地震作用等偶然荷载下提升连廊晃动位移过大对相邻塔楼结构的撞击，预防不可预见的风险发生，取得了很好的应用效果。

　　6. 施工监测

　　连廊提升施工的测量工作至关重要，包括连廊胎架上的拼装放线测量、提升前的桁架整体尺寸测量、提升过程中的主要杆件变形测量。

　　(1) 拼装测量。在空中连廊拼装之前，根据连廊设计坐标在拼装胎架上放出桁架主要控制点，包括桁架与钢柱牛腿连接处、桁架杆件分段处和内外桁架主梁连接处。根据设计要求桁架起拱 20mm，待胎架固定完成后，测量胎架起拱是否达到设计要求，不符合要求对胎架进行微调，保证桁架起拱 20mm。在轴线控制点和起拱都满足要求的情况下，连廊

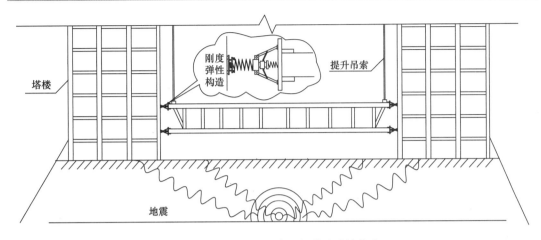

图 7-25　提升过程连廊端部的防碰撞构造

开始在胎架上进行拼装。

（2）连廊提升前尺寸校核。连廊拼装过程中应对连廊的各部分尺寸进行测量跟踪。包括桁架起拱度、杆件的轴线控制、杆件的端点控制、竖杆的垂直度控制。并且在连廊拼装过程中应该预先考虑杆件焊接变形对连廊尺寸的影响。连廊整体拼装基本完成后，对连廊外形尺寸、桁架矢高、起拱度及其桁架与牛腿连接点距离等进行复测以保证连廊的顺利提升。

（3）连廊提升过程中的测量。连廊拼装完成各部分尺寸复核正确后，开始进行连廊的提升。在连廊提升过程中测量应该随时进行跟踪。首先连廊先试提升一段距离，测量观测被提升连廊结构的杆件变形情况，提升支架及其加固杆件的变形情况。在各部分结构正常的情况下连廊提升距离胎架 30mm 左右静止 2～3h 让各部分受力和变形稳定。然后对各主要受力杆件及其连廊整体尺寸进行复测，在没有问题的情况下进行连廊的正式提升施工。

综上所述，本项目突破传统多连廊的"先高区连廊、后低区连廊"的正序提升施工方法，创造性地通过"自下而上、由低区到高区"的反序提升工艺，实现了超高层塔楼建设与多道连廊的同时施工，提高了项目施工技术的科技含量和劳动生产效率，保证了工程工期和施工安全，为项目创造了良好的综合效益。合理优化了资源，节约了成本，缩短了施工工期，也为今后类似工程施工起到了宝贵的示范和指导作用，具有广阔的推广应用前景。另外，在"一带一路"倡议下和与国际接轨的背景下，考虑强风、地震等偶然作用的结构施工过程是接轨的需要，更是工程精益建造及风险防控的需要，本项目首次提出了在连廊结构的端部安装临时弹性构造装置，减弱强风或地震作用下连廊提升过程中发生与相邻塔楼结构的碰撞响应，进一步提高结构施工过程中与安全相关的风险控制，同时也是工匠精神、精益建造在钢结构工程行业的落地生根。

7.4　深圳国际会展中心项目——分片提升

7.4.1　项目概况

深圳国际会展中心项目 A5 登录大厅，屋盖单层网壳结构的平面投影 185m×126m，标高范围约 30~40m，重量约 2560t。采用 24 根树枝钢柱支撑上部网壳，每根钢柱柱顶采用铸钢节点，分出 4 个枝杈与网壳连接，共 96 个支承点，总重 1100t（图 7-26）。

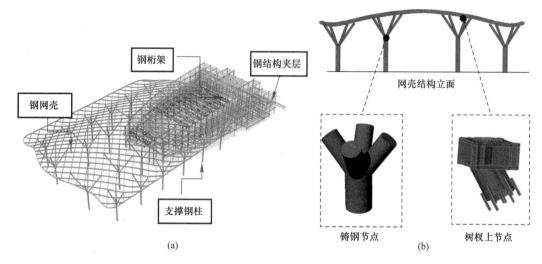

图 7-26 深圳国际会展中心屋盖钢结构
(a) 结构示意图；(b) 结构立面及节点

钢结构钢材采用 Q345B、Q345GJB 和 390GJB。小于 40mm 厚的板材采用 Q345B，大于或等于 40mm 采用 Q345GJB 和 390GJB。网壳杆件采用箱形截面，尺寸为 900mm×250mm×18mm×18mm 和 900mm×250mm×30mm×100mm，树枝柱采用圆管截面 $\phi1200×25mm$（34mm，40mm），枝杈截面 $\phi850×32mm$。

7.4.2 安装方案比选

如前所述，对于大跨屋盖钢结构，由于作业面广、构件数量多及安装高度高等特点，故应从施工段、施工工序、安装方法、进度计划、安全质量等各方面进行详细的施工组织设计。其中安装方法的选择应根据具体工程结构特点、现场施工条件和施工工期等，确保先进可行、高效便捷、安全经济。一般的，高空原位安装法施工需要较多的施工设备、临时支撑结构和高空作业安全保障，以及较为开阔的现场作业面。否则，宜选用提升（顶升）安装法。特别的，如原有场地条件不足，可考虑在旁边开辟作业面，采用滑移安装法进行施工。

对于本项目的屋盖网壳钢结构的施工安装，可供选择的备选方法有高空散拼、整体提升、分片提升 3 个方案。相比于整体提升，分片提升的优势在于单次提升吨位更小、所需设备更少。对于高空散拼和分片提升方案，表 7-2 从使用机械及措施材料两方面对两者进行对比。显而易见，无论是从机械设备数量和吨位还是临时措施用量，分片提升施工方案也都优于高空散装施工方案。此外，考虑到分片提升施工的安装效率更高，其安全性、质量控制及工期方面也更具优势，因此，最终采用分片提升进行屋盖网壳施工，夹层钢结构采用汽车进行散装，屋面钢桁架采用双机抬吊安装。

钢结构安装方案比选　　　　　　　　　　　表 7-2

分片提升施工方案			高空散装施工方案		
名称	数量	工作内容	名称	数量	工作内容
50t 汽车式起重机	2 台	胎架、提升支架	300t 履带式起重机	1	网壳安装
25t 汽车式起重机	4 台	网壳拼装	250t 履带式起重机	1	网壳安装
200t 提升器	26 台	网壳提升	50t 汽车式起重机	8	支撑架、夹层安装
100t 汽车式起重机	2 台	钢柱、提升支架	25t 汽车式起重机	3	拼装
50t 汽车式起重机	2 台	夹层安装	100t 汽车式起重机	2	夹层桁架
80t 汽车式起重机	4 台	地下室	80t 汽车式起重机	4	地下室
拼装胎架	200t	网壳拼装	马镫和拼装支架	100t	拼装
门式塔架	900t	网壳提升	支撑胎架	2130t	网壳安装

根据现场情况，如图 7-27 所示，将整个屋盖网壳结构分为 3 个部分：提升 1 区、提升 2 区和嵌补杆件区，其中 1 区设置 13 组提升架，2 区设置 11 组提升架，共 48 个提升点。分区提升时，先拼装和提升网壳，后安装钢柱和枝杈结构，最后嵌补中间杆件。需要重点注意提升吊点的布置，应尽可能与原支撑点情况接近，以保证提升完成卸载后网壳的受力即施工成型态与原设计状态下结构的内力和变形基本吻合，即满足前述"一致性施工控制技术"的要求。

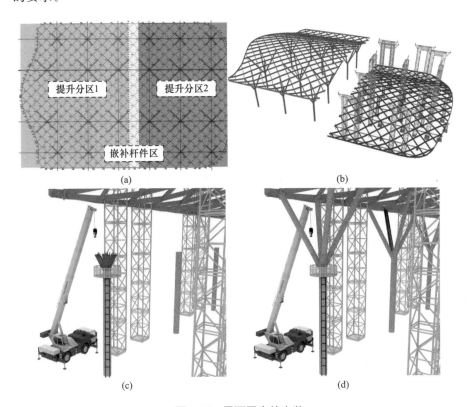

图 7-27　屋面网壳的安装

（a）提升分区；（b）分片整体提升示意图；（c）钢柱的安装；（d）枝杈的安装

7.4.3 现场安装流程

1. 网壳拼装施工

首先，在网壳的投影作业面上设置拼装胎架和纵向钢梁组成的支承体系，用以拼装整个网壳。具体流程如下。

（1）拼装胎架安装完成后安装最外侧钢梁（图 7-28）。

（2）安装中部内侧角部钢梁（图 7-29）。

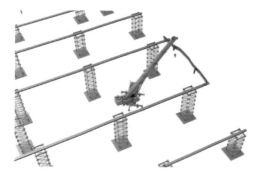 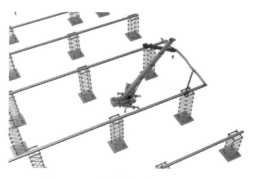

图 7-28　拼装胎架安装完成后安装最外侧钢梁　　图 7-29　安装中部内侧角部钢梁

（3）安装中部另一侧 T 形钢梁，悬挑端支架支撑（图 7-30）。

（4）顺序安装连接钢梁（图 7-31）。

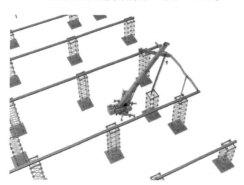 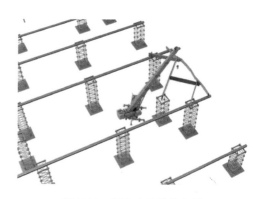

图 7-30　安装中部另一侧 T 形钢梁，　　　　　图 7-31　顺序安装连接钢梁
　　　　　悬挑端支架支撑

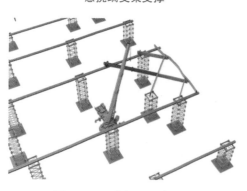

图 7-32　顺序往后安装钢梁

（5）顺序往后安装钢梁（图 7-32）。

（6）重复上述步骤继续安装钢梁（图 7-33）。

（7）待中部网壳拼装完 3 个轴线，形成稳定结构后，开始两侧顺序向下延伸拼装，重复上述步骤直至网壳拼装结束（图 7-34）。

2. 网壳分片提升施工

屋盖网壳分片提升施工的主要步骤如下（图 7-35～图 7-38）：

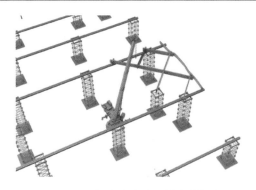

图 7-33 重复上述步骤继续安装钢梁

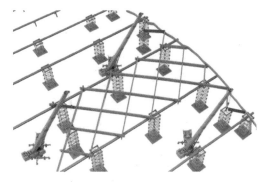

图 7-34 网壳拼装

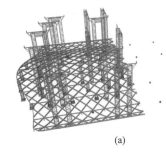

(a)

(b)

图 7-35 提升施工 (一)

(a) 设置提升支架及提升设备；(b) 试提升

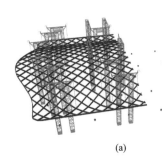

(a)

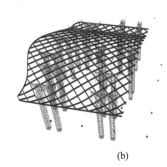

(b)

图 7-36 提升施工 (二)

(a) 提升中；(b) 提升到指定标高

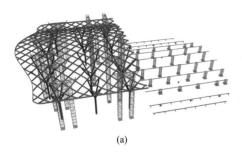

(a)

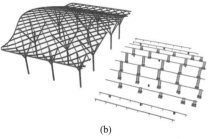

(b)

图 7-37 提升施工 (三)

(a) 安装树枝钢柱；(b) 分级卸载完成

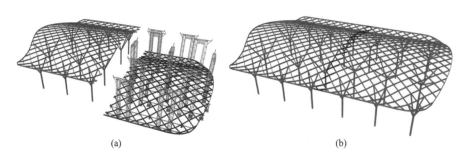

(a)   (b)

图 7-38　提升施工（四）

（a）分区 2 的网壳提升；（b）网壳合龙

（1）在拼装完成后，在指定位置设置门式提升支架，同时安装提升下吊具和提升器；精确定位、保证上下吊点垂直对应，误差不得超过 20mm；连接液压油管、布设通信信号线等液压提升设备设施，并进行单根钢绞线的张紧，保证钢绞线受力均匀；各方面确认正常后，提升离地面 250mm 高度，观察 24h。

（2）正式提升作业，期间每间隔 5m 测量其各吊点提升相对高度，如有需要单吊点微调处理，保证各吊点提升基本同步；提升到指定标高，细部微调保证结构各个点的标高无误，锁紧液压提升器。

（3）利用 50t/100t 汽车式起重机安装树枝钢柱；液压提升器分级卸载，结构荷载平稳转移，拆除钢绞线、液压提升器和提升支架，提升分区 1 的提升工作完成。

（4）采用同样方法完成提升分区 2 的网壳提升，进行中间部分嵌补段安装，与提升分区 1 合龙。

7.4.4　关键施工问题

1. 提升门架与吊点布置

本工程提升屋盖总重约 2500 余吨、树状支撑总重约 1100t，最大提升高度约 39m。结合提升工况在钢柱上方和跨中设置提升支架进行提升，如图 7-39 所示。提升门架分为四类，其中外侧门架吊点标高 +29.76m，采用 5 个 6m 高标准节 +1 个 6m 高的顶部提升平台，总高 36m；中部门架吊点标高 +35.624m，采用 6 个 6m 高标准节 +1 个 6m 高的顶部提升平台，总高 42m；内侧门架吊点标高 +39.998m，采用 6 个 6m 高标准节 +1 个 3m 高标准节 +1 个 6m 高的顶部提升平台，总高 45m；门洞处塔架吊点标高 +29.76～+32.14m，采用 5 个 6m 高标准节 +1 个 3m 高标准节 +1 个 6m 高的顶部提升平台，总高 39m。除门洞处的提升门架为 2 组外，其他三类门架均各 4 组（循环倒用）。

如图 7-40 所示，提升分区 1 共 13 组提升门架（图中蓝色粗线）、26 个吊点（图中红点），提升分区 2 共 11 组提升架、22 个吊点。通过施工模拟分析，每吊点配置 1 台 TJJ-2000 型液压提升器（额定提升能力 200t），共 26 台（循环倒用）。其中，提升分区 1 中吊点反力最大值为 105t，钢绞线安全系数在 2.7～7.0 之间，提升器裕度系数在 1.9～9.1 之间；提升分区 2 中吊点反力最大值为 101t，钢绞线安全系数在 2.6～4.7 之间，提升器裕度系数在 2.0～8.1 之间。

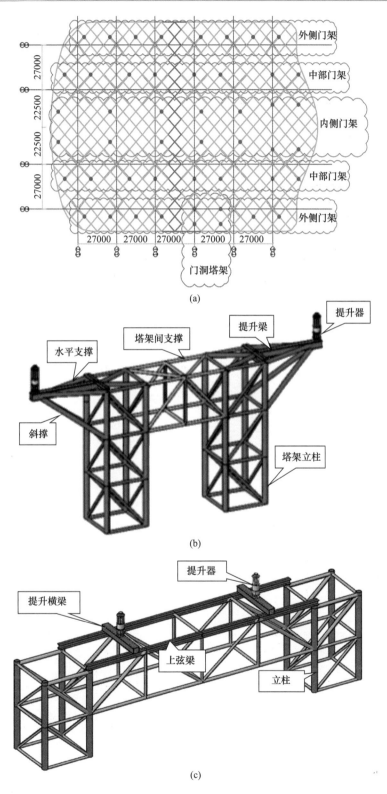

图 7-39　提升支架示意图

（a）提升支架布置；（b）普通提升架；（c）门洞处提升架

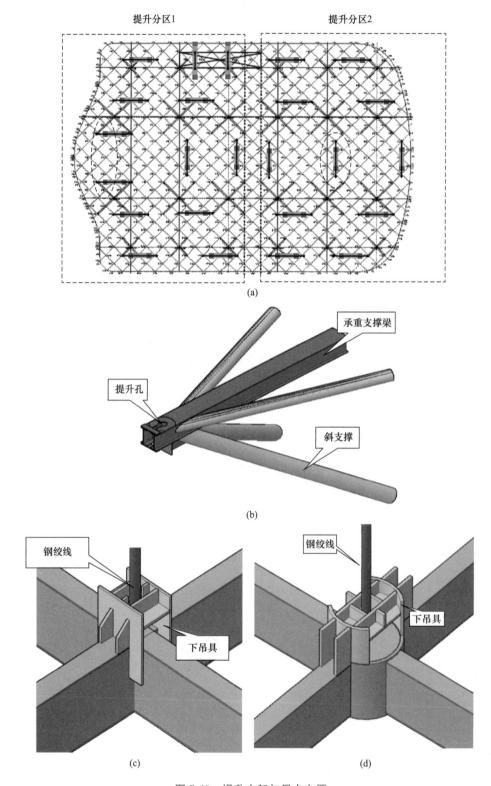

图 7-40 提升支架与吊点布置

（a）提升支架与吊点布置；（b）上吊点；（c）普通下吊点；（d）树杈柱处下吊点

2. 一致性施工控制技术

大跨度钢结构提升施工的重要原则：（1）保证永久性结构的应力保持在弹性范围内；（2）施工完成后结构变形在规定限值内。但是，根据第 2 章的非原位安装的施工控制理论，选择合理施工方案还应包括永久结构在施工成型之后，其成型态与设计态的结构杆件的内力值应保持一致（建议 5％之内）。值得注意的是，本项目的大跨度屋盖为单层网壳结构体系，总体来讲，其面对刚度较弱、自重及竖向活载下挠度较大，即具有较强的几何非线性，因此，在屋盖网壳分片提升时需要重点优化选择吊点的位置和数量，以达到"一致性"要求，具体流程如图 7-41 所示。

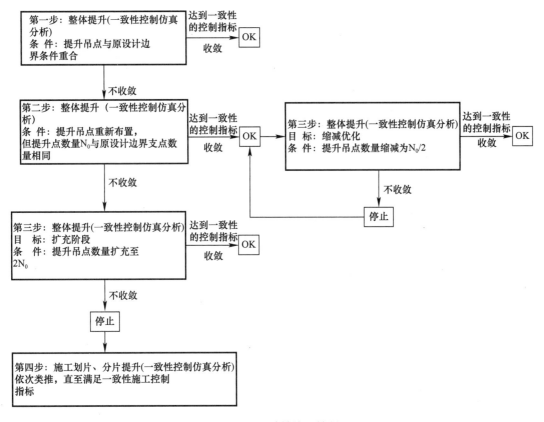

图 7-41　一致性施工控制

在提升方案深化阶段，如前所述，起初打算采用不分片的整体提升进行屋盖网壳的安装。在此方案下，首先选择吊点数量 $N_0 = 24$ 个，即与树杈柱的数量相同且平面定位对齐，进行仿真计算发现此吊点条件下杆件内力与原结构设计的差异幅度较大，几乎有 30％的杆件内力超出 5％的一致性差异控制指标。然后，将吊点数量增加至 $2N_0 = 48$ 个，仍有约 3％的杆件内力不能达到一致性目标。吊点数量再增加，已经影响到施工方案的经济性，并给提升控制带来了难题。

鉴于此，项目组转而寻求将网壳沿长度方向划成两片，进行分片整体提升，从而达到缩小跨度、减弱其几何非性线特征的目的。对于分片提升方案，再次进行模拟计算发现，仅用 26/22 个吊点便能满足一致性的施工控制要求。因此，相比整片网壳的整体提升方案，分片提升的优势不仅如前所述在于单次提升吨位更小、所需设备更少，更深层次的重要原因是能够方便地实现内力和变形的施工控制目标。

采用上述分片提升方案，施工分析结构表明，分片提升卸载后成型态的结构竖向位移最大值为126mm，设计态的竖向位移最大值为115mm，比值为126/115＝1.1，且位移分布规律相同；成型态的结构应力比最大为0.35，设计态的应力比最大为0.34，应力分布规律也基本相同。此结果表明，本项目的施工方案具有相当的合理性和适用性。

3. 提升过程中的安全措施

钢结构整体提升到位后，需安装后补杆件才能卸载，根据工况，连体钢结构需空中停留一段时间。液压同步提升器在设计中独有的机械和液压自锁装置，提升器锚具具有逆向运动自锁性，提升器内共有三道锚具锁紧装置，分别为天锚、上锚及下锚，在构件空中停留时，各锚具均由液压锁紧状态转换为机械自锁状态，保证钢结构在吊装过程中能够长时间的在空中停留。

对于本工程，因结构投影面积大，风荷载（6级以上）对提升吊装过程有一定的影响。为确保钢结构提升过程的绝对安全，并考虑到高空对精度的要求，在钢结构空中停留时，或遇到更大风力影响时，暂停吊装作业，提升设备锁紧钢绞线。同时，通过捯链将网壳结构与周边支撑立柱结构连接，起到限制钢结构水平摆动和位移的作用。

此外，对提升和卸载过程中屋面网壳和提升塔架的变形和主要构件、节点的应力进行监测，保证屋盖和塔架受力安全以及塔架变形满足规范要求。根据技术规范、提升方案的要求确定预警阈值，并设定黄色和红色两级预警（黄色时为预警阈值的50%、红色时为预警阈值的70%），具体见表7-3。

变形及应力监测　　　　　　　　　　　　　　　　　　　　　　　表7-3

监测内容			预警值			
			安全	黄色	红色	阈值
应力 （MPa）	钢材	牌号	厚度/直径 t（mm）	—	—	—	—
		Q345	$t \leqslant 16$	[0, 155]	(155, 217]	(217, 310]	310
		Q390	$t \leqslant 16$	[0, 175]	(175, 245]	(245, 350]	350
			$16 < t \leqslant 35$	[0, 167.5]	(167.5, 234.5]	(234.5, 335]	335
			$35 < t \leqslant 50$	[0, 157.5]	(157.5, 220.5]	(220.5, 315]	315
			$50 < t \leqslant 100$	[0, 147.5]	(147.5, 207.5]	(207.5, 295]	295
变形 （mm）	塔架水平变形		[0, 50]	(50, 75]	(75, 100]	100

7.5　南京江北新区市民中心项目——多次分段累积提升

7.5.1　项目概况

南京江北新区市民中心项目结构工程由钢结构的上圆和混凝土框架的下圆组成。如

图 7-42，上圆结构总体采用钢框架—支撑结构体系，共五层，由下至上分别为四层、五层、六层、屋面，其中六层和屋面层为主桁架结构，四层和五层为吊挂结构。总用钢量约13000t，主要包括巨型格构柱、平面桁架、弧形桁架、吊挂框架、屈曲支撑等。格构柱分支截面最大尺寸为□1400mm×1000mm×90mm×90mm，防屈曲支撑采用十字形内核、方钢管混凝土约束构件的结构形式。

(a)　　　　　　　　　　　　　　　　　　(b)

图 7-42　江北市民中心项目
(a) 主体钢结构；(b) 现场施工

7.5.2　安装方案比选

一般情况下，考量工程结构的施工难易常有四个维度：场地条件、结构特点、工期要求及施工设备的可得性，四者相互关联、相互支撑，促使一套施工方案成为有机的整体。在"高空散装、整体提升及滑移顶推"这些备选的安装方案中，出于经济性考虑或施工可行性，整体提升及滑移顶推往往更受青睐，但要实现整体提升或滑移，在结构形式一定的情况下，场地条件与工期通常又是首要考虑的两个关键约束条件。围绕整体提升这一核心方案目标，可根据工程的具体特点，因地制宜地在提升工艺上做一些新的变通，以达到技术合理先进、经济高效的施工目的。

本项目钢结构组成部件/构件众多、空间连接复杂，这意味着全部采用高空散装施工是不可行的。采用传统的整体提升施工方案，则要求结构投影下部有足够的空间和承载力来进行钢结构整体拼装。显然，若等到地下室顶板完成后再做上部钢结构的地面拼装，一方面工期来不及，另一方面顶板的承载力远不足以满足大型吊装设备上楼板行走（履带式起重机或汽车式起重机），因此，最终决定以承载能力足够的地下室筏板作为现场拼装作业面。

但新的问题又随之出现。第一，上部钢结构的平面投影有部分已超出地下室基坑边界，这意味着其并不能完全在地下室筏板的作业面内完成拼装。第二，上部钢结构包括四个巨型格构柱、平面桁架和弧形桁架、吊挂框架三部分，它们是否一定采用同样的施工安装方法？

为此，项目组经过详细论证，最终确定如下施工安装方案（图 7-43）：(1) 格构柱采用散装的方式、使用 300t/280t 履带式起重机进行安装。（2）六层和屋面层的主桁架在地下室筏板的作业面上拼装，然后以格构柱作为提升胎架进行整体提升，就位后安装各嵌补杆件。（3）四层和五层吊挂结构在提升结构就位后，使用汽车式起重机进行吊挂柱、吊挂梁的散件吊装。

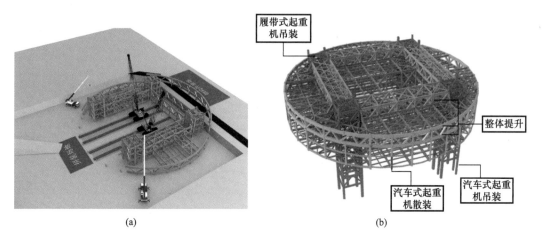

图 7-43　上部钢结构的拼装、提升及吊装
（a）钢结构拼装及提升；（b）各部分安装方法

　　对于六层和屋面层主桁架，由于部分构件位于地下室筏板的作业面之外，因此将其拆为两部分，即大部分结构在地下室筏板上拼装［结构①，图 7-44（a）中 B、C、F、H、K、G 区域］，超出基坑边界的结构部分在地下室顶板标高处的场地完成拼装［结构②，图 7-44（a）中 A、E、D 区域］。接着采用"累积提升"工艺，首先将结构①提升至地下室顶板标高处，与结构②拼接为整体，接着再进行二次提升至适宜的高度或设计标高后，进行环带桁架及吊挂结构的低空安装，进而完成钢结构安装施工。这种"多次累积提升"的新工艺实现了工期、场地条件与结构特点的协调统一。

7.5.3　现场安装流程

　　本项目因地制宜，灵活地根据现场条件对传统整体提升进行了发展，实施了"多次累积提升"的新工艺。根据结构特点和施工需求，将钢结构平面分 9 个施工区域，格构柱分别位于 A、B、C、D 四个区（图 7-44）；桁架拼装顺序根据吊车吊装范围确定，按照先拼装 E/G 区，再拼装 H/C/D 区，最后拼装 A/F/B 区；K 区在提升完成后进行嵌补。

　　提升设备选取 8 台 TJJ-5000 提升器（圈桁架）、16 台 TJJ-3500 提升器（主桁架），最大裕度系数 2.23，最小裕度系数 1.65。液压泵源系统数量依照提升器数量和参考各吊点反力值选取，提升钢桁架结构时，每个塔架柱柱顶位置配置 1 台 TJV-60 的液压泵源系统，共计配置 4 台 TJV-60 液压泵源系统，每台泵站驱动 6 台液压提升器。钢绞线选择 17.8mm 高强钢绞线，单根承载力 350kN，圈桁架位置单个提升点钢绞线选择 24 根，内部主桁架提升点位置钢绞线选择 18 根，安全系数 2.83～4.02。

　　具体施工步骤如表 7-4。

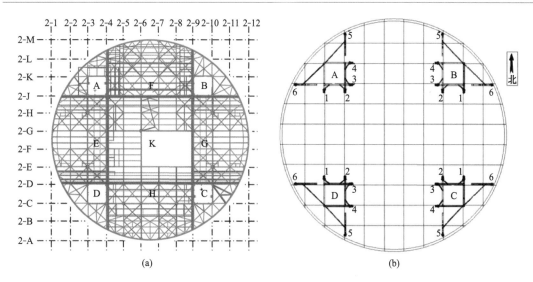

图 7-44 现场施工布置示意图

（a）拼装施工区域布置；（b）提升点布置

具体施工步骤   表 7-4

编号	施工措施	示意图
1	胎架埋件和地脚螺栓安装： 地下室筏板浇筑施工阶段，对地下室筏板上对应拼装胎架位置进行埋件预埋，确保后续拼装胎架能够与筏板可靠连接；核心筒基坑土建施工完成后，对钢柱预埋地脚螺栓进行安装定位	
2	首节柱吊装、筏板加固： 地脚螺栓承台混凝土强度满足安装条件后，使用 200t 汽车式起重机进行首节柱吊装。 地下室筏板履带式起重机行走路线上，铺设大型路基箱，对履带式起重机行走路线进行加固	

续表

编号	施工措施	示意图
3	二节柱、三节柱安装： 使用300t履带式起重机进行吊装，同时对框架梁、屈曲支撑、钢楼梯进行吊装	
4	提升单元拼装一： 在对应位置布置拼装胎架，胎架高度1.3m。拼装E、G区圈桁架、主桁架	
5	提升单元拼装二： 拼装E、G区连系钢梁和H区圈桁架	
6	上层钢柱安装： 安装四五六节钢柱及相应构件	

编号	施工措施	示意图
7	提升单元拼装三： H 区连系钢梁拼装，钢梁下方设置临时支撑	
8	悬挑桁架和提升架安装： 钢柱焊接完成后，使用履带式起重机安装悬挑桁架。之后使用汽车式起重机安装提升架	
9	提升单元拼装四： 履带式起重机退出拼装区域，拼装 F 区主桁架及圈桁架	
10	提升单元拼装五： 拼装 F 区主次连系梁，并矫正焊接	

编号	施工措施	示意图
11	提升设备安装及第一试提升阶段： 安装各提升区提升设备，调整吊索垂直度，组织验收提升系统。结构提升离地100mm后悬停12h，进行结构检查及设备微调	
12	第一提升阶段： 将结构缓慢提升至H区南侧拼装高度（7.6m），下部布置临时支架，并使用H型钢进行临时侧向固定，嵌补H区南侧杆件	
13	第二试提升阶段： H区南侧离开胎架高度100mm后悬停12h，进行H区结构检查，同时对各提升器进行微调	
14	第二提升阶段： 结构缓慢提升至就位状态，各就位点微调，调整完成后对结构固定锁死，确保后续作业安全	

编号	施工措施	示意图
15	嵌补结构安装： 先嵌补主桁架剩余杆件，后嵌补提升结构剩余钢梁	
16	吊挂柱安装： 上部结构嵌补同时，进行下部吊挂柱安装。吊挂柱使用汽车式起重机进行吊装，吊挂柱使用连接夹板与上部牛腿进行临时连接	
17	卸载及嵌补主次钢梁： 提升结构全部完成后，解除锁死结构，将提升器分级卸载，之后使用汽车式起重机嵌补吊挂柱之间主钢梁；主钢梁安装完成后嵌补主钢梁之间次梁，次梁嵌补顺序为先五层后四层	
18	K 区刚架安装： K 区主桁架在地面进行卧拼，使用一台 280t 履带式起重机进行抬吊安装，之后由上至下依次安装主次钢梁	

编号	施工措施	示意图
19	安装钢柱挑梁： 安装钢柱位置夹层挑梁，上圆主体钢结构安装完成	

7.5.4　关键施工问题

1. 不同步容差提升分析

钢结构提升施工安装中，最理想的状态是保持提升结构向上整体平动，即各提升点位移完全同步，此时结构的受力状态与设计状态最为接近。但事实上，由于大型钢结构施工现场条件复杂，完全做到精确的计算机同步控制难度极大，因此，不同步提升是施工中必然要面对的问题。这就要求技术人员有必要在非原位安装的施工模拟分析中考虑不同步提升的影响，并确定不同步提升的位移差限值。大于此限值的不同步提升，其一可能引起部分索力增大，发生危险；其二可能导致结构的内力过大、应力超限乃至破坏。

本项目提升过程中因结构复杂，提升点位多，同步性控制方法选择和同步性量值控制为影响施工质量及施工安全的最重要考验。首先，对提升过程进行仿真分析，结构整体对称，在分别考虑主桁架与外环桁架 20mm 单点不同步工况下（提升设备每个行程不同步小于 2mm，单次行程 200mm；考虑 10 个行程一次同步性调整），外环提升点单点反力最大值由 3808kN 增加至 4366kN。主桁架提升点单点反力最大值由 2508kN 增加至 2680kN。主桁架与外环桁架之间相互影响相对较小。如表 7-5 所示，提升过程结构本身应力比较小，不同步提升对反力影响最大，影响上部提升结构安全，控制结构提升同步性为施工最重要环节。

不同步值对反力大小影响　　　　　　　　　　表 7-5

不同步值（mm）	0	5	10	15	20
主桁架吊点不同步对主桁架影响（kN）	2508	2540	2580	2640	2680
主桁架吊点不同步对外环桁架影响（kN）	3808	3852	3866	3922	3947
外环桁架吊点不同步对主桁架影响（kN）	2508	2530	2540	2586	2611
外环桁架吊点不同步对外环桁架影响（kN）	3808	3966	4080	4244	4366

此外，为保证提升过程中同步性控制，采用提升设备行程拉绳编码器和桁架上布置的静力水准仪传感器进行提升过程动态测量监控。使用全站仪及钢卷尺进行每一阶段数据测量，同时在相邻主桁架之间设置报警连梁。

静力水准仪传感器测量（图 7-45）：在 24 个吊点下方分别布置一个静力水准仪传感器，通过数据线将数据传输至电脑界面，设置其中一个提升点为基准参考点，通过其他提升点相对于该基准参考点的高差变化，实时观察提升过程各提升点高差值。实现了提升过程的动态实时观察。

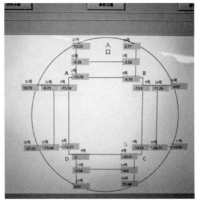

图 7-45　静力水准仪

提升设备行程拉绳编码器（图 7-46）：液压提升千斤顶上设置拉绳编码器，拉绳编码器通过有线传输至提升控制设备端，通过严格控制每个液压提升设备的提升速度和提升行程，实时跟踪各个提升点同步性。因提升过程中存在上下锚具的转换，每个拉绳编码器读数与实际提升高度存在 1～2mm 误差，故在提升过程中每完成 10 个行程后进行一次修正。

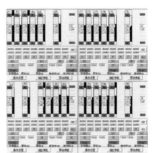

图 7-46　拉绳编码器

全站仪测量（图 7-47）：提升过程中，每提升 2m 进行一次数据收集。通过在外围设置 3 个全站仪观测点，提升单元吊点位置粘贴反光贴进行数据观察测量；通过全站仪读数，换算成提升高程，确定在该行程内同步误差大小，下一行程进行同步性调整。

吊尺观察：提升过程中在 24 个提升点下方悬挂钢卷尺，地面设置参考标记，每完成 2m 行程后，暂停提升，通过人工拉尺读数方式进行数据收集，换算相对高程，完成同步性测量。

报警监测：在主桁架相邻较近吊点之间设置报警连梁，报警连梁与下吊点结构 50mm 小角焊缝焊接，在两提升点同步性超过报警值（20mm）后，荷载超过焊缝限值，连梁焊缝断开，发出报警（图 7-48）。

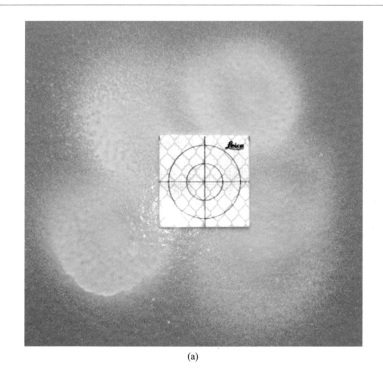

(a)

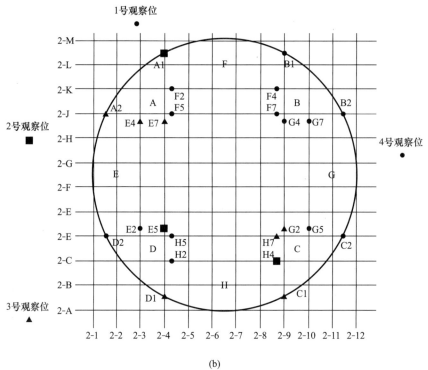

(b)

图 7-47　全站仪测量

（a）反光贴观察点；（b）测量观测点布置图

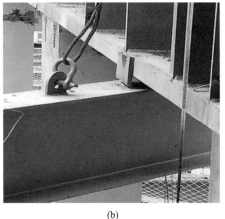

(a) (b)

图 7-48 报警连梁装置

（a）布置图；（b）装置细部图

2. 提升塔架及吊点设计构造

钢结构提升施工安装中，提升架作为重要结构，其设计和构造尤为重要。本项目主桁架提升支架使用箱形截面□600mm×20mm，圈桁架提升支架使用箱形截面□600mm×20mm 及□600mm×30mm，材质为 Q345B，均为工厂制作（图 7-49）。

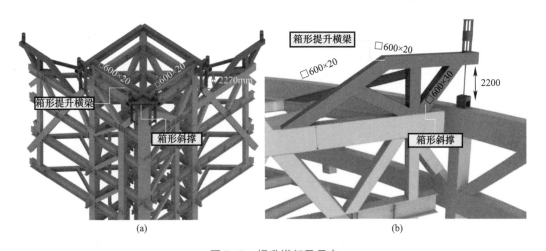

(a) (b)

图 7-49 提升塔架及吊点

（a）主桁架提升吊点；（b）圈桁架提升

当结构提升至对接高度后，需悬停一定时间（结构①与结构②进行连接），过程中使用 QTZ6515 塔吊标准节作为支撑结构，上部布设两道□600mm×20mm 箱形作为悬停加固，如图 7-50。此外，在提升位置设置加固装置，将提升就位钢结构进行限位固定，加固装置使用宽度为 500mm、厚度为 50mm 钢板制成，下设双销轴。

对于各提升点附近区域，进行适当加固，以保证局部受力要求。如图 7-51 在桁架提升单元提升点位置下方设加固立柱，加固立柱截面为箱形 500mm×24mm；悬挑桁架在提升支架下方设置加固立柱，对悬挑结构进行补强，加固立柱截面为箱形 600mm×20mm。

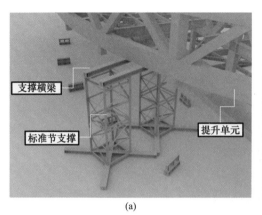

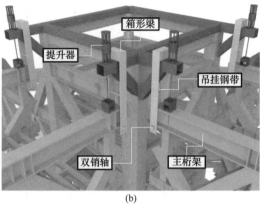

图 7-50　提升过程中的悬停加固

（a）悬停加固；（b）加固装置

图 7-51　提升器及提升点

（a）主桁架加固；（b）悬挑桁架加固；（c）提升器及钢绞线导向架；（d）下锚点

提升器在提升架上通过压块进行定位及固定，下锚点设置提升锚具，锚具与提升单元全熔透焊接，为保障提升过程钢绞线顺利拔出，设置钢绞线导向架。

3. 筏板加固

为进行钢柱安装及提升单元拼装，需要让两台 300t 履带式起重机至地下室筏板上进行作业；地下室筏板厚度 500mm，土质承载力较弱。针对这一问题，在筏板上方铺设履带式起重机行走路基箱（9m×2m×0.45m），路基箱两端承台位置垫设 20mm 厚度钢板，确保对混凝土筏板的保护（图 7-52）。

4. 提升过程施工模拟分析

本项目整体提升单元重量大，达到 5300t，提升点多，达到 24 个，提升单元提升点位置整体性差，加固复杂。格构柱单独作为提升点，稳定性控制难度高。因此，采用有限元软件 MADAS 对屋盖的整体提升过程进行数值模拟，有限元模型如图 7-53 所示。如前所述，整体结构有限元模型由六层、七层、屋面层、提升拉索、支撑胎架及提升架等组成，其中屋盖的桁架杆件均采用梁单模拟，拉索采用只受拉单元模拟。通过拉索单元收缩，从而带动屋盖提升，模拟屋盖的提升过程，通过计算可以得到屋盖提升过程中提升体、支撑胎架、提升架、拉索的内力变化。

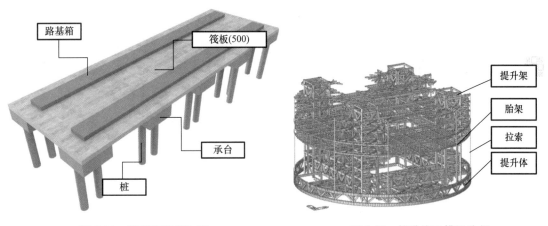

图 7-52　地下室筏板加固　　　　　　图 7-53　提升施工模拟分析

边界条件方面，首先约束地面胎架底部的节点自由度，为消除结构分析中水平刚体位移的影响，使得有限元分析能够顺利进行，需要在提升屋盖的有限元模型中选择合适位置，通过小刚度的水平弹簧单元设置 4 个临时水平虚约束限制结构的水平刚体位移。因为水平约束弹簧刚度较小当结构产生水平刚体位移时，此虚约束对应的轴向内力为零或接近零，对整体结构的受力影响可以忽略。

这种在结构分析中施加水平虚约束的技巧，克服了整体结构分析中由于屋盖刚体水平移动所产生的计算不收敛问题，又符合屋盖脱离胎架或提升过程中的真实受力状态及位形。

一体化分析过程分如下 5 步完成：（1）预提升。通过给 24 根拉索降温，增加拉索的索力，被提升结构与地面脱离 200mm。由于屋盖并非完全刚性，因此，随着索力逐渐增大，被提升结构将遵循由中心到四周的顺序逐渐脱离地面。（2）正式提升。被提升结构与地面胎架已经完全脱离，屋盖的自重完全由 24 根拉索承担，通过给 24 根拉索降温，增加拉索的索力，被提升结构逐步提升至不同高度，直至提升到指定高度。（3）完成提升。屋盖与支撑胎架进行嵌补连接。（4）卸载。提升结构杆件嵌补完成后，将提升器分级卸载，拆除提升设备及提升支架。（5）后期安装。依次进行下部吊挂柱、主次钢梁、K 区桁架和 K 区钢梁的安装。

7.6 长春某机场钢结构项目——不等高曲面网架的分片累积提升

7.6.1 项目概况

长春某机场二期扩建项目 T2 航站楼，平面呈"人"字形布置，东西长约 650m，南北长约 400m，分为主楼和三个指廊组成，为两层半式航站楼。建筑投影面积 7.4 万 m²，建筑高度 39.5m，如图 7-54 所示。

本项目下部钢结构包括网架下部支撑钢柱、值机岛钢结构、浮岛钢结构、门斗钢结构、连廊钢结构、钢楼梯、钢连桥钢梁结构及压型钢板。主要结构形式为柱梁组成的钢框架结构，钢结构总量约 4200t。

钢结构部分主要由屋盖网架、检修马道、索桁架及抗震球铰支座等结构组成。网架单元采用正放四角锥形式，网架呈双层曲面，最大跨度约 70m，最高点标高为 39.561m，陆侧屋盖最大悬挑约 24m。屋盖支撑结构为锥管柱，钢柱下端与混凝土结构刚接，网架下弦通过抗震球铰支座铰接于钢柱顶端，陆侧主入口六道钢柱之间设有索幕墙。

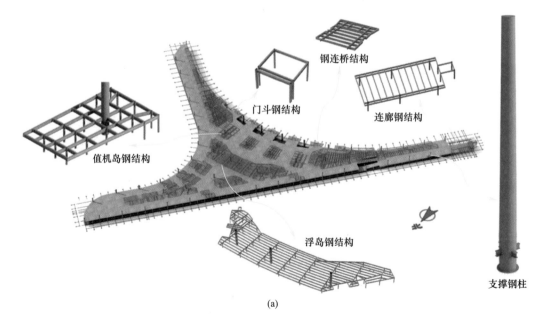

(a)

图 7-54 长春某机场钢结构（一）

(a) 整体结构示意图

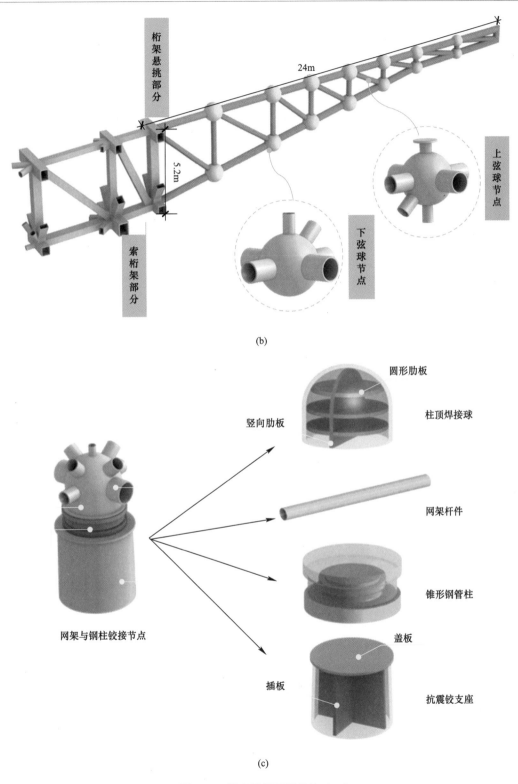

图 7-54　长春某机场钢结构（二）
（b）屋盖悬挑桁架；（c）网架与钢柱铰接节点

项目施工主要有以下难点：（1）该双曲网架跨度大，最大跨度 70m，施工过程容易形成较大变形，质量控制难度较大。（2）高差大，网架屋盖最高点标高＋39.56m，最低点标高＋20.00m，最大高差达 19.56m。标高控制难度大，传统施工方法势必会需要大量的脚手架或胎架施工措施工作量，同时对施工质量控制难度加大和成本投入增加也是不利因素，因此，施工方法选择尤为关键。（3）网架节点为焊接球节点，节点数量庞大，焊接施工质量控制和进度控制难度比较大。

7.6.2　安装方案比选

本项目屋面双曲网架高差大，网架屋盖最高点标高＋39.56m，最低点标高＋20.00m，其中 A 区高差 19.52m，W 区高差 14.51m，E 区高差 4.07m，S 区高差 14.49m。

大跨度网架的施工方法大致可分为高空散装法、地面吊装法、高空滑移法、整体提升（或顶升）法等。从表 7-6 可以看到，由于此双曲网架具有跨度大、杆件多、面外双曲且边界不等高的结构特点，常规施工方法都不是特别适用本项目。

施工方法可行性分析　　　　　　　　　　　　　　　　表 7-6

序号	施工方法	操作说明	存在的问题
1	高空散装法	把大型结构中部分单元或小型构件在设计位置直接拼装	高空作业量大，安全防护难，技术难度大
2	地面吊装法	把场地或作业平台上已经拼装好的构件用吊装设备整体（或分段）吊装到需要安装的部位，最后调整固定	吊装作业场地要求高
3	高空滑移法	将滑移单元放在滑移轨道上进行滑移施工	对机械要求比较高，施工速度慢
4	整体提升法	利用液压千斤顶和钢绞线等提升设备将地面投影位置上组装完成的结构整体提升至预定位置，补装杆件，然后卸载	要求有足够大的拼装场地，较大高差对措施量需求大

为此，以解决大跨度空间双曲网架屋盖钢结构拼装效率低、提升点位多、传统网架施工不适用等问题为目的，项目组在传统整体提升法的基础上进行改进创新，提出了一套适用于本工程大高差、大跨度特点的"分片分级累积提升"施工工艺，根据结构顶板的移交次序，先在具备条件的结构顶板上完成网架结构的地面拼装；然后遵循"由高到低、逐次连接"的提升与连接嵌补原则，将网架依次连成整体，直至整体提升至设计标高。此施工方法根据场地合理安排分区、分级拼装及提升施工，大大减少拼装辅助措施，减少高空作业量，保障施工安全，同时最大程度地满足提升拼装便利性和拼装效率，缩短工期。

之所以提出此技术，其一，屋盖网架东西长约 230m，南北长约 196m，整个平面投影之下仅 19 根钢柱支撑，支点十分稀疏，因此受力变形呈现很强的几何非线性。如采用分区的"整体提升"（如 A、W、E、S 四区的网架分别整体提升），经过多轮提升吊点的分析迭代，仍然难以达到施工成型态与设计状态内力差异在 5％之内的施工控制指标，因此考虑将网架划片分别进行拼装和提升，合理布置提升点，以增加被提升网架的刚度，达到预定的一致性施工控制目标。具体施工时，S 区网架采用分 2 片分级提升，W 区网架采用分 3 片分级提升，A 区网架采用分 3 片分级提升。通过经多次"分区、提升点布置→模拟验算→调整"后，确定了最佳分区及提升点布置形式，如图 7-55 所示。

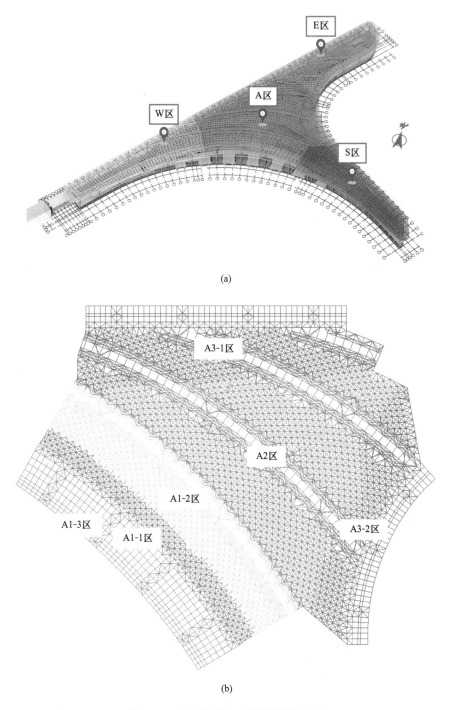

(a)

(b)

图 7-55　分区提升点布置示意图（一）

（a）屋盖网架结构分区；（b）A 区施工平面分区

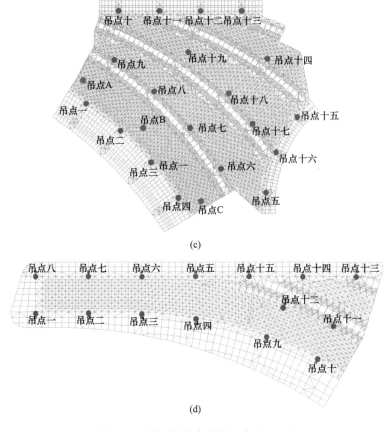

图 7-55　分区提升点布置示意图（二）
（c）A 区提升点布置；（d）W 区提升点布置

其二，本网架结构的标高控制难度大，这给施工带来了挑战。但如果能正好利用这个结构特点，根据不同标高对网架结构进行合理分区，反而能够变劣势为优势。以 A 区网架提升为例，共分为五步在不同高度进行网壳部分的拼装、对接和提升。分区分段方便了拼装流水，减小了对措施量及吊装设备的要求，能在对施工周期影响不大的前提下降低施工成本。

7.6.3　现场安装流程

本工程网架多点同步提升控制应保证各提升点不超载，且保持一定程度的同步。为确保结构单元及主楼结构提升过程的平稳、安全，根据网架钢结构的特性，采用"吊点油压均衡、结构姿态调整、位移同步控制、分级卸载就位"的同步提升和卸载落位控制策略。

1. 同步提升过程

（1）提升分级加载

桁架同侧吊点采用油泵同时供油，这样油泵的出油速度和油泵压力相同，使得同侧吊点提升速度可以完全一致。

通过试提升过程中对网架结构、提升设施、提升设备系统的观察和监测，确认符合模拟工况计算和设计条件，保证提升过程的安全。

以计算机仿真计算的各提升吊点反力值为依据，对网架钢结构单元进行分级加载（试提升），各吊点处的液压提升系统伸缸压力应缓慢分级增加，依次为 20%、40%、60%、80%；在确认各部分无异常的情况下，可继续加载到 90%、95%、100%，直至网架钢结构全部脱离拼装胎架。

在分级加载过程中，每一步分级加载完毕，均应暂停并检查如：上吊点、下吊点结构、网架结构等加载前后的变形情况，以及主楼结构的稳定性等情况。一切正常情况下，继续下一步分级加载。

当分级加载至结构即将离开拼装胎架时，可能存在各点不同时离地，此时应降低提升速度，并密切观察各点离地情况，必要时做"单点动"提升。确保网架钢结构离地平稳，各点同步。

（2）结构离地检查

网架结构单元离开拼装胎架约 100mm 后，利用液压提升系统设备锁定，空中停留12h 以上做全面检查（包括吊点结构，承重体系和提升设备等），并将检查结果以书面形式报告现场总指挥部。各项检查正常无误，再进行正式提升。

（3）姿态检测调整

用测量仪器检测各吊点的离地距离，计算出各吊点相对高差。通过液压提升系统设备调整各吊点高度，使结构达到水平姿态。

（4）整体同步提升

以调整后的各吊点高度为新的起始位置，复位位移传感器。在结构整体提升过程中，保持该姿态直至提升到设计标高附近。

（5）提升速度

整体提升施工过程中，影响构件提升速度的因素主要有液压油管的长度及泵站的配置数量，按照本方案的设备配置，整体提升约度约 10m/h。

（6）提升过程的微调

结构在提升及下降过程中，因为空中姿态调整和杆件对口等需要进行高度微调。在微调开始前，将计算机同步控制系统由自动模式切换成手动模式。根据需要，对整个液压提升系统中各个吊点的液压提升器进行同步微动（上升或下降），或者对单台液压提升器进行微动调整。微动即点动调整精度，可以达到毫米级，完全可以满足网架钢结构单元安装的精度需要。

2. 提升就位

在提升即将到位时，采用微调位移的控制技术，使网架等精确提升到达设计位置；锁紧提升器后静止，液压提升系统设备暂停工作，保持钢结构单元的空中姿态，提升单元与后装杆件焊接固定，使其与两端已装分段结构形成整体稳定受力体系。继续整体同步提升。提升过程中察觉有任何异常应立即停止提升。

提升点位的控制是分级提升关键之一，尽量将提升分区边界线设置在各个支撑点连线位置，以避免由于分级提升而产生过大的网架下挠，同时，也方便在极端情况下对网架提升顺序等做出调整。根据空间双曲网架结构特点，结合网架节点坐标，对网架结构整体进行合理分区，以便于拼装流水形成为原则，将节点标高高差在 5m 以内的球节点划分为一个拼装分区，统一降低拼装标高至距楼面 500mm 处。合理设计提升点位，确保各个网架分区内布置至少具有 6 个提升点位，便于空间网架进行分区内同步提升。

空间双曲网架结构提升至上一级分区位置后，锁紧提升器钢绞线并以钢丝绳进行侧向稳定，补装低级分区与上一级分区间网架连接杆件，同步进行补装杆件的焊接施工。

完成网架提升分区间杆件连接后，两分区形成新的空间网架提升区域，检查焊接质量合格后，进行整体提升至上一级网架分区高度，重复完成杆件连接及提升施工，直至网架整体提升至设计高度。复测网架结构坐标并进行微调，安装空间网架柱头支座处连接杆件，完成网架分区累积提升。

3. 卸载

后装杆件全部安装完成后，进行卸载工作。按计算的提升载荷为基准，所有吊点同时下降卸载 10%；在此过程中会出现载荷转移现象，即卸载速度较快的点将载荷转移到卸载速度较慢的点上，以致个别点超载。因此，需调整泵站频率，放慢下降速度，密切监控计算机控制系统中的压力和位移值。如果某些吊点载荷超过卸载前载荷的 10%，或者吊点位移不同步达到 10mm，则立即停止其他点卸载，而单独卸载这些异常点。如此往复，直至钢绞线彻底松弛。

下面以 A 区为例，介绍该区域多点同步提升技术。本区域共设置 22 个吊点，其中吊点 A/B/C 为临时吊点，分为 4 次累积提升到位。

（1）平面提升示意图，如图 7-56。

第一步：在地面拼装网架 A1-1 区，安装提升平台、临时杆件、提升器等临时措施结构，钢绞线和下吊点连接牢固，进行提升系统调试，确认无误后，吊点一、吊点二、吊点三、吊点四及吊点 A、B、C 开始第一次提升，在提升要到位时，采用微调位移的控制技术，使网架等精确提升到达设计位置（A1-2 区楼面）；锁紧提升器后静止，液压提升系统设备暂停工作，保持钢结构单元的空中姿态，提升单元与后装杆件焊接固定，使其与两端已装分段结构形成整体稳定受力体系（图 7-57）。

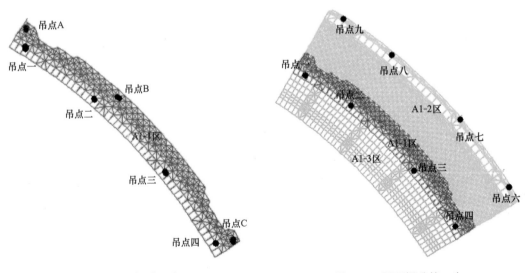

图 7-56　平面提升示意图　　　　　　　图 7-57　平面提升第一步

　　第二步：将网架 A1-1 区和网架 A1-2 及 A1-3 进行对接，使三个区形成整体，吊点一、吊点二、吊点三、吊点四、吊点六、吊点七、吊点八和吊点九开始同步提升（图 7-58）。

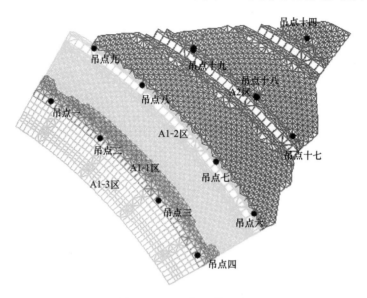

图 7-58　平面提升第二步

　　第三步：将网架对接完成，验收合格后按上述步骤继续提升连成整体的网架，吊点一、吊点二、吊点三、吊点四、吊点六、吊点七、吊点八、吊点九、吊点十四、吊点十七、吊点十八和吊点十九开始同步提升，提升至与网架 A2 区进行对接（图 7-59）。

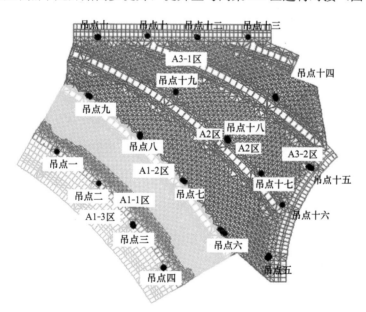

图 7-59　平面提升第三步

　　第四步：与 A2 区网架对接完成以后，继续进行网架整体提升。吊点一～吊点十九开始同步提升，提升至与 A3-1 区及 A3-2 区拼装高度，进行对接。对接完成后，整体提升至安装高度。验收合格后，进行网架卸载，该区提升作业完成，移交下一工序。

（2）立面提升示意图，见图7-60。

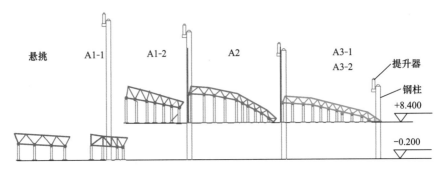

图 7-60 立面提升示意图

第一步：悬挑及 A1-1 在一层楼板拼装，A1-2、A2、A3-1 及 A3-2 在二层楼板进行拼装（图 7-61）。

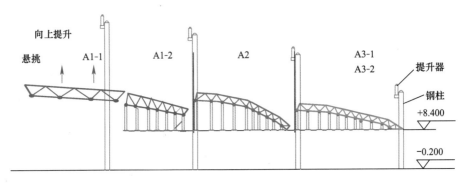

图 7-61 立面提升第一步

第二步：提升悬挑及 A1-1 组成的单元至 A1-2 拼装高度，与拼装好的 A1-2 连成一体（图 7-62）。

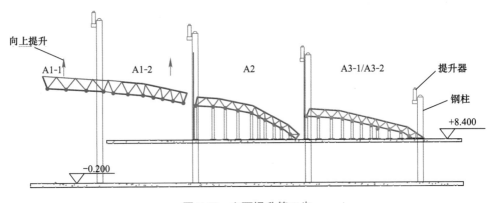

图 7-62 立面提升第二步

第三步：提升 A1-1 及 A1-2 至 A2 拼装高度与拼装好的 A2 连成一体（图 7-63）。

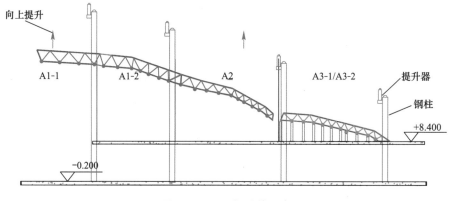

图 7-63　立面提升第三步

第四步：提升 A1、A2 组成的单元至 A3-1 及 A3-2 拼装高度，并与其连成整体(图 7-64)。

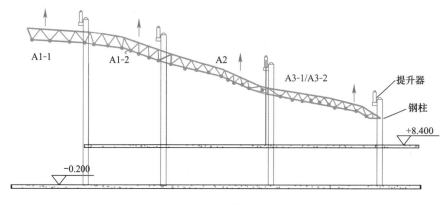

图 7-64　立面提升第四步

第五步：将 A 区整体屋盖提升至预定高度。

（3）卸载

后装杆件全部安装完成后，进行卸载工作，流程如图 7-65 所示。按计算的提升载荷为基准，所有吊点同时卸载 10%；在此过程中会出现载荷转移现象，即卸载速度较快的点将载荷转移到卸载速度较慢的点上，以致个别点超载。因此，需调整泵站频率，放慢下降速度，密切监控计算机控制系统中的压力和位移值。如果某些吊点载荷超过卸载前载荷的 10%，或者吊点位移不同步达到 10mm，则立即停止其他点卸载，而单独卸载这些异常点。如此往复，直至钢绞线彻底松弛。

现场施工部分照片见图 7-66～图 7-68。

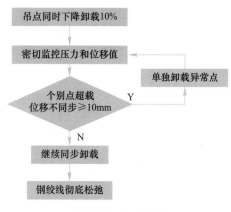

图 7-65　卸载流程

图 7-66　空间双曲网架结构拼装施工

图 7-67　空间双曲网架结构低级分区提升至上一级分区位置

图 7-68　提升分区间连接杆件的安装

7.6.4 关键施工问题

1. 网架整体模拟分析技术

网架提升分区的划分、提升点的布置、提升措施的设计与布置是累积提升的核心控制点，合理的分区划分、提升点布置将最大限度地降低提升过程中的变形，本项目中，参考和研究类似工程的施工质量和变形情况，分析变形规律，再结合项目结构形式和高差、标高等信息，将项目由大至小划分为施工分区、提升分区，再逐步布置提升点位。提升分区划分完成并布置提升点位后，通过整体模拟分析，模拟验算提升全过程的变形及应力情况，再根据计算结果对分区和提升点布置进行调整。通过这一"分区、提升点布置→模拟验算→调整"过程的反复实施，最终得到最优的提升分区以及提升点布置（图 7-69）。

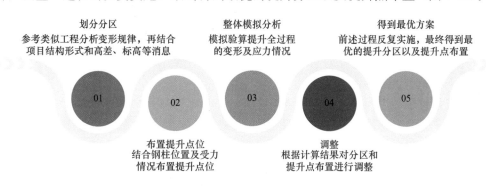

图 7-69 提升分区及提升点布置模拟分析

具体分析时需要考虑提升过程中各吊点不同步对结构造成的影响。实际提升过程中，提升器上的压力传感器和位移传感器能够实时将各吊点的压力和位移信息反馈到计算机操作界面上，因此可以通过调整压力和位移两个方法来调整各吊点的同步性。模拟计算时，以各提升点不同步提升反力值不超过该点同步提升反力值的 20%，同时各吊点不同步位移值不得超过 100mm，对网架提升模型进行不同步提升校核。

以 A 区提升为例，第一次提升工况下，最大下挠约 20mm；第二次提升工况下，网架最大下挠约 24mm；第三次提升工况下，网架最大下挠约 95mm，第四次提升工况下，网架最大下挠约 40mm，最大提升反力为 3413kN，出现在吊点一第二次提升工况下。通过对个别应力比超标杆件截面进行置换加大，从而使整体达到最佳效果。

2. 多点同步提升控制技术

提升点的同步性控制，是采用提升方法施工时的核心控制要点，相对于传统整体提升方法，累积提升的同步性控制，不仅需控制每个区的同步性，还需要在逐步累积、逐步增加提升点的情况下，保证不同提升分区的提升点在拼接完成后达到同步提升，如图 7-70 所示。本工程采用液压提升技术来实现这一同步控制。

具体实施时，注意以下几个方面：（1）应尽量保证各个提升吊点的液压提升设备配置系数基本一致；（2）应保证提升（下降）结构的空中稳定，以便提升单元结构能正确就位，也即要求各个吊点在上升或下降过程中能够保持一定的同步性；（3）泵站与泵站间按统一指挥开动提升，以 200mm 行程分段控制；（4）在钢绞线上做好刻度标记，间距 1m，

钢结构非原位安装关键技术与典型案例

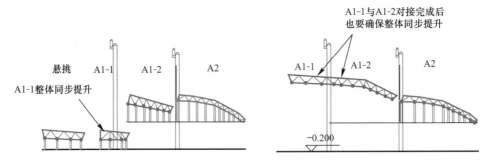

图 7-70　多点同步提升控制

在提升前记录各千斤顶上夹片到最近刻度的距离，作为同步控制的基准；提升过程中，观测各提升点的钢绞线刻度，控制各吊点的不同步差在允许范围内；（5）夹具的回缩量因千斤顶而异，在提升一定数量的缸数后（1m 刻度再次出现时），测量夹片到刻度的距离，依据提升前的记录分析各提升点的同步性，对存在偏差的提升点进行个别调整。

3. 不同级提升段的合龙技术

在分级累积提升过程中，不同分级间的合龙是精度和变形控制的重点，相对于传统整体提升方法，分级累积提升合龙时，不同级间处于不同的应力状态下：已提升的提升分区处于起吊状态，经过了静置等提升过程，拼装过程的应力基本已释放完成，而待合龙的提升分区仍处于胎架上，处于应力未释放状态。在这种情况下将两级提升分区合龙后，由于应力状态的不同，形成整体提升后，由于应力的释放，会对网架造成变形影响（图 7-71）。

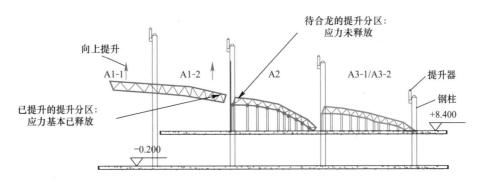

图 7-71　不同级提升段的合龙

针对合龙问题，提出了成套的控制合龙变形的措施，包括数值模拟分析、关键点位精度控制、构件预起拱、临时支撑措施及科学的焊接方法焊接顺序等，有效解决了累积提升过程中不同级提升分区连接前后的不均匀变形，保证了不同级提升分区连接及后续提升的整体性。（1）通过模拟分析合龙端的应力及变形程度，从而确定构件关键点位、计算构件预起拱量、焊接方法以及辅助措施的加设，确保起吊后位置拟合。（2）网架在涉及高空对接合龙处的球节点精度直接影响分块间的外观及构件的受力体系。因此在拼装单元最外侧的球节点设置拼装控制关键点时，其拼装精度需经反复复核。（3）为防止网架分块就位后产生过大挠度影响整体结构安全及外观等，需在网架拼装过程中采取适当的预起拱控制。预先起拱值设置为 $\pm L/5000$，具体起拱点位及起拱值需经设计人员根据网架施工分块经过

142

仿真模拟计算进一步验证。深化设计前，把现场施工过程中的变形量予以考虑，在钢结构深化图纸中反映出需要起拱的变形值，以便在制作安装时予以修正，使结构卸载后满足设计变形要求。（4）合龙段在进行高空焊接时，应遵循同时对称跳焊的方法进行焊接施工，这不仅有利于提高网架的焊接精度，而且能提高焊接操作人员的安全。

4. 提升平台及节点设计

设计不同的提升平台措施以满足提升要求，如图 7-72 所示。

对于提升吊点，采用临时吊点形式，在支座附近添加临时杆件，临时杆件汇交形成提升吊点（图 7-73）。

5. 三维空间测量与监测技术

本工程结构形式是正四角锥网架结构，构件较多，网架各处标高不一致，最大高差 19.56m，且该双曲网架跨度大，最大跨度 70m，施工过程容易形成较大变形，施工过程中网架很容易发生向低处倾斜、滑移的情况，质量控制难度较大。所以为了保证结构安

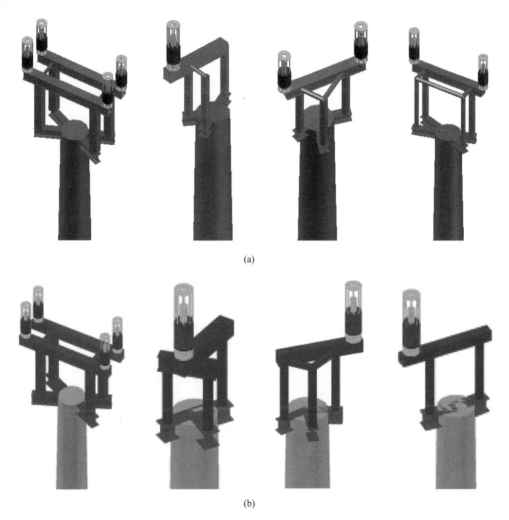

(a)

(b)

图 7-72　提升平台及节点（一）

（a）A 区提升平台；（b）S 区提升平台

(c)

(d)

图 7-72 提升平台及节点（二）

（c）E 区提升平台；（d）W 区提升平台

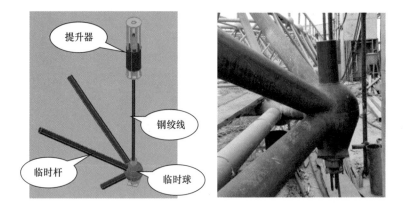

图 7-73 吊点结构形式

全，需要对其进行施工阶段进行有效监控，主要包括：（1）整体全阶段的测量与监测；
（2）提升过程的测量与监测。

（1）建立完整统一的测控体系

钢结构测量分平面控制、高程控制，遵循"由整体到局部"的原则。建筑控制网的建立和传递是测量工作的重点，建立完整统一的测控体系，确保钢结构与土建结构、设备安装、室内外装修等专业使用的平面、高程控制网相同。

自首级控制网布设二级控制网，根据现场通视条件，先测设主轴线，加密各建筑轴线，建立三级平面控制网；采用激光铅垂仪竖向投影平面控制网。采用全站仪天顶测距法和悬吊钢尺法相互校核，引测高程控制网。为保证钢结构吊装精度，提高安装效率，采用实时跟踪测量。变形监测与施工测量同步实施。

（2）网架结构球中心点坐标测量技术

本工程网架结构含有大量的焊接球节点，网架球安装完成后，无法再次复核球中心空间坐标是否符合要求，也就无法检验网架球的安装精度。技术团队研究出一种球中心坐标测量装置，配合测量棱镜用于对网架球中心坐标的复测。

如图 7-74 所示，该装置包括：套管 2、棱镜杆、支臂 3 以及限位板 4；其中，套管 2 竖直放置在网架测量球 1 的顶部，棱镜杆插设在套管内的空心处，棱镜杆用来测量中心点坐标，支臂 3 连接在套管 2 的底部，在支臂 3 的下底面上设有限位板 4，限位板 4 的端面与套管 2 的中心的距离应等于或小于待测量网架测量球 1 的半径长度。因为在套管 2 的空心处安放棱镜杆，所以组成该球中心点坐标测量装置的钢管空心的内径与棱镜杆的直径相适配，使得棱镜杆置放于套管 2 的空心内尽量不发生偏斜，以保证棱镜杆测量坐标的准确性。在对网架球的中心坐标进行测量时，将本装置置于所测量球 1 的球顶，调整球中心点坐标测量装置的位置，使得四个限位板 4 刚好夹住网架球的四周，然后利用水平尺来调整球中心点坐标测量装置的支臂 3，直至处于完全水平状态。将测量坐标的棱镜杆放入套管 2 内，对棱镜杆的位置进行调平，然后测量球 1 的球顶坐标，之后将测得的球顶坐标减去球 1 的半径数据，即可得到所测得的网架球中心点的坐标。

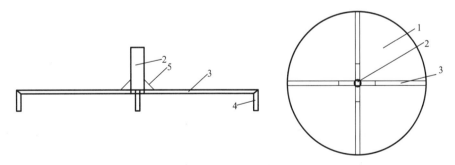

图 7-74 球中心坐标测量装置

1—网架球；2—套管；3—支臂；4—限位板；5—角焊缝

（3）提升吊点同步性的测量控制

在进行网架提升前，将每个提升吊点处的焊接球节点的中心高程，标注在相近的柱侧面；同时在每个提升点处，以焊接球中心为起始点挂盘尺，对每个提升点的高度增值予以直观反映，同时与提升操作界面上的各点提升值相对比，确保网架提升的同步性。

（4）对网架在提升过程中的挠度监控

（5）对钢柱水平位移的监测

（6）监测频率

根据网架提升不同阶段制定相应的监测频率，如图 7-75 所示。

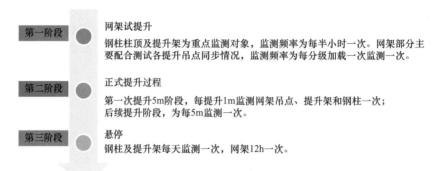

图 7-75　吊点同步性的测量控制

（7）网架提升异常时的调整措施

采用上述方法对网架进行提升时的监控，如测量数据超过允许范围，则需对网架进行必要的调整，使其满足结构稳定性及刚度的要求。

综上所述，本项目施工过程中采用大跨度不等高双向曲面网架分级累积提升施工方法，有效提升了施工效率，节约了工程措施费及提升器投入，确保了拼装精度，降低了高空拼装作业等安全风险，并有效形成流水施工作业，为后续类似空间网架结构拼装施工提供了新思路。分级累积提升相比于其他网架施工方式，在空间双曲网架结构的应用中有着绝对优势，分级累积提升为空间双曲网架结构的安装节约了大量的人工、机械设备和措施材料，具有较高的经济效益。对于本工程，减少提升措施及拼装措施投入量约 1300t；施工简单便利，节省施工班组 6 组，吊装设备 6 台；安全性高，有效提升了施工效率，并可在各个分区间形成流水施工作业，施工周期减少约 20 天，直接及间接创造经济效益约 234 万元（图 7-76）。

图 7-76　结构分级累积提升施工完成

7.7　北京环球影城主题公园项目——自平衡提升

7.7.1　项目概况

本项目提升施工是针对北京环球影城主题公园的"骑乘盒子"项目。此单体建筑内的场景营造需要挂设大量重型设备，故其屋盖结构采用承载力较大的桁架梁形式；用于支撑钢桁架屋盖的竖向构件，考虑到与金属围护系统的匹配性，采用了格构式钢柱结构。整体结构共计 10 榀刚架，跨度约 77m，结构顶标高为 14.25m，格构柱和桁架梁最大重量分别约为 27t 和 82t，如图 7-77 所示。

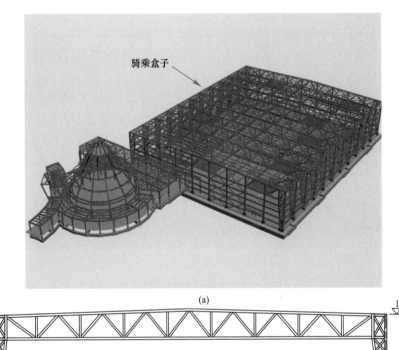

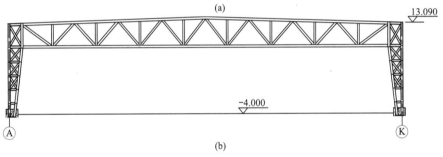

图 7-77　北京环球影城"骑乘盒子"钢结构

（a）结构整体示意图；（b）单榀刚架立面图

7.7.2　安装方案比选

在本项目钢结构施工方案的讨论中，首先排除了"高空散装法"。若采用分件高空散装，不但高空组装、焊接工作量大、现场机械设备很难满足吊装要求，所需高空组拼胎架难以搭设，而且建筑单体内场地不能同时满足大型地面拼装用吊车行走、拼装场地、构件堆场等的布置，从而导致不利于钢结构现场安装的安全、质量以及工期的控制。因此经过比选，最终选定了屋盖桁架整体提升的施工方案。

具体地，进行整体提升方案深化设计时，考虑到降低施工措施用工程量、提高效率，现场宜少设甚至不设临时提升架，尽量利用永久结构柱作为提升器附着点。显然，本项目的格构柱能够充当提升塔架用。然而，如直接采用图 7-78（a）所示的方式进行整体提升，在提升吊点的偏心作用下，格构式钢柱顶部附加弯矩特别大，且此附加弯矩作用传递到截面较小的柱子根部可能造成其失效。

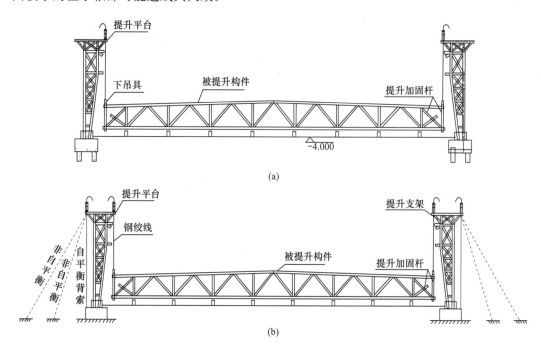

图 7-78 整体提升施工方案
（a）传统提升方案；（b）自平衡提升方案

针对上述难题，项目组创造性地提出了"自平衡背索"的工艺设想。如图 7-62（b）所示，在提升吊点背面，再布置一道竖向平衡背索，此背索与承台埋件连接并做预张处理，使得格构钢柱在提升过程中基本处于轴心受压状态，从而比较巧妙地解决了提升工艺下格式钢柱抗弯承载力不足的困境。与之比较，若采用图中虚线所示的"斜拉背索"方案，即背索并不竖向生根于桩承台，而是类似缆风绳与竖向呈一定角度斜向生根于桩承台之外的其他区域，则"格构钢柱＋桩承台"体系的自平衡就被打破，虽然这种方式也能抵消提升荷载引起的附加弯矩，但同时又带来新的问题，一方面斜向背索生根的基础因抗拔还需要额外打桩，另一方面格构钢柱除了轴心受压外，柱脚还要考虑较大的水平剪力，相应承台桩也要考虑抗推，而这些都需要在原设计的基础再做另外的承载力复核与加强处理。综上所述，"自平衡整体提升"施工工艺是一种在平衡内力、实现提升工艺的同时，将额外的临时加固措施极小化、极简化的技术，具有良好的经济效益与推广应用价值。

7.7.3 现场安装流程

整体提升施工步骤：

在被提升桁架地面拼装、临时加固杆件安装、整体探伤均已完成，且被提升桁架两侧的立柱、柱间联系杆件均已安装完成后，正式开展主结构的整体提升（图 7-79）。具体步骤如下。

第一步：在框架柱顶设置提升平台，对应被提升结构上弦设置临时下吊具，并设置下

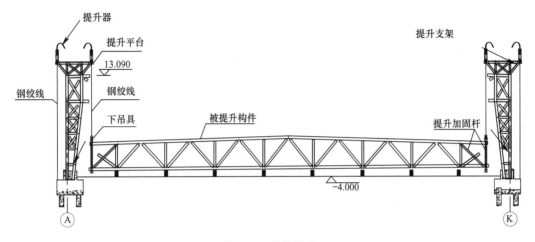

图 7-79　整体提升

吊点边框加固，在承台外侧设置埋件，作为柱稳定加固提升器的下锚点，安装液压提升系统（图 7-80）。

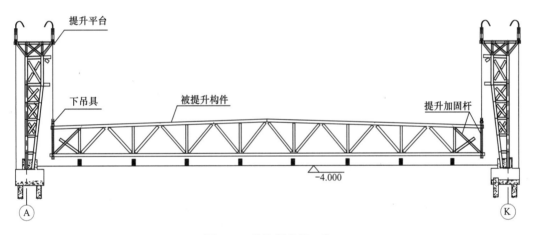

图 7-80　整体提升第一步

第二步：调试液压提升系统，确认无误后，按照设计荷载的 20％、40％、60％、70％、80％、90％、95％、100％的顺序逐级加载，直至提升单元脱离拼装平台；提升单元提升约 150mm 后，暂停提升；微调提升单元的各个吊点的标高，使其处于水平，并静置 4~12h（图 7-81）。

第三步：再次检查钢结构提升单元以及液压同步提升临时措施，检查无异常后将提升单元进行整体提升到位。整体提升钢结构单元至接近安装标高暂停提升；测量提升单元各点实际尺寸，与设计值核对并处理后，降低提升速度，继续提升钢结构接近设计位置，各提升吊点通过计算机系统的"微调、点动"功能，使各提升吊点均达到设计位置，满足对接要求。

第四步：钢结构提升单元与上部结构上下弦杆对接，补装斜撑结构等后装杆件，形成整体；钢结构连接工作完毕后，液压提升系统各吊点卸载，使钢结构自重转移至主结构上，达到设计状态；拆除液压提升设备和自平衡背索，钢结构提升作业完成。

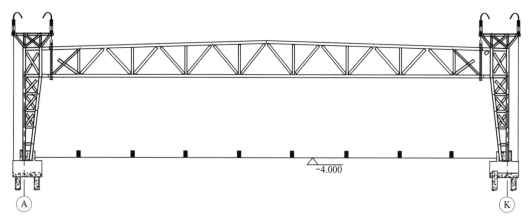

图 7-81　整体提升第二步

7.7.4　关键施工问题

1. 提升平台及吊点设置

提升平台立柱、斜撑规格为 B300mm×300mm×16mm，提升梁规格为 B400mm×300mm×20mm，剪刀撑及水平加固杆选用 H300mm×300mm×10mm×15mm 热轧型钢。提升下吊点通过专用吊具与桁架上弦杆焊接，在上弦杆处设置加劲板以及临时加固杆件，以满足提升要求。加固杆件封闭框选用规格为 H300mm×300mm×10mm×15mm 型钢，斜支撑选用规格为 H350mm×350mm×12mm×19mm。如图 7-82、图 7-83 所示。

2. 施工过程监测

对提升施工过程进行监测，重点包括：（1）作为提升基础的组合桁架柱柱顶牛腿对接点标高；（2）屋面结构地面拼装，桁架轴线与标高，桁架端部对接口控制点；（3）提升过程中对每榀桁架端部变形；（4）提升过程中桁架间的同步率及偏差；（5）桁架就位后对每

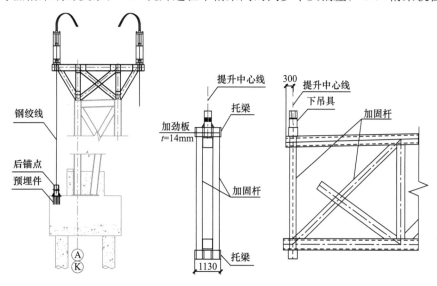

图 7-82　提升平台及吊点（一）

图 7-83　提升平台及吊点（二）

榀桁架跨中挠度的监控和轴线位置偏差进行测量；（6）提升平台整体拆除后对屋面桁架下弦跨中挠度及桁架柱顶标高、垂直度监测。

综上所述，本项目创造性地提出了自平衡提升的施工方法，完全实现了包括基础在内的既有结构体系的"自平衡"，是一种在平衡内力、实现提升工艺的同时，将额外的临时加固措施极小化、极简化的技术理念，具体良好的经济效益与推广应用价值。

第8章 钢结构滑移方案典型案例

常规吊装施工或整体提升施工工艺的主要制约因素之一是现场作业面的承载力和空间大小。当屋盖结构的投影场地不便于吊装设备作业，或没有足够拼装作业面时，可采用滑移施工安装技术。一般情况下，建筑领域屋盖结构的累积滑移施工，无论是结构滑移或支撑胎架滑移，目前所采用的设备以单自由度的液压千斤顶夹轨式爬行器为主（滑移轨道配套），牵引滑移已比较少见。尽管屋盖滑移施工并不鲜见，但实际工程又会遇到很多新的挑战，有时是场地条件的限制，有时结构形式又有新的特点，这些都给基本的滑移施工法注入了新的生机，丰富了其内涵和外延。

本章选取典型施工案例，对钢结构滑移安装施工过程中碰到的实际问题及应对措施进行介绍，包括西安丝路国际会展中心、哈尔滨万达茂和珠海横琴口岸莲花大桥改造的钢结构滑移项目，涉及网架结构滑移、"大高差、高平台"屋盖滑移及弯桥差速顶推滑移等各具特色的滑移施工。

8.1 西安丝路国际会展中心项目——"单榀几何不稳定"屋盖累积滑移

8.1.1 项目概况

西安丝路国际会展中心围绕服务国家"一带一路"倡议，着力打造集展览、交流、交易为一体的大型会展平台，是我国中西部最大的展览中心。如图 8-1 所示，项目总建

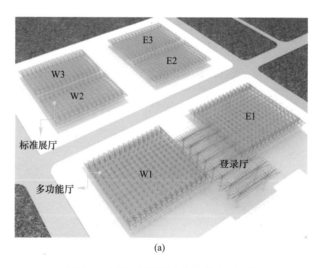

(a)

图 8-1 西安丝路国际会展中心（一）

（a）总体场馆布置

152

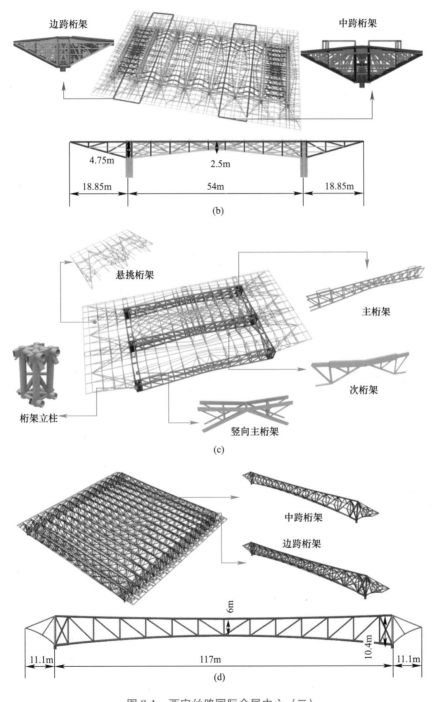

图 8-1 西安丝路国际会展中心（二）

（b）登录厅结构示意图；（c）登录厅结构组成；（d）多功能厅结构示意图

筑面积 45 万 m²，钢结构总用量约 3 万 t，由 1 个登录厅、2 个多功能展厅和 4 个标准展厅组成。

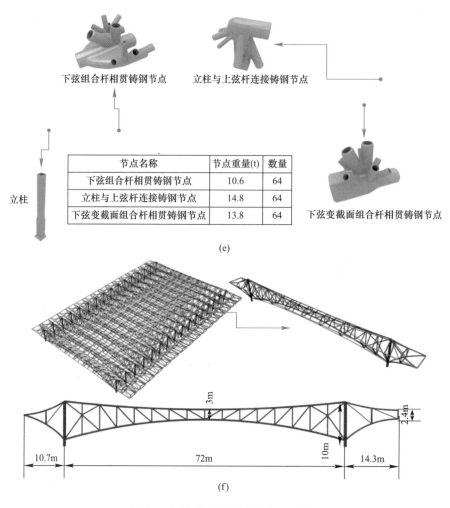

节点名称	节点重量(t)	数量
下弦组合杆相贯铸钢节点	10.6	64
立柱与上弦杆连接铸钢节点	14.8	64
下弦变截面组合杆相贯铸钢节点	13.8	64

(e)

(f)

图 8-1　西安丝路国际会展中心（三）

(e) 多功能厅典型节点；(f) 标准展厅结构示意图

登录厅面积 144m×85.5m，单体用钢量 2500t 为混凝土框架结构＋混凝土劲性十字柱＋异形截面交叉桁架屋面结构，包括格构柱、主桁架（共 8 榀）、次桁架、悬挑桁架 4 种桁架形式；多功能展厅（141.2m×138.8m）和标准展厅（141.2m×97m）单体用钢量分别为 6500t 和 2300t，其结构形式类似，均为混凝土框架结构＋超大跨度渐变多边形截面并联式空间桁架结构，单体有 16 榀主桁架。

可以看到，本工程桁架跨度大、高度高、杆件多，因此，桁架拼装的质量、精度及安全保证是工程重难点。另外，现场焊接量大、焊工需求数量多，如何确保现场焊接进度也是本工程的重点。如何根据登录厅、多功能展厅和标准展厅的结构特点和工程量，因地制宜地选择合适的施工方案，是项目实施的首要问题。

8.1.2　安装方案比选

如前所述，施工方案的选择一定是在结构形式、场地条件、机械设备、施工成本及工期要求多因素影响下，寻求安全适用、技术先进的最优方案。一般地，滑移施工方案适用于大跨度桁架结构和网架结构，其滑移设备简单、施工措施费用低，且有利于施工平行作业、缩短施工工期，但滑移施工中下部滑移支撑架和滑移轨道的设置是关键问题，对于具体工程项目是否适用，还需根据实际情况分析确定。

首先，根据登录厅的结构特点和实际情况，进行表 8-1 所示的施工条件分析。可以看到，尽管屋面由 8 榀主桁架组成，但若采用滑移方案，由于下部为独立混凝土柱，不足以支承滑移轨道平台。同时，由于屋盖次桁架间连系杆较多，相比散装，分片吊装施工所需设备能够满足且可缩短工期。因此，最终登录厅登录厅采用地面拼装，分块、分段吊装的施工方案。

登录厅施工条件分析 表 8-1

序号	特点	分析
1	地下室两层，并覆盖整个场馆	地下室顶板吊车施工要进行加固
2	登录厅高度 39.9m	不适合滑移方案
3	登录厅矩形混凝土柱为独立柱	不适合滑移方案
4	工程量大、工期短（135 日历天）	不适合散拼
5	屋盖次桁架间连系杆较多	适合分片吊装

类似地，对于多功能展厅和标准展厅，施工条件分析如表 8-2 所示。由于具备下部支承框架以及相邻的 16 榀主桁架，相比散拼和分片吊装方案，采用累积滑移施工方案较优。为保证安装进度，需减少桁架拼装、焊接时间，开辟拼装场地，完成并储存拼装桁架，提前为吊装、滑移工作做准备工作。

多功能厅和标准展厅的施工条件分析 表 8-2

序号	特点	分析
1	地下室两层，并覆盖整个场馆	吊车上地下室顶板施工要对其进行加固
2	场馆两侧为混凝土框架，中间为净空	适合滑移方案
3	主桁架榀榀相邻，无次桁架	适合累积滑移方案
4	工程量大、工期短（135 日历天）	滑移方案工期优势远远大于散拼方案
5	桁架为异形多边形渐变管桁架	高空拼装难度远远大于地面拼装

值得注意的是，屋盖采用累积滑移方案时，如图 8-1（f）所示主桁架的菱形截面为几何不稳定体，并不是常规几何稳定的单榀桁架就可完成滑移的情形。因此，本项目坚持累积滑移的设想不动摇，在附加临时抗倾覆措施的同时，将临时结构与永久桁架一同整体滑移。并且，为了达成"临时抗倾覆结构＋永久桁架结构"整体累积滑移的构想，还衍生出了一些新的施工措施，比如在桁架拼装的起点向外延伸滑移轨道、沙箱卸载装置与永久结构及临时结构之间的荷载转换等，促成了针对几何不稳定单榀桁架条件下"临时抗倾覆结构＋永久桁架结构"整体累积滑移这一新方案的实现。

8.1.3 现场安装流程

下面重点以多功能展厅为例，介绍其屋面桁架的累积滑移施工步骤。施工整体思路遵循

"分段桁架地面拼装" → "桁架高空整体拼装" → "桁架累积滑移"。现场安装流程如表 8-3。

现场安装流程 表 8-3

安装流程	图示
(1) 分段单元桁架提前地面拼装；搭设高空拼装支撑平台及滑移平台。 采用 2 台 150t 汽车式起重机、1 台 50t 汽车式起重机、1 台板车、8 台 CO_2 焊机	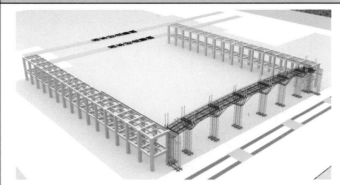
(2) 第一榀桁架分段高空整拼。 采用 2 台 400t 履带式起重机、2 台 250t 履带式起重机、2 台 100t 板车、48 台 CO_2 焊机	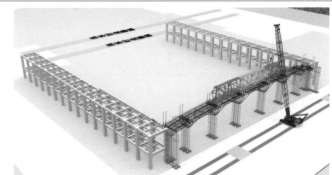
(3) 第一榀桁架拼高空整拼、焊接完成。 采用 2 台 400t 履带式起重机、2 台 250t 履带式起重机、2 台 100t 板车、48 台 CO_2 焊机	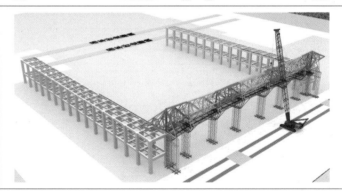
(4) 第一榀桁架胎架上卸载完成，滑移到第二柱位置	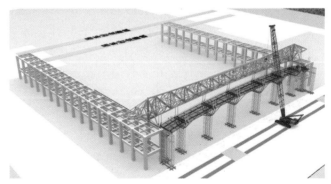

续表

安装流程	图示
(5) 第二榀桁架分段高空整拼	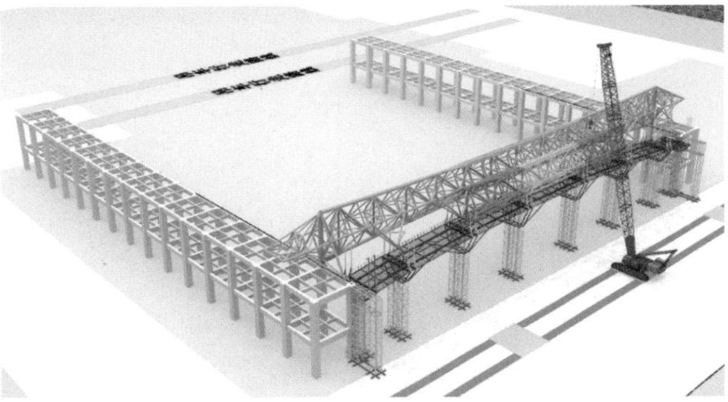
(7) 第二榀桁架高空整拼完成，前二榀开始滑移；依次循序进行	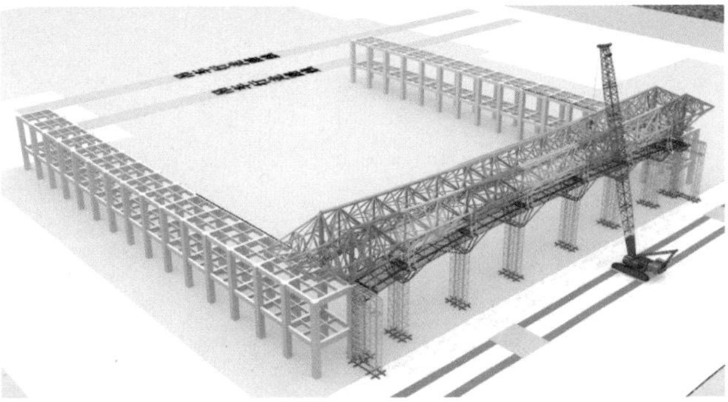
(8) 前八榀拼装完成，整体滑移到位	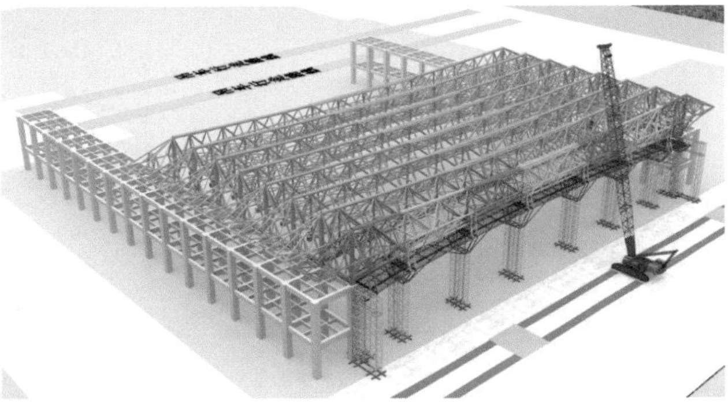
(9) 前八榀桁架整体卸载，第九榀桁架拼装、焊接、卸载	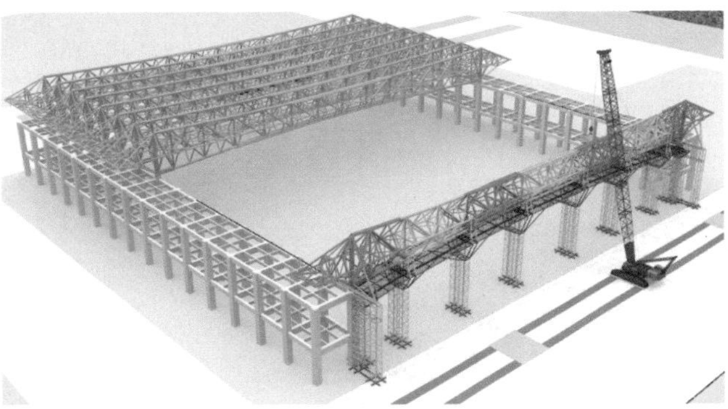

安装流程	图示
（10）第十榀、第十一榀桁架拼装、焊接、卸载、累积滑移	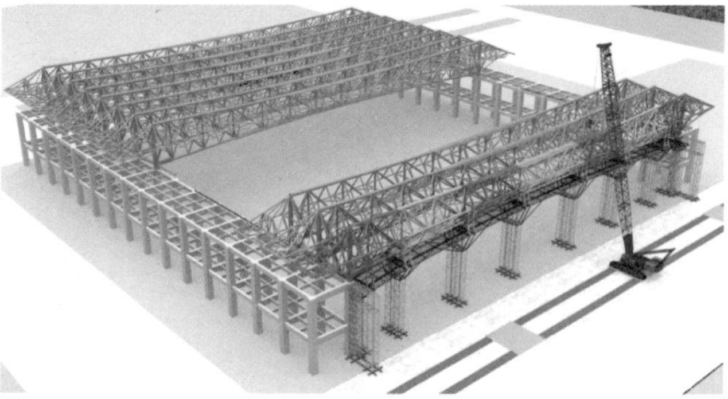
（11）第九榀至第十五榀累积滑移	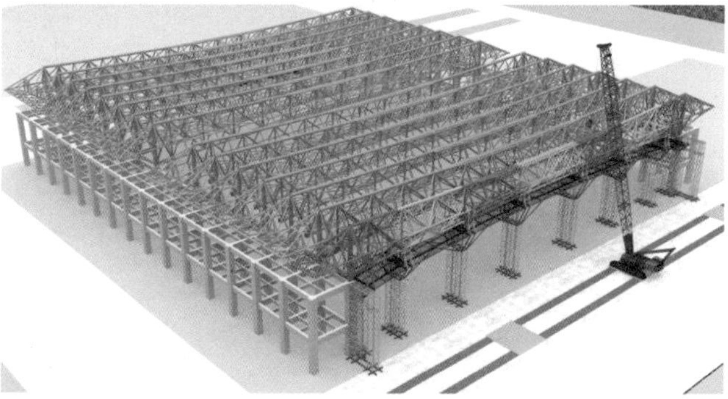
（12）最后一榀桁架整拼完成，嵌补连系杆	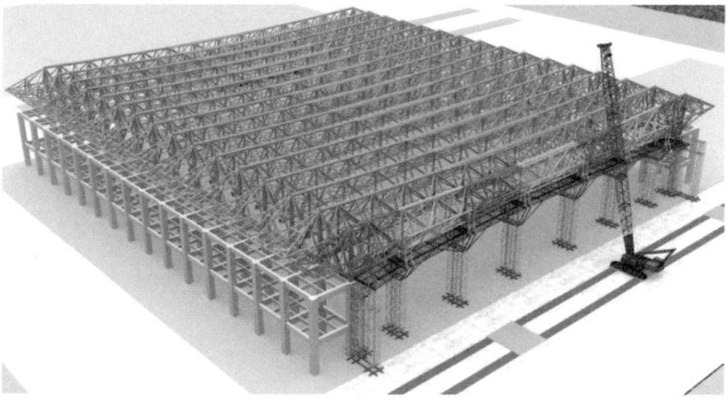
（13）后八榀桁架分级卸载，安装完成，拆除支撑平台。 采用 15 台 CO_2 焊机	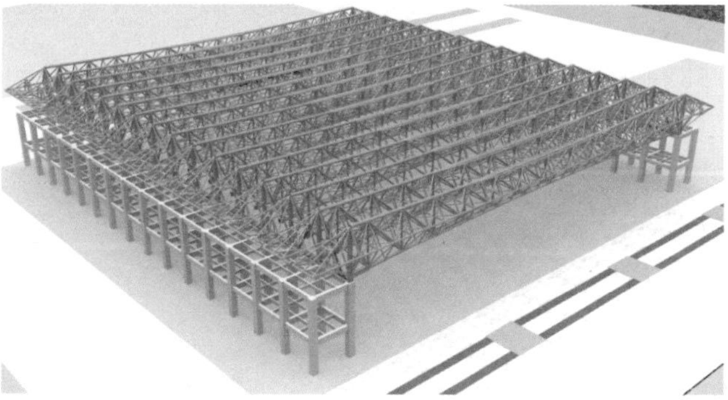

施工现场如图 8-2 所示。

图 8-2　多功能厅累计滑移施工现场

8.1.4　关键施工问题

1. 地下室顶板加固

多功能厅屋面桁架采用累计滑移方案施工时，每次最端部的桁架需原位分段拼装，因此需做支撑胎架，如图 8-3 所示。此时，对地下室顶板采用回顶支撑进行加固，即由地下室筏板起，顶端支撑在负 1 层混凝土楼板底，再由负 1 层底板顶至地下室 1 层顶板，共设置 2 层回顶支撑，同时地面上设置转换梁，确保压力传至地下室筏板基础。

加固时注意：（1）回顶钢支撑与混凝土梁顶紧贴实；（2）标准节底座位置与支撑位置对应；（3）安装支撑时使用全站仪进行定位。

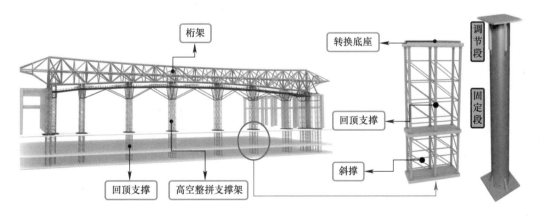

图 8-3　地下室顶板加固

2. 桁架安装及稳定性措施

主桁架采用地面分段组装、高空拼装形成滑移单元。使用 400t 履带式起重机进行桁架高空整体拼装，采用主臂工况，主臂长度 54m，作业半径 18m，额定起重量 97t；最重桁架分段 70t，荷载率 74.9%＜90%，满足吊装要求。

如图 8-4 所示，滑移胎架由转换底座、标准节、整拼胎架及安全防护措施组成。由于主桁架的菱形截面为几何不稳定体，因此，附加临时抗倾覆措施并与永久桁架一同整体滑移。

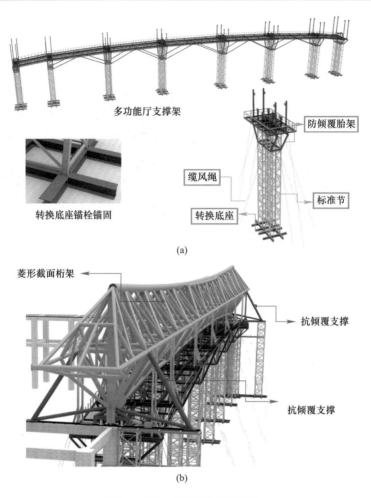

图 8-4 桁架安装及稳定性措施

（a）支撑架；（b）桁架稳定措施

3. 滑移轨道设置

采用液压同步顶推技术安装桁架结构，需设置专用的滑移轨道，待滑移结构（或滑靴）坐落于滑移轨道上，通过安装在构件上的滑移设备顶推滑移构件，沿轨道由初始拼装位置滑移至设计位置就位。滑移轨道的作用承受结构的竖向荷载，并为爬行器提供反力点，在滑移方向上提供顺畅的通道。具体地，如图 8-5 所示，轨道布置在柱间已有混凝土梁上，采用压板进行固定，滑移起始与结束端加长轨道布置。本工程中，滑移构件结构自重较大、滑移水平推力较大，根据大量类似的成功经验，宜在滑移支座下方设置滑靴的滑移方式。依据本工程的特点，滑靴可直接采用原结构支座底板。在滑靴底部设计限位挡板，用来限制滑移过程中网架沿轨道左右方向偏移，限位挡板距轨道边沿距离为 5mm，尺寸 100mm×50mm×20mm。同时为防止现场轨道安装及滑移过程中两轨道连接处可能存在一定的高差，故滑靴底板前端倒角使其光滑避免出现"卡轨"现象。

为保证滑移轨道及滑移梁顶面的水平度，降低滑动摩擦系数，滑移梁及滑移轨道在制作安装时，应做到：（1）滑移轨道选用 43kg 或 QU100 型热轧钢轨；（2）滑移轨道根据支座中心位置定位；（3）轨道采用压板与埋件连接，压板间距约 0.8m；（4）压板起限制轨道上下、左右方向的作用，不与其焊接；（5）单根轨道上表面水平度应小于 $L/1000$；（6）轨道分段接头处高差允许偏差应小于 1～2mm；（7）滑移梁表面应找平，表面平整度应控制在 10mm 内；（8）滑移支座安装就位前底板应涂抹黄油，正式滑移前轨道上表面涂抹黄油；（9）为保证爬行器夹紧器的可靠工作，轨道两侧面应保持整洁、不涂抹黄油以避免爬行器"打滑"。

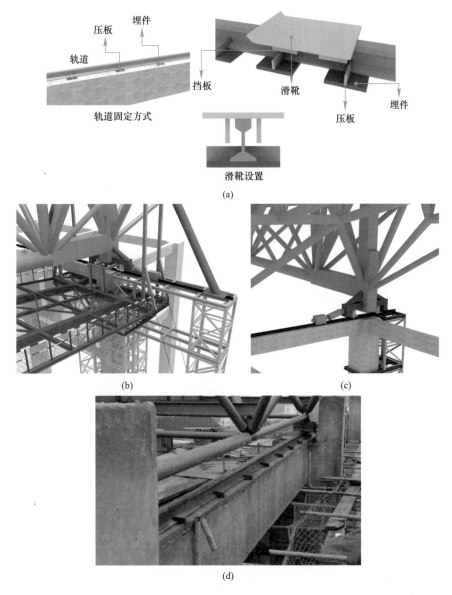

图 8-5 滑移轨道布置

（a）滑移轨道；（b）滑移起始点轨道延长；（c）滑移完成点轨道延长；（d）滑移轨道现场照片

4. 爬行顶推点及支撑点

滑移顶推点即液压爬行器与滑移结构的连接节点，用于传递液压爬行器的水平顶推力，滑移顶推点设置在结构支座处。采用液压爬行器顶推构件滑移，需设置专用的滑移顶推点，顶推点的设计必须能有效地传递水平摩擦力。

如图 8-6 所示，多功能厅共有 16 榀桁架，在第 1 榀、3 榀、5 榀、7 榀、9 榀、11 榀、13 榀桁架支座处设置顶推点。滑移支撑点采用沙箱与转换牛腿组合的方式进行设计。

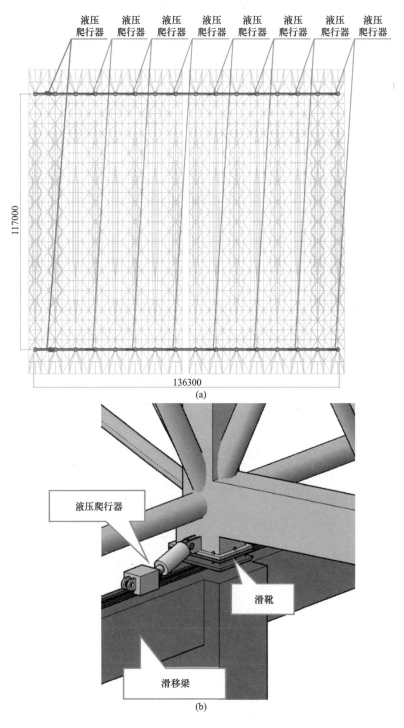

图 8-6　爬行顶推点及支撑点（一）

（a）液压爬行器布置；（b）细部示意图

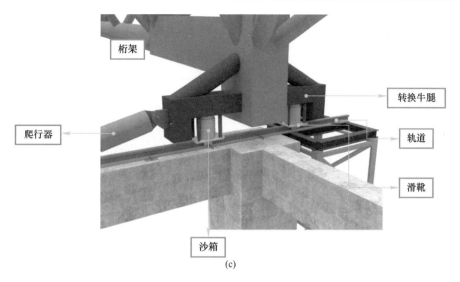

（c）

图 8-6　爬行顶推点及支撑点（二）

（c）支撑点细部

5. 滑移过程关键工艺

如前所述，桁架结构分块成两个标准滑移单元，每 8 榀桁架为一滑移单元；待前 8 榀桁架拼装完成后，将 8 榀滑移至设计位置；继续安装后 8 榀桁架，最终嵌补两个单元之间的联系杆件。桁架结构滑移到位后，拆除液压爬行器及桁架柱下方抗震支座位置对应的轨道梁，放入抗震支座，再利用每个支座处设置有的两个卸载沙箱支腿进行卸载，桁架结构逐级下降至柱头支座，就位后卸载完成，拆除梁顶上的滑移轨道及滑移临时措施，原位安装部分后装杆件，完成桁架结构的安装工作。

滑移过程关键步骤如下：

第一步：桁架拼装、焊接完成后，增加滑移加固支撑、转换牛腿、沙箱、滑靴、爬行器等（图 8-7）。

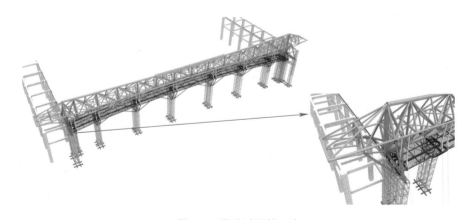

图 8-7　滑移过程第一步

第二步：桁架滑移前，在高空拼装胎架上通过沙箱进行卸载（图 8-8）。

第三步：桁架卸载完成，沙箱压实后，使用角钢对沙箱上下盖板进行连接固定（图 8-9）。

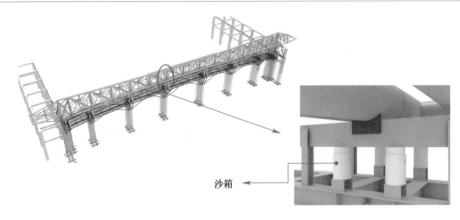

图 8-8　滑移过程第二步

沙箱

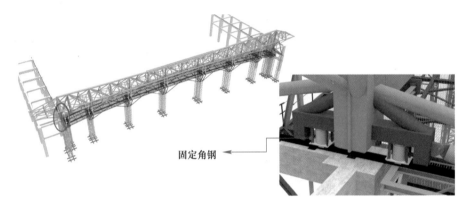

固定角钢

图 8-9　滑移过程第三步

第四步：拆除内侧抗倾覆桁架后，将第一榀桁架滑移至第二排立柱位置停止（图 8-10）。

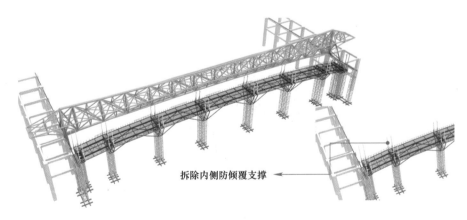

拆除内侧防倾覆支撑

图 8-10　滑移过程第四步

第五步：拼装第二榀桁架，安装滑移措施，然后进行卸载（图 8-11）。

第六步：嵌补两榀桁架间连系杆，并进行焊接（图 8-12）。

第七步：拆除防倾覆立杆，同时进行滑移，剩余桁架以同样的方式进行滑移（图 8-13）。

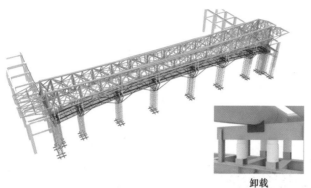

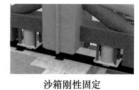

卸载　　　　　　　　　沙箱刚性固定

图 8-11　滑移过程第五步

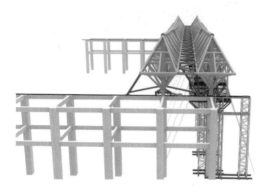

图 8-12　滑移过程第六步

拆除立杆

图 8-13　滑移过程第七步

8.2　哈尔滨万达茂项目——"大高差、高平台"整体累积滑移

8.2.1　项目概况

哈尔滨万达茂为世界最大的室内滑雪场，主体钢结构全长 487m，跨度从 150m 渐变到 90m，高度由 40m 渐变到 118m，如图 8-14 所示。施工时沿结构伸缩缝分为东、中、西三个区。钢结构材质为 Q345B、Q345C 及 Q345GJD。

西区地下一层，地上局部一层，用钢量约为 7266t；中区地下一层，地上由一层逐步台阶式递增至 8 层，上部为钢结构，用钢量约为 6316t；西区和中区钢结构主要包括竖向结构（两侧桁架柱）、屋面桁架和屋面桁架连杆；西区布置 22 个抗震球铰支座，中区布置 20 个抗震球铰支座。

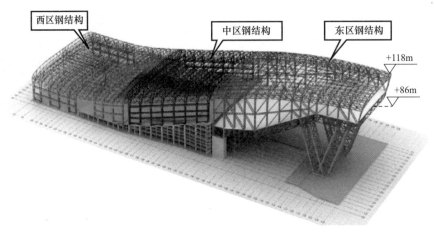

图 8-14　哈尔滨万达茂钢结构工程

如图 8-15 所示，东区钢结构约 22000t，主体平面尺寸长 189m，安装高度最高达 118m。钢结构形式为巨型钢框架结构，主要组成部分包括钢筒体（即巨型框架柱）、滑雪层楼面结构（其中主桁架为巨型框梁）、侧立面桁架以及屋面桁架结构组成。其中，巨型

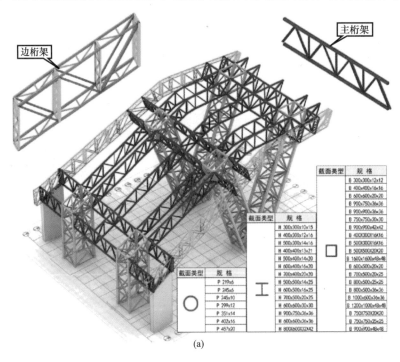

(a)

图 8-15　钢结构组成（一）

（a）楼面及下部结构示意图

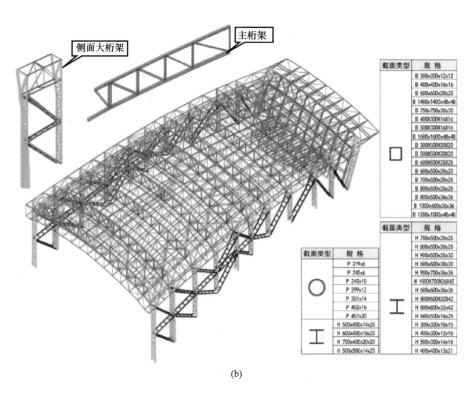

截面类型	规　格
	B 300×300×12×12
	B 400×400×16×16
	B 600×600×20×20
	B 1400×1400×48×48
	B 750×750×30×30
	B 400×300×16×16
	B 500×300×16×16
	B 1600×1600×48×48
	B 300×500×20×20
	B 500×500×20×20
	B 600×500×25×25
	B 600×500×20×20
	B 700×500×20×25
	B 800×500×20×25
	B 800×500×36×36
	B 1000×600×36×36
	B 1200×1000×48×40

截面类型	规　格
	P 219×6
	P 245×6
	P 245×10
	P 299×12
	P 351×14
	P 402×16
	P 457×20
	H 500×300×14×20
	H 600×400×16×20
	H 700×400×20×20
	H 500×500×14×25

截面类型	规　格
	H 700×500×20×25
	H 800×500×20×25
	H 900×600×25×30
	H 600×600×30×30
	H 900×750×36×36
	H 1000×750×36×42
	H 600×600×36×36
	H 800×600×32×42
	H 800×800×32×42
	H 600×500×16×25
	H 300×300×10×15
	H 400×300×12×16
	H 500×300×14×16
	H 400×400×13×21

(b)

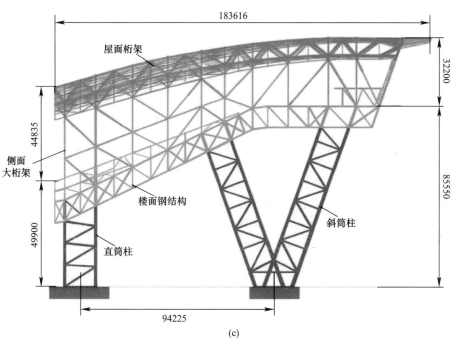

(c)

图 8-15　钢结构组成（二）

（b）屋盖钢结构示意图；（c）立面示意图

167

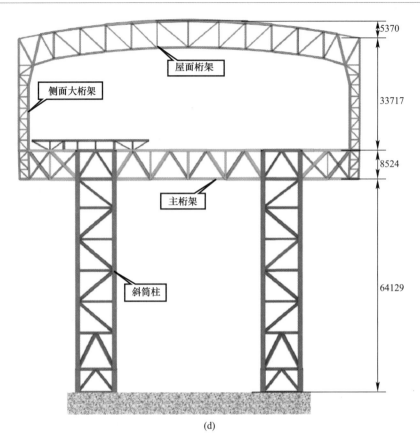

(d)

图 8-15　钢结构组成（三）

（d）横向剖面示意图

框架柱由 2 个 V 形筒和 2 个直筒构成，楼面结构为巨型框梁组成的主次桁架体系，屋面桁架体系通过侧立面桁架与楼面结构连为整体，形成一个大跨空间结构，其跨度自东向西由 90m 渐变到 117m，屋面桁架标高由 118m 渐变为 95m，楼面钢结构由 86m 渐变为 50m。因此，"大高差、高平台"的场地与"单元重量大，吊装半径大、吊装高度大"的结构特点使其施工成为整个钢结构工程的重难点。

8.2.2　安装方案比选

东区钢结构的施工安装，无论采用原位安装或"楼面平台拼装＋整体提升"方案，需要配备 1200t 以上的超大型履带式起重机，即使是东区端部跨度最小、重量最轻的屋盖桁架的原位吊装，运用 LR1750（750t）履带式起重机的超起工况也仅勉强满足，即使不考虑其他配套临时措施，吊装设备的经济性及可行性也很难允许原位吊装或整体提升方案的实施。此外，按自下而上、先主后次的原则进行，钢结构施工主要分为钢筒柱安装、楼面钢结构安装、屋面钢结构安装共计 3 个阶段，每个阶段由于结构形式的不同，需要因地制宜采用不同的安装方案。

对于钢筒柱（图 8-16），如采用地面整体拼装、分段整体吊装就位的方式，则：（1）地面整体拼装需搭设 12m 高支架，拼装难度较大，施工周期较长；（2）分段整体吊装需采用大型吊车的超起工况，吊装作业风险较大；（3）斜筒柱分段吊装，重心超出柱截面范围，需设置临时支撑；（4）与箱型弦杆的高空对接对精度要求高，吊装难度大。

经全面分析和比较，最终决定直筒柱采取散件吊装、斜筒柱采取单片吊装的方式进行安装，由此带来的优点包括：（1）采用地面分片整体拼装方式，拼装胎架高度低，作业便捷；（2）分段整体吊装采用大型吊车的主臂工况，吊装作业风险较小，作业较灵活；（3）斜筒柱分片吊装，分片重心在柱截面范围内，无需设置临时支撑；（4）共计 2 根弦杆高空对接，吊装难度较小，其余杆件嵌补安装，作业量较大。

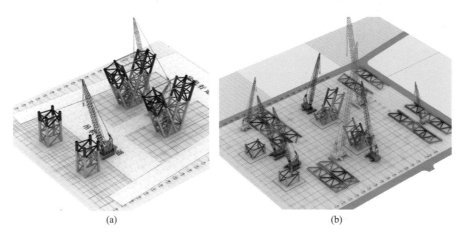

图 8-16　钢筒柱的安装方案比选

（a）分段整体吊装；（b）散件吊装和单片吊装

对于楼面钢结构的安装（图 8-17），若采取地面整体拼装，分段整体吊装就位的方式，（1）地面整体拼装需搭设 14m 高支架，拼装难度较大，施工周期较长；（2）分段整体吊装需采用大型吊车的超起工况，吊装作业风险较大；（3）4 根箱型弦杆的高空对接对精度要求高，吊装难度大。最终，决定采取单片吊装方式进行安装。优点包括：（1）采用地面分片整体拼装方式，拼装胎架高度低，作业便捷；（2）分段整体吊装需采用大型吊车的主臂工况，吊装作业风险较小，作业较灵活；（3）临时支撑数量相对较多；（4）共计 2 根弦杆高空对接，吊装难度较小，精度控制较好；但其余杆件嵌补安装，高空作业量较大。

如图 8-18 所示，屋面钢结构的安装可采用分单元吊装方式，即吊车直接吊装就位后再嵌补单元之间的杆件，但此安装方案存在下列问题：（1）单元重量大，吊装半径大、高度高对吊装机械要求高；（2）分段吊装后嵌补杆件，高空工作量大，且仍需大型吊车或大型塔吊配合安装；（3）临时支撑投入大，拆除难度大；（4）场地占用时间较长，不利于交叉流水施工。

考虑到"大高差、高平台"的结构特点，本项目提出累积滑移施工方法，即在楼面结构东侧设置总拼平台，依靠滑移轨道进行屋面钢结构的安装：（1）采用累计滑移施工方案，安装机械作业半径相对较小，安装机械易于选型，施工机械成本低。（2）屋盖结构拼装采取在端部集中拼装，拼装胎架工装材料用量少，临时工装措施相对较少。（3）屋盖结构整体分布为倾斜布置，滑移施工技术要求高，需要专业施工单位配合进行。

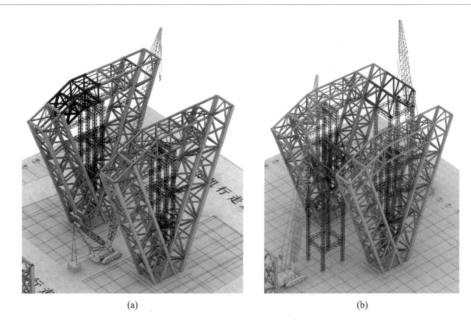

(a)   (b)

图 8-17   楼面钢结构的安装方案比选

(a) 分段整体吊装；(b) 单片吊装

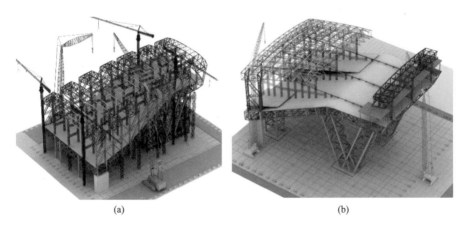

(a)   (b)

图 8-18   屋面钢结构的安装方案比选

(a) 分单元吊装；(b) 累积滑移

8.2.3   现场安装流程

以下重点介绍屋面钢结构的"大高差、高平台"的整体累积滑移技术。滑移屋盖总重量约 2500t，采取地面小单元组拼，两台 750t 履带式起重机塔式工况吊装小单元，高空总装平台大合龙方式，在楼面结构东侧设置总拼平台，自东向西方向进行滑移安装。

如图 8-19 所示，累计滑移分为两个分区进行，第一分区为滑移单元 1~单元 4，第二分区为滑移单元 5~单元 8，累计滑移就位后安装侧面大桁架；另有单元 9，待第一、第二分区滑移施工完成后采取直接吊装方式安装。

每个滑移单元又分为若干拼装小单元；最重单元 78.6t，吊装半径为 24m，采用

LR1750（750t）履带 91m＋49m 塔式超起工况能够满足吊装要求。沿屋盖方向布置 3 组滑移轨道，滑移时自东向西斜向下滑移。选用 42kg 级轨道，轨道支撑于轨道梁（H900mm×300mm×16mm×28mm）之上；每条轨道上布置 4 个滑移顶推点，每个顶推点设置 1 套滑移设备（夹轨器为双向夹轨器），3 条轨道合计使用滑移设备 12 套。

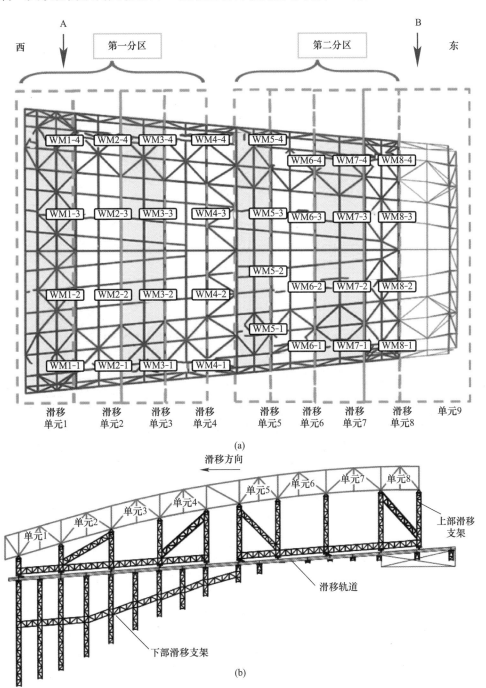

图 8-19　滑移施工相关措施（一）

（a）屋盖滑移单元及吊装单元划分平面示意图；（b）屋盖滑移单元划分立面示意图

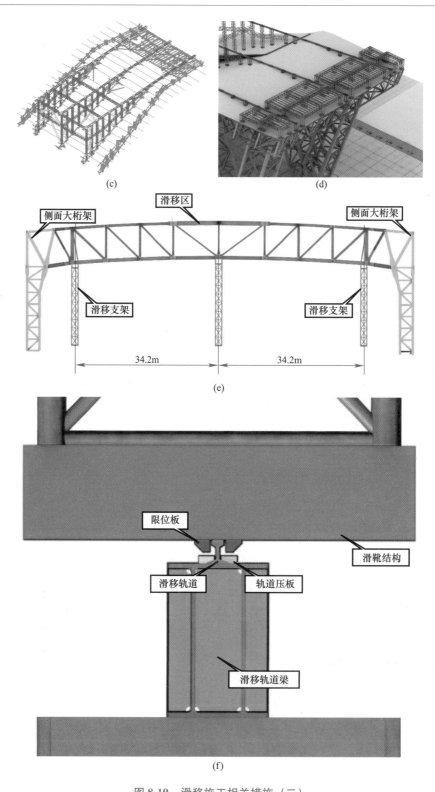

图 8-19 滑移施工相关措施（二）

（c）滑移轨道及下部滑移支架轴侧图；（d）东区高空总装平台整体示意图；

（e）B 位置侧视图；（f）滑移节点

具体地，屋盖钢结构累积滑移施工步骤如表 8-4。

屋盖钢结构累积滑移施工步骤 表 8-4

编号	施工措施	示意图
1	楼面层施工阶段，穿插安装轨道下支撑、布置滑移轨道	
2	搭设东部组装平台	
3	第一组滑移单元高空总拼完成，开始滑移	
4	第一组滑移单元累积滑移后，第二组滑移单元总拼完成	

编号	施工措施	示意图
5	第二组滑移单元与第一组滑移单元对接拼装完成后整体向前滑移；进行第三组滑移单元的组装就位	
6	对接拼装完成后，将前三组滑移单元整体滑移；开始拼装第四组滑移单元	
7	第四组滑移单元与前三组滑移单元对接拼装完成形成第一分区，将第一分区整体向前滑移到设计位置；随后安装侧面大桁架；同时，滑移第二分区（第五组滑移单元）开始安装	
8	采用类似施工方法，完成第二分区的累计滑移；与此同时，完成第一分区侧面大桁架的安装	

续表

编号	施工措施	示意图
9	单元 9 采取直接吊装方式安装；同时完成第二分区侧面大桁架的安装	
10	屋面临时支撑卸载拆除，安装楼面夹层	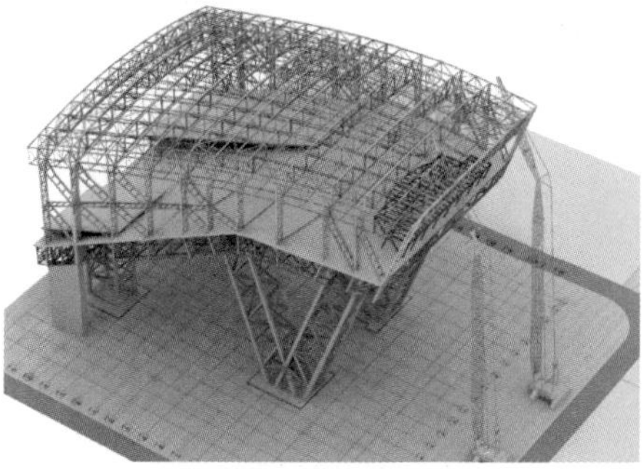
11	采用直接吊装方式完成抗风桁架和屋面悬挑结构的安装	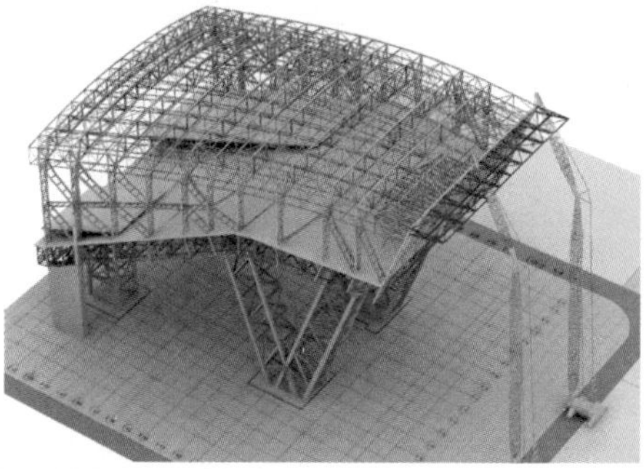

8.2.4　关键施工问题

1. 屋面滑移单元与下部滑移支架的加固

为确保屋面滑移单元和下部滑移支撑形成一个整体，在每个连接节点的屋面滑移单元内采用 $\phi245 \times 10$mm 钢管进行加强。为了避免安装的随意性和拆除时伤及母材，滑移施工完毕对上述加强杆件不拆除。同理，为确保滑移支撑与屋面滑移单元连接处的牢固性，同样采用两根 $\phi219 \times 10$mm 钢管进行加固，如图 8-20 所示。

2. 夹轨器的设置

如图 8-21，每个累积滑移段每条轨道上布置 2 个滑移顶推点，每个顶推点设置 1 套滑移设备，6 条轨道合计使用滑移设备 24 套。滑移一区与滑移二区循环使用，故需配置 12 套滑移设备即可。

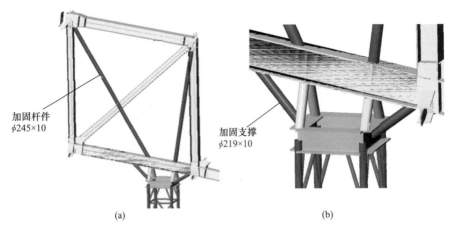

(a)　　　　　　　　　　　　　　　　(b)

图 8-20　屋面滑移单元与下部滑移支架的加固

(a) 屋面滑移单元内的加强；(b) 连接处的加固

在滑移过程中，为控制滑移加速度和保证有坡度带支架向下滑移安全性，在第一排滑移竖向格构撑增加 6 套防滑夹轨器，防滑夹轨器与向下顶推夹轨器反向设置，确保整个滑移支架体系在受到风荷载等水平外力作用下不会向下串行。防滑夹轨器仅在顶推夹轨器松开、其油缸缩缸过程中工作（夹紧轨道）。其不需设置油缸，只需工作时夹紧轨道，起到类似挡板作用，而在其顶推是松开夹轨器，随滑靴平台一起向下滑行。同理，屋面二区滑移滑移单元 5 下方同样增加 6 套防滑夹轨器。因此，整个滑移过程中连顶推和防滑夹轨器共需要 18 套滑移设备。

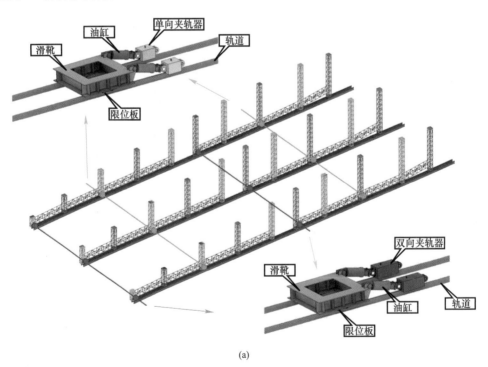

(a)

图 8-21　夹轨器布置（一）

（a）布置示意图

(b)

图 8-21 夹轨器布置（二）

(b) 现场照片

滑移顶推力主要由以下算法确定：（1）整体计算得到屋盖自重下顶推位置滑靴底面所受最大竖向力；（2）考虑摩擦系数 0.2 和滑移轨道与水平方向 3.88°的夹角，计算沿滑移轨道方向分力和摩擦力，由这两个力之差算得顶推力，见表 8-5。

滑移顶推力（kN）　　　　　　　　　　　　　　　　表 8-5

夹轨器编号	T1	L1	T1′	L1′	T1″	L1″	T2	L2	T2′	L2′	T2″	L2″
滑移单元 1	113	121	127	126	121	113	—	—	—	—	—	—
滑移单元 1～单元 2	132	139	143	142	139	131	47	41	45	45	41	47
滑移单元 1～单元 3	134	140	146	144	141	133	107	94	112	111	94	106
滑移单元 1～单元 4	132	138	144	142	138	131	176	171	197	196	170	175
滑移单元 5	69	66	86	85	66	70	—	—	—	—	—	—
滑移单元 5～单元 6	79	75	98	95	76	79	33	32	46	45	31	35
滑移单元 5～单元 7	81	77	99	97	77	81	82	79	115	114	78	83
滑移单元 5～单元 8	81	77	100	98	78	81	123	118	176	174	116	122

3. 滑靴的设置

在每个竖向滑移格构撑底部平台下方设置滑靴与轨道接触滑移，滑靴顶板为 PL20mm×500mm×350mm 的钢板，钢板与平台底部工字钢面板四周围焊，为确保滑移过程中不脱离轨道，在顶板两侧各设置限位挡板，滑靴与底部平台由厂内按构件成品精度要求统一加工后发运现场进行安装。平台（含滑靴）数量 30 个（图 8-22）。

4. 滑移竖向支撑系统

为进一步完善滑移竖向支撑系统，确保施工过程中整体稳定性，除在滑移竖向支撑第 2、4、6、9 跨位置增加斜向格构支撑外，在未增设斜向支撑部位考虑结构布置的合理性，采用

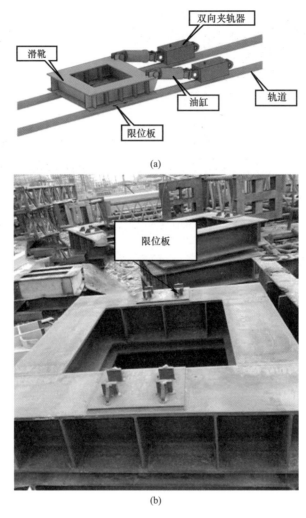

(a)

(b)

图 8-22　滑靴设置示意图
（a）滑移系统中的滑靴；（b）现场滑靴及限位板

φ26 钢丝绳对拉布置，即各用两根钢丝绳一头设置在竖向格构柱顶部，一头设置在底部横梁与竖向格构撑相交节点处，钢丝绳拉设完毕后用 2～5t 捯链和卸扣张紧，如图 8-23 所示。

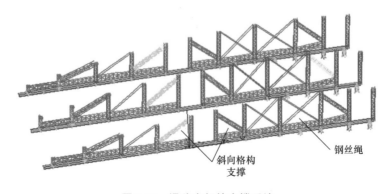

图 8-23　滑移支架的支撑系统

5. 滑移过程监测

主要包括：（1）观测同步位移传感器，监测滑移同步情况。（2）支座与轨道卡位状况。（3）爬行器夹紧装置与轨道夹紧状况。（4）累积一次时，推进力变换值是否正常。（5）滑移时，通过预先在各条轨道两侧所标出的刻度随时测量、复核每个支座滑移的同步性。

8.3　珠海横琴口岸莲花大桥改造项目——弯桥差速顶推滑移

8.3.1　项目概况

横琴口岸及综合交通枢纽项目位于珠海市横琴区，项目总用地 34.5hm²，总建筑面积约 131 万 m²。建筑功能主要包括口岸通关、口岸配套、综合交通枢纽、综合配套服务区、酒店、办公、公寓、商业等。

本改造项目位于珠海横琴口岸的莲花大桥，出境匝道（B 匝道）C14～C18（图 8-24）。该联采用跨径组合 27m＋41.5m＋38.5m＋30m 的连续钢箱梁，平曲线半径 60m，桥梁宽

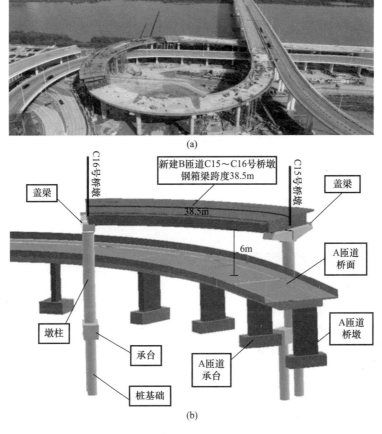

图 8-24　珠海横琴口岸莲花大桥改造项目

（a）工程现场；（b）与既有交通的关系

17.7m，梁高2.2m，梁底横坡2%。桥跨上跨临时保留的入境A匝道和琴海东路，为保证24h通关无法短暂限制交通，靠近边检、海关检疫区吊装空间受限。

8.3.2　安装方案比选

本项目结构形式及施工条件特殊。一是作为连接珠海横琴岛与澳门特别行政区的唯一通道，出境的A匝道在弯桥作业期间不能限行，施工现场靠近边检、海关检疫区，传统的吊装施工空间受限，没有大型机械行走的场地，这直接将常规的"原位吊装法"排除。如何在不影响通关匝道正常交通的情况下完成弯桥钢箱梁的架设，成为横亘在技术方案面前的首要难点。二是据调研查新，莲花大桥弯桥某一区间100m钢箱梁的曲率极大、实属罕见（曲率半径仅60m，为当前已知弯桥曲率的世界之最），通常适用于类似本工程"大曲率、小半径"弯桥的"原位吊装法"已经被排除，反之适用于"小曲率、大半径"的"同步顶推＋阶段调差"的方案也同样难以适宜本工程的特点，导致莲花大桥的弯桥施工没有可套用、可借鉴的以往工程案例。

小曲率、大半径弯桥的"同步顶推＋阶段调差"工艺，指当弯桥曲率不大时（常规情形），可基于近年来在桥梁领域研发的一种"多自由度的步履式顶推器"，先将桥段钢箱梁整体同步顶推一定行程，待该段行程足以将弯桥内外两侧需要的位移差及角度差累积出来之后，再单独顶推一侧（平动及转动）完成位移与角度的阶段调差，依此类推，逐步实现弯桥的弧度与就位。

其中，这些离散分布于钢箱梁桥墩之上的"多自由度的步履式顶推器"，最大的特点在于拥有六个自由度来调整顶推梁段的整体姿态（计算机控制系统），集空间竖向顶升、纵向推进、横向纠偏、回位功能于一体，以步履式顶推工艺为核心，赋予其机械行走、液压传动、施工控制与监视报警等功能；其顶推过程不再需要传统如夹轨式顶推器所配套的滑移轨道，顶推动作可形象地理解为"众人抬轿"，意即先将弯桥箱梁段抬起来、而后抬着箱梁段按既定路线往前移，并通过顶推器与临时支墩之间的切换（图8-25），以类似"抬轿换肩"的方式达到"弯桥箱梁段前移而顶推器占位不变"的设计。

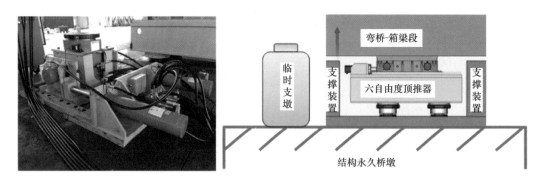

图 8-25　多自由度的步履式顶推器工作原理示意图

然而，上述"同步顶推＋阶段调差"的施工工艺对莲花大桥这样曲率超大的桥段却很难适用，因为任意一小步的同步顶推，桥梁内外侧都将产生较大的、难逆转的位移差与转角差，若强行继续采用"同步顶推＋阶段调差"方案，可能每一箱梁段都将经历反复平动与转角姿态调整，不但耗费资源、效果也不一定好，工期更是难以保证。

因此，工程实践中对于曲率较大的弯桥钢箱梁，一般采用的是最基本的"原位吊装法"，而如前所述，原位吊装法在一开始就已被排除。

在上述背景下，经过大量科技攻关，本项目借助新设备并与当下具体的工程实际有机结合，因地制宜地提出了大曲率、小半径弯桥的"差速顶推"滑移工艺，实现了施工技术的应用创新。"差速顶推"施工法主要解决以下两个关键问题：

（1）差速比例：差速顶推是通过调整内外侧千斤顶油泵的油压值，调节供油量的大小，使内外侧千斤顶的推进速度和推力不同，使箱梁在内外侧滑道上协调推进，即箱梁沿设计平曲线整体向前。本项目的差速顶推，依内外侧的弧长之比，外侧顶推与内侧顶推的速度之比约定在 6∶5，如图 8-26 所示。

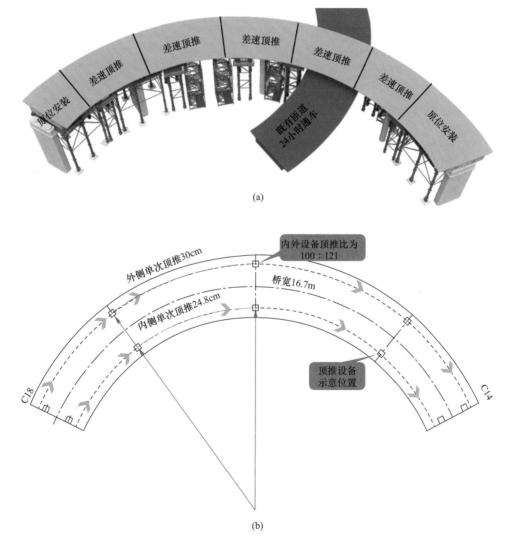

图 8-26　大曲率、小半径弯桥差速顶推法示意图

（a）施工现场示意图；（b）外侧的差速顶推比例控制

（2）控制系统：在计算控制系统方面，为了配合差速顶推的实现，设备仍然采用计算机集成控制，一个主界面同时控制多台顶推设备，但计算机控制的程序代码及相关机械构造却做了相应改进与创新，使得内外侧的顶推速率可以实现"比例控制"，比例控制技术直接推动了步履式顶推设备移位过程的优化控制，顶推设备各点的压力、位移都可实时反馈到主控台，既提高了平台移位精度和平稳性，又提高了平台移位的效率、便于监控。

8.3.3 现场安装流程

现场"差速顶推"滑移施工时，先搭设临时墩、拼装平台等临时结构，在拼装平台上拼装部分钢箱梁。运用"差速顶推"控制方式，箱梁沿设计平曲线整体向前顶推。顶推过程中保证箱梁和导梁腹板始终在顶推设备纵向中心线±50mm范围内，每顶推三个行程修正一次横向位置。每个行程顶推10cm后，行走单边和横向纠偏。流程如图 8-27所示。

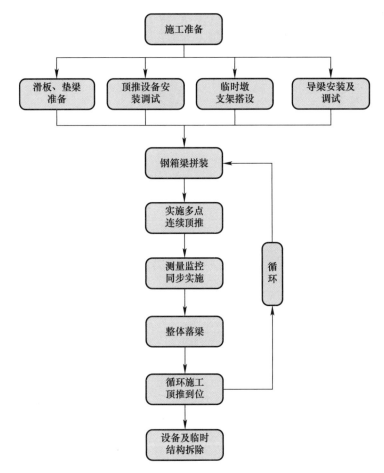

图 8-27 顶推施工流程

根据桥梁主体结构形式，周边状况，结合钢箱梁顶推的施工需要，顶推施工临时结构主要包括导梁、拼装平台、临时墩、步履式顶推设备等（图 8-28）。

图 8-28　顶推施工现场示意图

1. 搭设临时墩支架

如图 8-29 所示，桥梁顶推施工共设置 6 个临时墩，顶推临时墩最大跨径为 41m。临时墩基础为预应力混凝土管桩，立柱采用 $\phi609\times16$mm 钢管，上方承重梁为 4 根组合 588mm×300mmH 型钢梁。

临时墩作为顶推施工时的承载结构，主要承受顶推施工的荷载，平面尺寸需满足顶推施工设备安装及操作需要，临时墩横桥向做成分离式的两个支墩，两支墩之间采用［20a 槽钢连接成整体，保证整体横向稳定。

2. 安装导梁

导梁最大长度小于 10m，宽度小于 3.2m，重量小于 6t，以便运输。导梁加工时应与

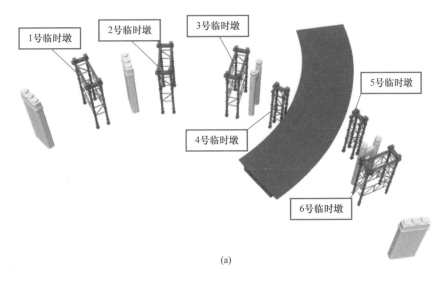

(a)

图 8-29　临时墩支架（一）

（a）临时墩支架布置

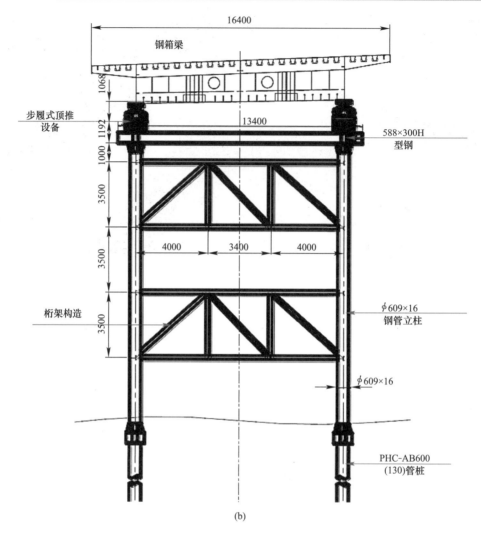

(b)

图 8-29 临时墩支架（二）

（b）细部构造

钢箱梁同时制作，出厂前与钢箱梁预拼装保证梁端的曲线度符合要求，导梁之间的横梁系宜在出厂前与导梁预拼装，横梁系杆件之间不做固定焊接，预拼装后以散件运输到达现场后定位焊接。单侧导梁节段最重为 19.6t，由 4 个分节组成，最大分节重量 5.8t，长9.74m（图 8-30）。

3. 搭设拼装平台

因顶推施工空间有限，钢箱梁不能一次焊接完成，需顶推一段焊接一段，拼装平台主要用于钢箱梁分段后现场逐节焊接、安装的平台。拼装平台设计考虑施工工艺、钢箱梁分段和拼装需求。

拼装平台布置主要根据钢箱梁顶推工艺确定，拼装平台总长约 30m，横向宽度约36m，考虑到拼接缝在平台略前方，平台上最多满足 2 个节段钢箱梁拼装顶推和一个节段的临时搁置（图 8-31）。

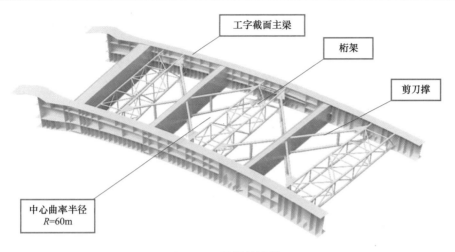

图 8-30 导梁的设置

具体顶推滑移施工过程如下：

步骤一：临时墩搭设，导梁及顶推设备安装施工。完成调试，检查传感器是否工作正常。拼装导梁和 5～11 号节段钢箱梁。并检查钢箱梁与导梁焊缝连接（图 8-32）。

步骤二：将钢箱梁向前曲线顶推 15.1m，采用差速顶推，曲线内外侧顶推设备推进速度 100∶121，外侧设备单次顶推 300mm，内侧设备单次顶推 248mm（图 8-33）。

步骤三：将钢箱梁向前曲线顶推 15.5m，顶推过程中保证箱梁和导梁腹板始终在顶推设备纵向中心线±50mm 范围内（图 8-34）。

步骤四：将钢箱梁向前曲线顶推 17.5m，每顶推三个行程修正一次横向位置，顶推到图示位置后，在拼装支架上拼装 18～20 号节段钢箱梁（图 8-35）。

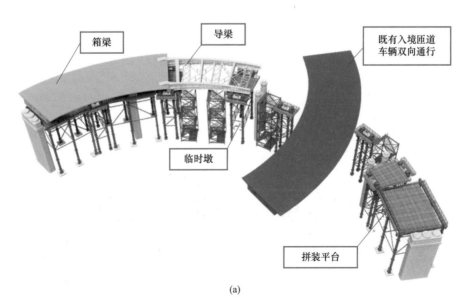

(a)

图 8-31 拼装平台搭设（一）

（a）现场布置示意图

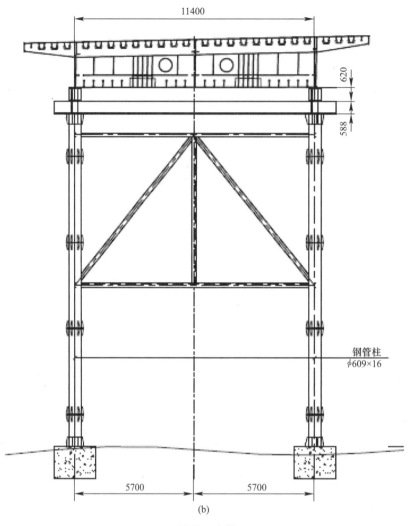

图 8-31 拼装平台搭设（二）

（b）立面结构示意图

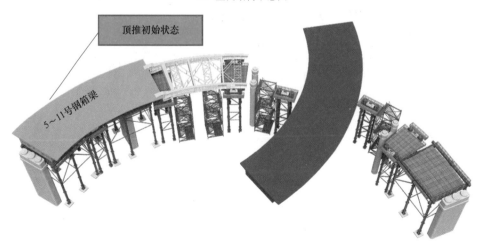

图 8-32 顶推滑移施工（一）

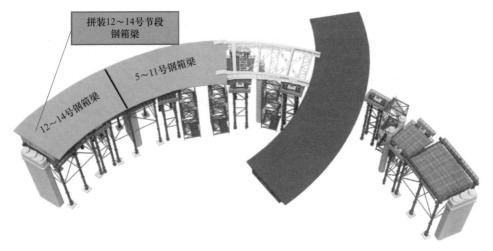

图 8-33　顶推滑移施工（二）

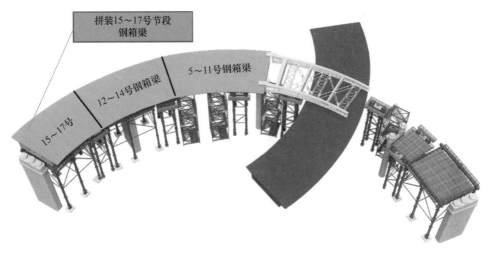

图 8-34　顶推滑移施工（三）

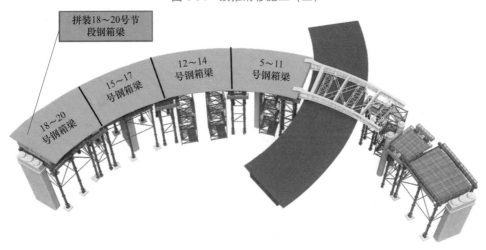

图 8-35　顶推滑移施工（四）

步骤五：将钢箱梁曲线顶推 3.85m，箱梁达到前端最大悬臂状态（图 8-36）。

图 8-36 顶推滑移施工（五）

步骤六：将钢箱梁曲线顶推 12.65m，顶推到图示位置后，在拼装支架上拼装 21 号，22 号节段钢箱梁（图 8-37）。

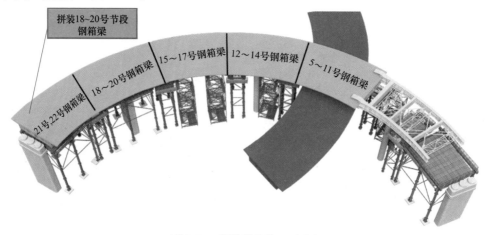

图 8-37 顶推滑移施工（六）

步骤七：将钢箱梁曲线顶推至设计里程，根据现场测量数据，对钢箱梁进行横向纠偏，精确顶推到位后落梁（图 8-38）。

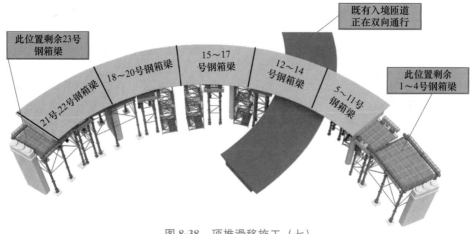

图 8-38 顶推滑移施工（七）

步骤八：拆除导梁，利用起重设备在拼装平台上安装剩余梁段（图 8-39）。

图 8-39　顶推滑移施工（八）

工程现场部分照片见图 8-40。

图 8-40　施工现场照片（一）

（a）拼装平台、临时墩；（b）步履式顶推设备；（c）限位措施；（d）顶推施工过程

(e)

图 8-40　施工现场照片（二）

(e) 改造完成

8.3.4　关键施工问题

1. 保证桥梁按设计线路前行

差速顶推通过调整内外侧千斤顶油泵的油压值，调节供油量的大小，使内外侧千斤顶的推进速度和推力不同，使箱梁在内外侧滑道上协调推进。顶推过程中可采取千斤顶的主动纠偏和反力架被动限位联合作用的方式减小梁体的偏移。纠偏时还应注意应在梁体移动过程中纠偏，且需多点同时进行，减少各处横移梁体的反力值和梁体的横向变形。

2. 控制系统保证顶推设备比例协调控制

系统采用一个主界面同时控制多台顶推设备，采用比例控制技术实现了步履式顶推设备移位过程的优化控制，顶推设备的位置和各支撑点受力可以实时显示，既提高了平台移位精度和平稳性，又提高了平台移位的效率、利于监控、节省施工时间。

顶推监控系统是一套分布式的控制系统，由若干台从站、一个主站，以及 PC/PG 人机交互界面组成，三者之间能够实时进行远程数据交换、指令传送，从而实现集中控制。

3. 过程监控及预警

钢箱梁顶推过程是结构体系不断转换的过程，这个过程中箱梁的整体及局部受力复杂，在诸多外因与内因的共同作用下，不仅使顶推结果具有不确定性，更使得顶推过程的危险性提高。

如图 8-41 施工中利用设备监测位移及传感器对顶推过程中箱梁的整体姿态监控、利用全站仪对支墩沉降、位移监测、通关传感器对主梁应力进行监测。通过监控消除顶推过程的不确定性，保证施工安全和施工质量。

4. 步履式顶推设备六自由度调节保证顶推安全运行

步履式设备集空间竖向顶升、纵向推进、横向纠偏、回位功能于一体，以步履式顶推工艺为核心，赋予其机械行走、液压传动、施工控制与监视报警等功能（图 8-42）。

由一台西门子 313C-2DP 型号作为中央控制器，多台西门子 224CN 型号 PLC 做分站控制单元，利用位移反馈实现多点闭环控制作业，设备动作同步精度小于 2mm，采用电磁比例换向阀与位移反馈相结合实现顶推过程的无级调速与比例动作控制。

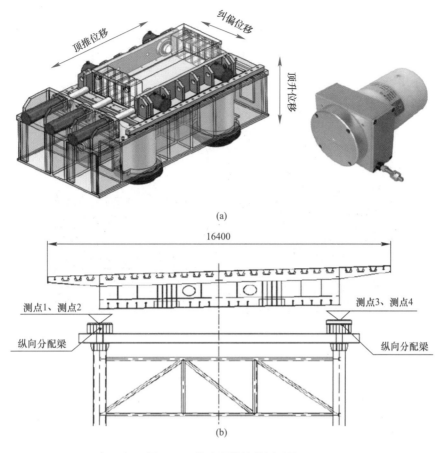

(a)

(b)

图 8-41　差速顶推的监测系统

（a）设备监测位移及传感器（钢箱梁整体姿态监测）；

（b）临时支墩沉降、位移和变形观测点布置

5. 限位措施解决箱梁偏位过大

箱梁上设置横向限位装置放置在临时墩纵梁上，由型钢焊接而成，非顶推时承受钢箱梁荷载。顶推时可防止箱梁的横向偏位过大。

6. 上墩装置避免导梁与临时墩冲突

上墩装置布置在导梁前端，为了防止跨桥后导梁上临时墩时导梁前段过低与临时墩冲突。

综上，经过 15 天的作业，1000m 弯桥曲线箱梁的分段架设顺利完成，除了两端采用了基本的原位安装外，其他节段均由差速顶推工艺实施，"差速顶推"工艺历经提出、论证、设备改造与程序优化、试验及工程应用，成功助力了国内外最大曲率（最小半径）的弯桥施工。采用"差速顶推"施工工艺，通过精心设计、精准控制，大大提高了安装精度，能对顶推梁体进行纵向顶升、横向纠偏六自由度调节，使钢箱梁按照预定的设计线路精准移动，与传统的搭设大量操作架作为临时支撑措施的方法相比，该技术减少了大量高空防护措施，提高了安装进度与精度，同时节省了搭设脚手架的时间、工耗及垂直机械租赁时间，依据计算核实，本工程采用该技术节约费用 210 万元，节约工期 15 天，经济效

益显著。为类似工程提供新思路，施工成本没有明显增加，但极大提高了弯桥施工效率，差速顶推工艺将弯桥施工朝工业化、自动化、信息化、智能化的方向扎实推进了一步，应用前景广阔。

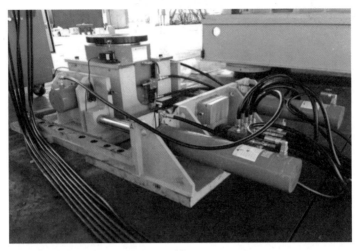

(a)

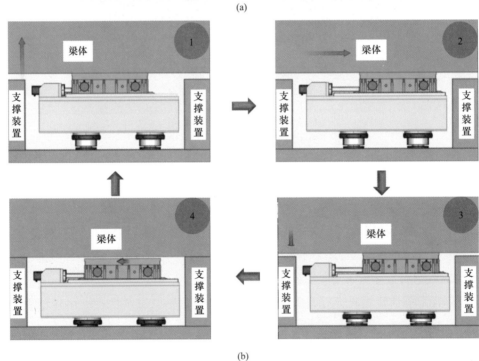

(b)

图 8-42　步履式顶推设备

（a）步履式顶推设备；（b）顶推设备顶升、推进、纠偏流程图

第9章 钢结构倒装与竖转方案典型案例

除传统房建领域的大跨度钢结构，高耸结构和桥梁结构的安装施工往往更需要因地制宜、采用创造性的科学高效的非原位施工方法。本章以斯里兰卡科伦坡电视塔、宜兴荆邑大桥项目和唐曹铁路桥项目为例，介绍了塔桅结构和复杂钢桥非原位安装施工的关键技术，这对于高耸及特殊结构的施工具有一定的工程实践示范与借鉴价值。

9.1 斯里兰卡科伦坡电视塔项目——天线桅杆倒装法

9.1.1 项目概况

科伦坡莲花电视塔是中国—斯里兰卡两国在"一带一路"倡议下重要的合作项目。电视塔结构高度 350m，分为塔座、塔身、塔楼、桅杆 4 个部分，如图 9-1 所示。塔身为圆筒形钢筋混凝土结构，高度 263.7m，桅杆长 99.7m，其中钢结构桅杆 71.1m，重量约 145t，位于标高 285.2～357.3m 之间，其底部插入混凝土桅杆（长 28.6m）内约为 7m。

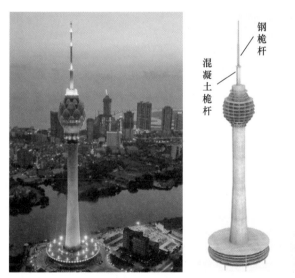

图 9-1 斯里兰卡科伦坡莲花电视塔

钢结构桅杆设计为 11 个分段，最长分段长 7m，最大重量约为 19.7t（分段 9）。自上而下有 4 种截面形式：分段 1、分段 2 为边长 650mm 的正方形（壁厚 30mm）、分段 3～分段 5 为内切圆直径 1200mm 的正八边形（壁厚 40mm）、其余分段为边长 2000mm 正方形（壁厚 40mm）。

尽管该钢结构桅杆长度、重量均不大（约 71m、145t），但其底部固定于下部空心混凝土桅杆之中（插入 7m），作业平台十分狭小。施工时所需的临时措施的高空装拆又是一个难点与风险点。因此，要求钢桅杆的安装方案、细节都应十分严谨、安全。

9.1.2 安装方案比选

超高层建筑顶部的钢结构桅杆安装，一般采用的是液压顶升工艺，即先利用动臂塔起重机将桅杆分段吊装至大楼的顶层楼板之后，以顶层楼板为作业平台完成钢结构桅杆的顶升安装，这种方案已有较多工程案例，施工工艺相对比较成熟，因此，不存在太大问题。而电视塔天线桅杆的安装向来就是电视塔施工的难题，即便初选液压顶升方法，在施工方案细化设计时常因高耸结构的特点或场地条件的限制而带来巨大挑战。例如，加拿大多伦多电视塔甚至动用直升机进行天线桅杆的分段吊装，施工难度可见一斑。

不同于高层结构，影响高耸结构钢桅杆安装方案的一个重要限制因素，是顶部狭窄的顶升作业平台。对于科伦坡电视塔项目，如前所述，钢桅杆插入下部空心混凝土桅杆之中7m，这即意味着因为没有楼板作为桅杆顶升的作业平台（构件堆放、拼装及送料），常规应用于超高层建筑的基于顶层楼板的桅杆顶升施工思路，在本项目中难以实现，这是其一。其二，若采用整体提升法，临时提升架的高空装拆又是一个难点，必须克服高空安装和场地狭窄的不利影响，保证其安全可靠。

经过反复的专业论证，最终决定仍然采用液压提升工艺。但是，不同于传统整体提升方案，本项目创造性地提出了"倒装法"的分段组装、累积提升施工方案，如图 9-2 所示，（1）钢桅杆各个分段在电视塔首层进行组装；（2）在混凝土桅杆底部设置临时提升塔

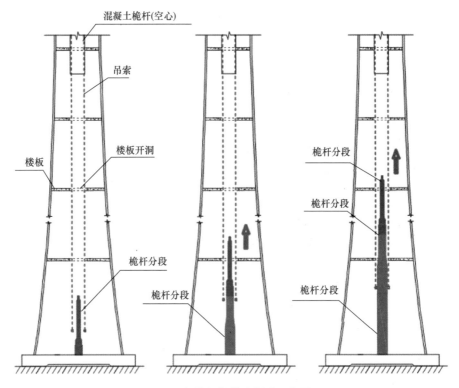

图 9-2 钢桅杆倒装法提升工作原理

架,布置液压提升系统;(3)待首段桅杆起提并离开拼装作业面至适宜高度后,将相邻的桅杆分段运输至首段桅杆下方完成焊接拼装,依此类推,按"自上而下"的分段次序对钢桅杆实施分段累积组装,逐步形成整体后穿越楼层提升至设计标高,安装就位。

其中,最为关键的部分"临时提升塔架"使用塔吊安装,锚固于顶层楼板,内套混凝土桅杆,且每隔一定距离抱箍于混凝土桅杆(图 9-3),确保临时提升塔架的侧向稳定性。"倒装法"的分段组装、累积提升工艺可实现"边提升、边拼装",与常用的顶升法相比,具有施工措施少、操作便利、风险低、过程可控等特点。

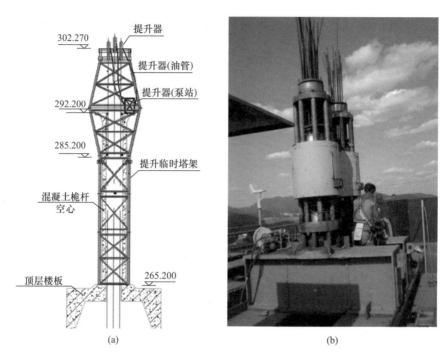

(a)　　　　　　　　　　　　(b)

图 9-3　临时提升塔架布置示意图

(a)提升塔架;(b)提升器

9.1.3　现场安装流程

实施倒装法进行钢桅杆分段累计提升时,首先进行提升前准备工作,包括:

(1)在混凝土桅杆底部 265.2m 标高的混凝土平台上设置提升塔架。塔架高度为 35.27m,使用塔吊安装。塔架底部与混凝土平台锚固,并于 265.6~292.2m 范围内在混凝土桅杆侧向埋件上设置水平连杆,增强提升塔架稳定性。在塔架顶部设置两对 4 台提升器,采用 4 点提升,单点最大提升荷载为 45t,提升吊点转换时只两点受力,故单点最大提升荷载按 90t 考虑。又因桅杆结构特性,在风荷载作用下,吊点承载会有一定变化,为保证提升安全,故配置四台 TJJ-2000 型液压提升器。

(2)塔楼结构各层楼板按照需要开设提升孔,需开孔楼层标高范围为 5.0~255.3m,确保钢桅杆提升通道顺畅。对起吊区域的地下室顶板采用钢管脚手承重架进行加固处理。此外,钢桅杆最大单体重量 20t,因此,钢桅杆首层运输采用 4 台 12t 运输车(长×宽×

高＝500mm×210mm×110mm)、24mm 钢板及 3t 卷扬机。整个运输系统总高度 2.135m，满足门洞出入要求。钢桅杆由运输通道通过卷扬机牵引到达起吊区域后，进行下一步的桅杆定位、对接及焊接工作，必须保证钢桅杆精准定位，以确保钢桅杆整体垂直度及顺畅通过混凝土桅杆筒体内腔。为此在首层桅杆中心设置定位平台（图 9-4、图 9-5）。

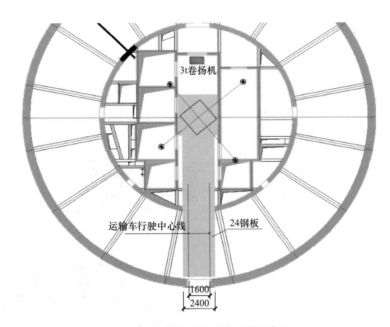

图 9-4 钢桅杆首层运输通道示意图

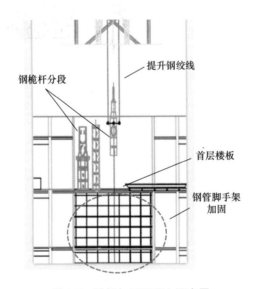

图 9-5 楼板加固回顶立面布置

"倒装法"的分段组装、累积提升施工分为两个阶段："混凝土桅杆筒内提升"和"出混凝土桅杆筒提升"，具体步骤如下：

1. 混凝土桅杆筒内提升

（1）利用第一组下吊点作为提升点，吊装钢桅杆前 5 分段（即分段 1～分段 5）。具体地，用两个相对位置的提升器采用两点提升桅杆分段 1，提升到距离首层楼板 10m 高的位置停下；将桅杆分段 2 水平运输到提升装置下方，采用另外两个提升器将第二段桅杆提离地面，与上面分段 1 对其后完成连接。采用类似方式完成桅杆分段 3～分段 5 的吊装连接（图 9-6）。

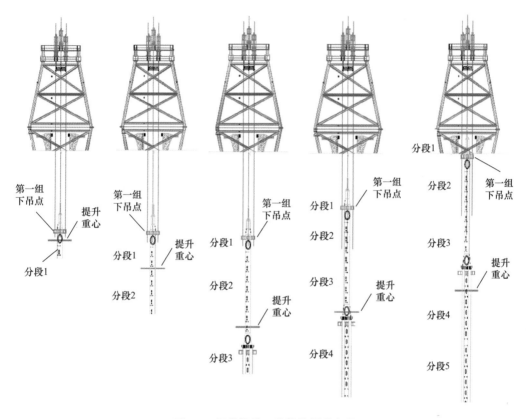

图 9-6　钢桅杆前 5 分段的提升安装

（2）利用第二组下吊点作为提升点，吊装钢桅杆的分段 6～分段 9，如图 9-7 所示。

（3）利用第三组下吊点作为提升点，提升安装剩余两个钢桅杆分段，此时钢桅杆整体成型。

2. 出混凝土桅杆筒提升

（1）利用第三组下吊点作为提升点，提升全部桅杆直至第四组下吊点高出混凝土桅杆顶部 600mm 的位置（图 9-8）。随后，利用第四组下吊点继续提升钢桅杆。

（2）当第五组下吊点高出混凝土桅杆顶部 600mm 的位置后，将提升点由第四组下吊点更换为第五组下吊点，继续提升。如此循环，依次利用第六～八组下吊点作为提升点提升钢桅杆，直至其就位（图 9-9）。

（3）钢桅杆提升到位后，分别在混凝土桅杆顶部和钢桅杆底部设置支撑体系；之后卸载使得钢桅杆重量落于两处支撑体系上。解除提升设备与钢桅杆连接，拆除提升设备，然

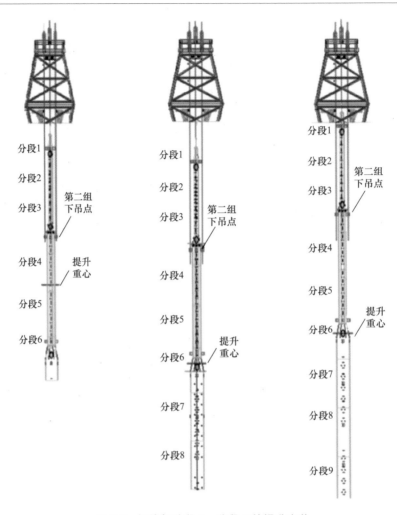

图 9-7　钢桅杆分段 6～分段 9 的提升安装

后自上而下拆除提升塔架，完成钢桅杆安装工作。

9.1.4　关键施工问题

上述施工方案中，通过以下创新性的关键技术措施保障了工程顺利实施。

1. BIM 三维建模深化设计

在桅杆钢结构施工中，通过 BIM 软件建立三维模型，通过三维模拟及施工现场实际测量放线两方面结合的方式，对钢结构桅杆的拼装、安装进行模拟，优化构件，结合现场实际对构件进行分段和深化后再进行构件的加工。

2. 多种监测保精度

钢桅杆精准定位关系到钢桅杆筒体的对接及焊接，直接影响钢桅杆整体垂直度和能不能顺畅通过混凝土桅杆筒体内腔，还要控制钢桅杆提升过程中的空间姿态。为此，在首层桅杆中心设置定位平台，采用激光测垂仪全程监控焊接拼装过程中钢桅杆的几何形态；在相应楼层采用全站仪利用顶点坐标进行顶部精准定位，并在桅杆底部采用四面架设经纬仪

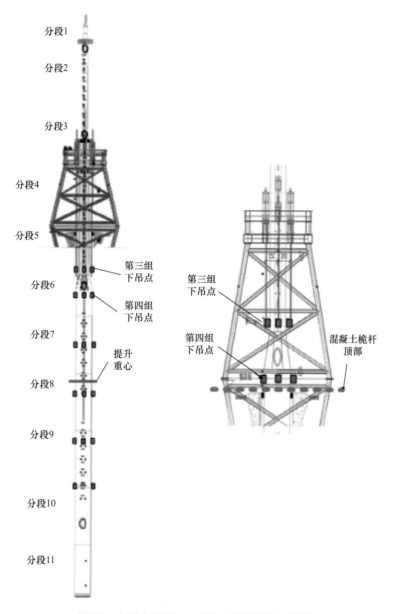

图 9-8　钢桅杆分段 1～分段 3 高出混凝土桅杆

（带转角镜头），进行钢桅杆垂直度监控。

3. 吊点切换实现提升

提升塔架顶部设置的两对 4 台提升器，其作用有两个。其一，在分段的提升安装阶段，采用两台相对位置的提升器通过两点提升上个分段，采用另外两台提升器将下个分段提升到位，与上个分段进行拼装连接；其二，由于受钢桅杆截面变化和混凝土桅杆筒提升通道的限制，提升点需分阶段往下部吊点切换，切换时一对提升器保持提升而另一对提升器下移与下方吊点连接，从而达到提升点的转换。

4. 侧向限位器确保稳定

钢桅杆出混凝土桅杆筒后，随着高度增加，侧向稳定性不断降低，斯里兰卡不但风荷

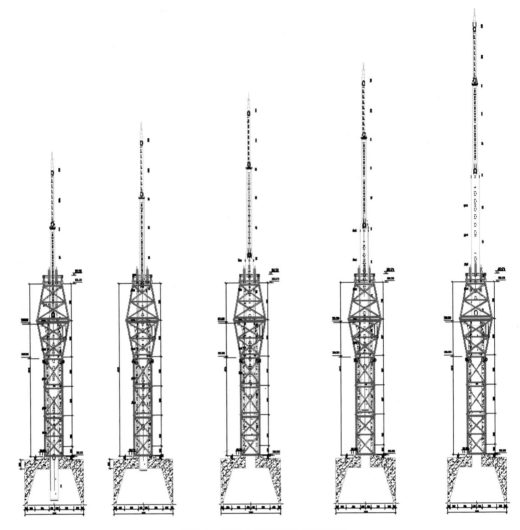

图 9-9　混凝土桅杆筒的提升就位

载大且还要按英标规范考虑遭遇地震的可能，因而设计出了一种新的限位器（图 9-10、图 9-11），用于抵抗钢桅杆提升过程中因各种因素产生的水平晃动；这种限位器由预压钢板制作、呈弧形状，透过埋件板预先固定在空心混凝土桅杆的内壁，同时在限位器表面涂润滑油，减少提升过程中的摩擦阻力，从实施效果来看是成功有效的。

　　自搭设临时提升支架到钢结构桅杆提升就位，历时 202 天，较计划工期提前 30 天完工，期间项目施工经受住了强风、大雨、雷电等多种恶劣气候条件的影响，顺利完成了提升施工（图 9-12）。

　　本项目应用的"倒装提升法"为天线桅杆结构的安装提供了一种新思路与新工艺，通过天线桅杆的分段分节，在地下室顶板按"自上而下"的分段次序，进行"边提升、边拼装"的提升拼装工艺，直至形成完整的天线桅杆之后，穿过电视塔内部的多道楼板直至提升至设计标高。施工中采用自行设计、施工的组合式支撑塔架，间隔设置拉结钢梁和钢底板保证支撑架的整体稳定性，易于拆卸和移动，解决了 300 多米高空机械的使用问题，

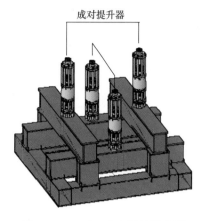

图 9-10　两对正交布置的提升器

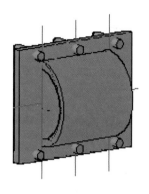

图 9-11　提升限位器构造示意图

图 9-12　施工过程现场

降低了钢结构施工中的措施费用，也加快了施工进度，按总包的要求完成了钢结构的施工工作，并一次验收合格，得到了监理、业主、设计以及钢结构同行的一致好评，对塔桅类项目的安装实施，具有较大的借鉴意义与推广价值。

9.2　宜兴荆邑大桥项目——主副塔整体竖转起扳安装

9.2.1　项目概况

宜兴市荆邑大桥大溪河钢箱梁双套拱斜拉桥主桥采用双套拱斜拉桥形式，斜拉索最大跨径为 173m，主要包括双套拱塔和桥面钢箱梁两大结构体系。桥面钢箱梁在主塔以北为 51m 宽的整体钢箱梁，主塔区钢箱梁加宽到 59.5m，主塔以南分为三幅桥，其中主线为 50m 长、27m 宽的预应力混凝土桥，两侧为宽度 11m 的钢箱梁辅道。

双套拱塔分为主、副塔，主塔整体线形为两段直线段＋两段椭圆弧线段组成，整体成倒 U 形，塔高 73.6m，与垂直方向倾角为 8°，塔底跨距 49m，主塔截面长宽为 4.0m×3.5m，且截面随高度呈变截面，从塔底渐变为 3.5m×3.0625m，主塔钢箱壁厚 30mm，塔顶处变为 25mm。

副塔结构整体线型同主塔较为类似成倒"U"形，塔高 61.7m，塔底跨距 27.5m。副塔钢箱截面为等截面八角形，截面长宽为 3.5m×3.0m。副塔钢箱主体壁厚在塔座距桥面以上 6m 范围内为 40mm，其余壁厚为 30mm。主、副塔之间通过钢拉杆连接，由下至上设置 26 道 400mm×600mm 矩形装饰横撑；主副塔上共设 16 对斜拉索，主跨钢箱梁上索距 9m，拱塔上索距 2.2～2.6m。其总体结构示意图如图 9-13 所示。

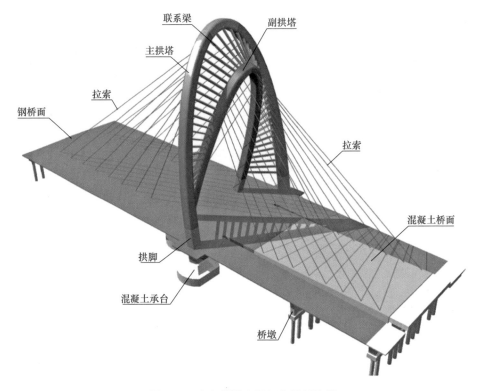

图 9-13　宜兴荆邑大桥双套拱斜拉桥

9.2.2　安装方案比选

本工程钢结构主塔、副塔均为倒 U 形结构，其中主塔高 73.6m，与垂直方向倾角为 8°，塔底跨距 49m，重约 786t，副塔高 61.7m，塔底跨距 27.5m，重约 600t。由于其特殊的结构造型及现场施工条件的限制，主、副塔的安装无法采用常规吊装施工的方法完成。若将钢塔整体在现场桥面进行平面整体拼装，在钢塔底部设置转动铰，然后利用液压同步提升技术，先利用提升塔架将主塔同步提升竖转到位；再在主塔上设置提升设施，将副塔同步提升竖转到位。此种安装法将大大降低安装施工难度，对工程质量、安全和工期等均有利。

在靠近主塔桥墩教育路侧位置设置门式塔架，将主塔在其平转位置投影线上进行整体拼装，主塔按照工厂内加工的工艺段进行拼装和焊接。完成整体预拼的主塔在其根部与塔座采用铰链定位，提升门架上设置液压提升器，通过钢绞线与主塔上对应位置的地锚连接，同步牵引将主塔起搬，直至主塔与垂直方向倾角为 8°（设计位置），最后集中焊接根部焊缝。同理，将副塔在其平转位置投影线上进行整体拼装，按照工厂内加工的工艺段进行拼装和焊接。在已经同步竖转到位、底部转角已焊接好的主塔上设置液压提升器，通过钢绞线与副塔上对应位置的地锚连接，利用主塔起搬副塔，直至副塔与垂直方向倾角为 17°（设计位置），最后集中焊接根部焊缝。主、副塔竖转到位后，安装双塔之间的横撑以及斜拉索具等。

　　本工程中钢塔结构采用"整体提升竖转起扳"技术进行安装：（1）由于钢塔结构在地面整体拼装，便于使用机械化焊接作业，安全防护工作容易组织，从而使焊接质量和装配精度及检测精度上更容易得到保证，且施工效率高；而分段吊装由于高空作业，无论构件拼装精度，还是焊接质量及测控精度上都难以得到有效保障。（2）液压同步提升施工技术成熟，吊装过程的安全性有充分的保障，将高空作业量降至最少，加之具有较高的提升效率，能够有效保证钢塔的安装工期；所需的设备设施体积、重量较小，机动能力强，倒运和安装方便。

9.2.3　现场安装流程

　　主、副钢塔的提升平面图如图 9-14 所示。

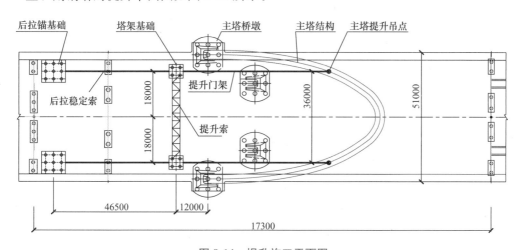

图 9-14　提升施工平面图

　　主、副钢塔的安装流程如下：

　　（1）在靠近主塔桥墩教育路侧位置设置门式塔架；

　　（2）将主塔在其平转位置投影线上进行整体拼装，主塔按照工厂内加工的工艺段进行拼装和焊接；

　　（3）在搭设好的门式塔架平衡梁上设置竖转提升器和后拉稳定索具。主塔的竖转提升设备通过钢绞线与拼装好的主塔上的提升下吊具连接，稳定索与后拉锚点连接，建立好各提升设备间管路、线路连接；

　　（4）设备连接完毕后，结构件及提升设备等全面检查；

　　（5）门式塔架顶部提升竖转设备与后部稳定索同步分级加载，密切同步配合，准备提升竖转主塔；

（6）分级加载完毕，即主塔竖转提升离开拼装塔架后，暂停提升，全面检查各设备运行情况及结构件稳定情况；

（7）检查运行情况等正常，继续竖转提升主塔。在提升过程中，架设经纬仪测量塔架顶部，应使门式塔架水平位移保持在设计允许的范围内（60mm）；

（8）主塔提升竖转至接近设计位置后，暂停，微调提升点，使主塔处于设计位置，提升设备锁定、暂停，使主塔保持姿态不变；

（9）进行主塔底部铰接处的补焊固结作业；

（10）将副塔在其平转位置投影线上进行整体拼装，按照工厂内加工的工艺段进行拼装和焊接；

（11）在主塔上设置提升上吊点，通过钢绞线与副塔下吊点连接，主塔后拉稳定索（锚点为桥梁拉索孔），以减小提升竖转副塔时主塔的水平分力；建立好各提升设备间管路、线路连接；

（12）依竖转主塔时的工序，分级同步加载副塔提升器、主塔后侧稳定索，同时监测主塔吊点处的水平位移，使之小于计算所允许的范围内；

（13）副塔提升竖转至接近设计位置后，暂停，微调提升点，使副塔处于设计位置，提升设备锁定、暂停，使副塔保持姿态不变；

（14）进行副塔底部铰接处的补焊作业；

（15）安装主、副塔间的横撑，使之形成稳定体系；

（16）拆除主、副塔的提升设施。主、副塔竖转提升安装完毕。

关键步骤的示意图（图 9-15）及说明如下。

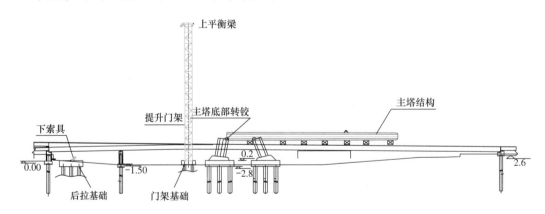

图 9-15　关键步骤的示意图

在靠近主塔桥墩一侧设置门式塔架。将主塔结构在桥面上进行整体拼装（图 9-16）。

如图 9-17 所示，在门架顶部安装提升器，与主塔上的提升下吊点通过钢绞线连接；在门架另一侧安装后拉稳定索系统。在主塔上预先安装提升副塔用的提升设备以及稳定索具等，以省去高空安装作业。全面检查提升系统、后拉稳定索系统、吊点结构等，一切正常后，主塔提升器和后拉稳定索具同步分级加载 20%、40%、60%、80%。加载过程中，实时监测塔顶位移，以确保其在设计范围内。

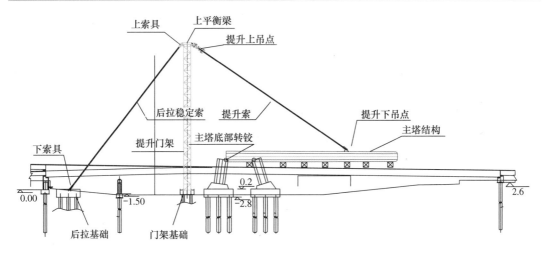

图 9-16　主塔结构在桥面上进行整体拼装

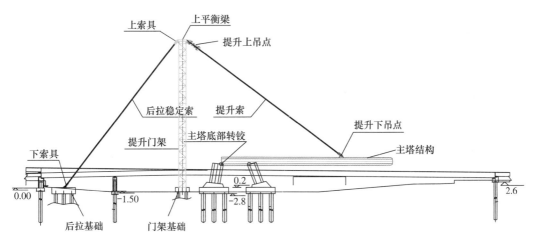

图 9-17　在门架顶部安装提升器

继续同步分级加载提升器和稳定索具，直至 100%。至此，锁紧稳定索索具，提升器继续提升作业，直至主塔结构离开地面（胎架）约 20mm（图 9-18）。

主塔预提升后停留 2h 以上，检查门架结构、稳定索系统、提升系统、基础、吊点、底部铰点等，一切正常后继续提升作业（图 9-19）。

在主塔提升过程中，实时监测门架顶部位移，使之保持在允许范围内（60mm 内），直至主塔提升至安装位置。主塔提升到位后，进行微调，塔体底部补焊固结。考虑到施工方便，门架提升系统暂不卸载和拆卸（图 9-20）。

在拼装台架上拼装副塔。主塔上的提升器与副塔下吊点连接。后拉稳定索上索具安装在主塔上，下索具则设置在后拉锚上（利用桥斜拉索孔），上下索具通过钢绞线连接。全面检查提升系统、后拉稳定索系统、吊点结构等，一切正常后，副塔提升索和稳定索同步分级加载 20%、40%、60%、80%，加载过程中，实时监测主塔吊点位移，以确保其在计算允许范围内（图 9-21）。

继续加载提升器直至 100% 荷载，直至副塔结构离开地面（台架）约 20mm。副塔预

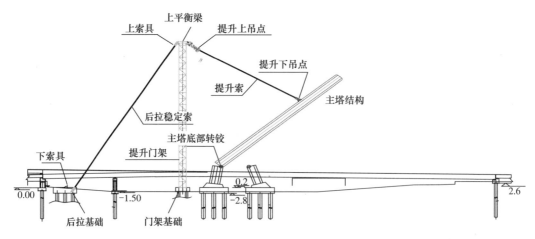

图 9-18 提升器作业

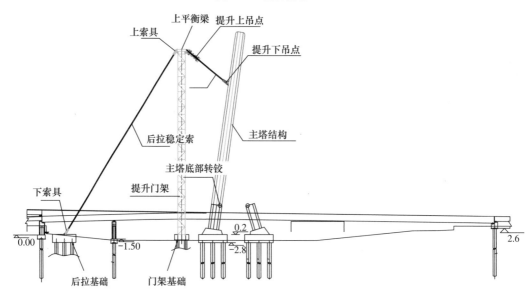

图 9-19 主塔预提升后停留检查

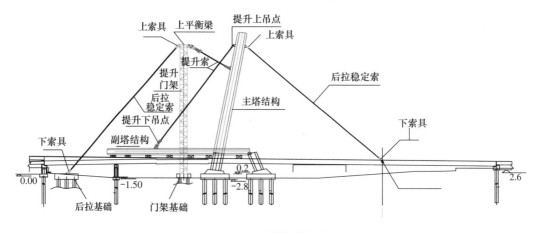

图 9-20 主塔提升到位

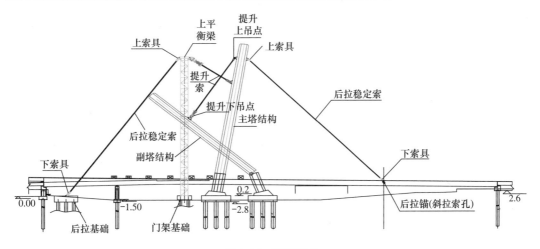

图 9-21　副塔提升

提升后停留 2h 以上，检查稳定索系统、提升系统、基础、吊点、底部铰点等，一切正常后继续提升作业（图 9-22）。

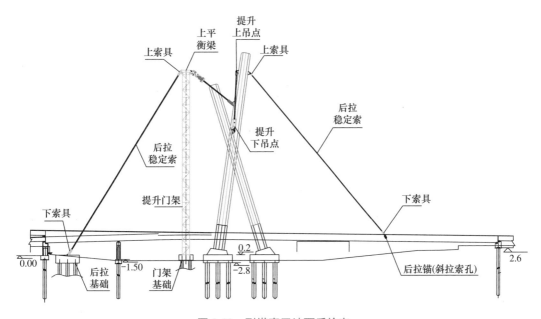

图 9-22　副塔离开地面后检查

副塔提升到位后，微调，塔体底部补焊固结（图 9-23）。

安装主、副塔间的横撑，使双塔体形成稳定结构，全部卸载提升器及稳定索，拆除提升设施。双塔竖转提升作业结束。

9.2.4　关键施工问题

方案实施时，有以下几点需要重点关注：

（1）整体分析施工工况，验算塔体的结构应力和变形是否满足施工工况要求，得出塔体底部交接点的反力值、提升点反力值、后拉稳定锚点反力值、门架基础反力值等数据。

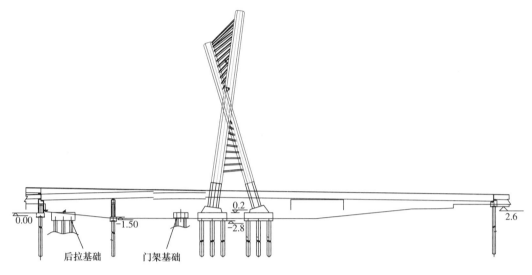

图 9-23　副塔提升到位

根据上述数据详细设计门架体系、门架基础、后拉锚点基础等，配置相应的提升设备，编制具体的提升实施方案。

（2）提升门架的设计及设置

提升门架的设计关系到整个提升过程的安全稳定性，如何设置门架的跨度、位置、高度及门架缆风绳是本工程的重点。

（3）提升吊点的设置

合理确定提升点的数量和位置，是整体提升施工中相当重要的工序，它直接关系到提升阶段结构的稳定，关系到主、副塔在提升过程中的变形控制以及施工的安全性。

（4）提升过程的控制及监测

提升过程的控制及监测有利于观测提升过程中的结构变形及结构受力情况，通过监测手段以确定提升过程中的各项指标，并确保提升过程中的整体同步性。

（5）液压提升系统的选取及布置

液压提升系统主要由液压提升器、泵源系统、传感检测及计算机同步控制系统组成。

1）液压提升器的选取

本工程中主桥的竖转提升拟采用 TJJ-5000 型液压提升器作为提升设备。

本工程中，主塔钢结构重约 786t（含加固材料及吊点重量），结构初始提升力最大约为 880t，每个吊点反力约 440t，在门式塔架顶部配置 2 台 TJJ-5000 型液压提升器为竖转主塔提供提升力，单台额定提升能力为 540t，2 台共计 1080t，大于提升最大反力 880t，满足要求。

对于提升门架后侧的两道稳定索也采用 2 台 TJJ-5000 型液压提升器来完成分级加载稳定索的功能。

副塔钢结构重约 600t，结构初始提升力最大约为 548t，每个吊点反力约 274t，在主塔上配置 2 台 TJJ-3500 型液压提升器为竖转副塔提供提升力，单台额定提升能力为 380t，2 台共计 760t，大于提升最大反力 548t，满足要求。

对于主塔后侧的两道稳定索采用 2 台 TJJ-1400 型液压提升器来完成分级加载稳定索的功能。

2）后拉稳定索系统

后拉稳定索的作用是平衡提升力的水平分力，以保证提升门架（主塔提升工况）或主塔（副塔提升工况）的水平位移量在许可范围内。

稳定索采用专用的夹紧索具，索具必须具备分级加载和卸载（加载依次为 20％，40％，60％，80％，100％）的功能，以完成施工过程中分级加载平衡的功能。

3）承重钢绞线

钢绞线作为柔性承重索具，采用高强度低松弛预应力钢绞线。

TJJ-5000 型液压提升器采用直径为 18mm，破断力为 36t/根的钢绞线，每台提升器内穿 36 根钢绞线。初始提升时提升载荷最大，单台提升器最大载荷为 440t。TJJ-5000 型液压提升器中单根钢绞线的最大荷载为 12.22t，单根钢绞线的安全系数为 2.95，满足要求。

TJJ-3500 型液压提升器采用直径为 18mm，破断力为 36t/根的钢绞线，每台提升器内穿 24 根钢绞线。初始提升时提升载荷最大，单台提升器平均最大载荷为 274t。TJJ-3500 型液压提升器中单根钢绞线的最大荷载为 11.4t，单根钢绞线的安全系数为 3.16，满足要求。

9.3　唐曹铁路桥项目——拱桥卧拼竖转安装

9.3.1　项目概况

新建唐山至曹妃甸铁路工程 TCSG-3 标南堡跨世纪路特大桥跨 DK36＋649.20 世纪路采用 1-96m 下承式简支拱形式通过，拱桥与世纪路斜交，斜交角度 $46°40'12''$，净空要求 40m×5.5m。两主墩编号为 12 号、13 号，其中 12 号墩紧邻世纪路排水渠（图 9-24）。

采用二次抛物线拱肋的下承式简支拱，跨度 96m，矢跨比 $f/L = 1 : 5$，拱肋矢高 $f = 19.0$m。拱肋采用哑铃形等截面钢管混凝土截面，在横桥向内倾 8°，呈提篮式，拱顶处中心距为 10.0m。拱肋截面高度 $h = 2.7$m，钢管直径为 1.0m，壁厚 20mm，每根拱肋的两根钢管之间用 20mm 的腹板连接。每隔一段距离，在圆形钢管内设加劲箍，在两腹板中焊接拉杆，拱管内灌注 C55 补偿收缩混凝土。拱肋之间设 1 道一字撑和 4 道 K 撑。一字撑和 K 撑的横撑采用外径 1m 的圆钢管，K 撑的斜撑采用外径 0.8m 的圆钢管，管内均不填充混凝土。

此拱桥上方斜向跨越三趟 110kV 高压线，分别是南硅线、南天线、南三线。施工前南三线已迁改完毕，距离最近拱肋 9.96～10.06m，南硅线迁改后距离拱肋 7.84～9.3m，南天线迁改后距离拱肋 8.1～9.64m。

9.3.2　安装方案比选

因简支拱上方有三趟 110kV 的高压线斜交越过，且线路改移后南天线与下方拱肋垂直高差 8.1m，南硅线与下方拱肋垂直高差 7.84m，依据施工现场临时用电安全技术规范规定（起重机与架空线路，垂直方向，安全距离 5m，水平方向安全距离 4m），常规支架法拱肋施工方案无法实施。因此，结合本工程实际情况，采用已在国内成功应用技术比较

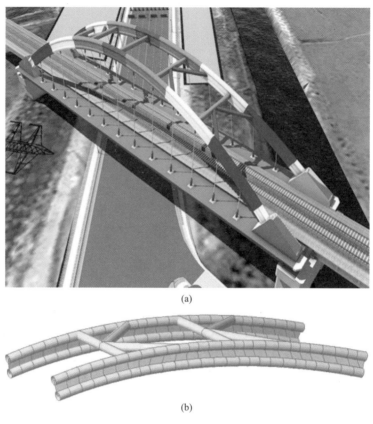

(a)

(b)

图 9-24 唐曹铁路桥下承式钢拱桥

（a）整体结构；（b）拱肋截面

成熟的竖转法施工工艺，有效降低施工高度，设备自动化程度较高，实现制度化作业、安全性能好。具体方案比选如下：

钢管拱桥主拱的施工方法目前主要为支架施工法、缆索吊装法、水平转体施工法、竖向转体施工法 4 种。支架施工法即在桥位处按照钢管拱肋的设计线型加预拱度，拼装好支架，在支架上就位拼装、焊接成拱的施工方法。支架可采用满堂式、或者分离式、或者两种方式的结合。缆索吊装施工法主要有两种施工方式，一种是类似于斜拉桥施工技术的千斤顶斜拉扣挂技术；另一种是利用悬索桥主索原理的主缆悬挂技术。两种施工技术力学原理不一样，但主要的施工机具设备相差不大。在桥两端架设临时索塔，根据缆索吊装系统设计的承载能力，将拱肋分段预制好，由卷扬机牵引将拱肋吊装就位，再用扣索固定，再依次吊装其余各段并与之对接，直至全桥合龙为止。平转施工法是将拱圈分为两个半拱，分别在道路两侧偏离桥位的位置，拼装拱肋和拱上立柱，形成半拱，然后水平转体就位，再合龙成拱。竖转施工时，先在拱顶附近将主拱圈一分为二，并以拱址为旋转中心，将设计拱轴线沿竖平面垂直旋转一定角度，将拱顶合龙端置于较低的地面或浮船上，便于安装，待两段拱肋拼接完成后，分别提起对接合龙。

依据施工现场临时用电安全技术规范规定，拱肋上方高压线的存在导致常规的支架施工和缆索吊装施工方案无法实施；既有交通不断关闭导致另一种较为常用的"平转施工法"也不能实施；而采用整体简支拱平移法耗费工期长、质量难以控制、费用较高。因此，结合实际情况，本项目最终采用"卧拼竖转法"施工：在拱顶位置将主拱圈一分为二，在 4 个拱脚位置设竖转临时铰，在低位简易支架上完成两半拱的整体拼装（对称拱肋、拱肋间横撑、K 撑等），同时在桥面接近拱顶位置的投影位置搭设提升塔架并安装液压整体同步提升装置，拱脚与拱肋对接口位置设置铰支座，利用液压同步提升装置以铰支座为旋转中心将半拱竖转至设计位置，完成合龙安装。"卧拼竖转法"具有以下优点：（1）拼装支架大大降低，低位拼装，稳定性好，拱肋节段拼装质量容易控制。（2）省去了施工支架的落架程序，简化了施工工序，高空作业量减少，降低了安全风险。（3）通过提升设备扩展组合，提升质量、跨径、面积不受限；采用柔性索承重，通过合理布置承重吊点，提升高度不受限制；提升设备具有保护性自锁设置，提升过程安全可靠；提升系统具有微调功能，可实现空中精确定位；设备自动化程度较高，能够实现制度化作业、安全性能好。（4）竖转结构体系简单，受力明确，易于监控，竖转结构体系对桥体结构本身受力基本没有影响。

9.3.3　现场安装流程

现场实施时，采用"先梁后拱"的施工方法，即先在支架上现浇系梁及桥面系结构，而后架设钢管拱肋，泵送管内混凝土成拱，再施工吊杆，拆除临时支架，如图 9-25 所示。在拱顶位置将主拱圈一分为二，按照拱圈在桥面上的投影位置搭设低支架将半拱（桥宽方向对称拱肋、拱肋间横撑、K 撑）整体拼装，同时在桥面搭设提升塔架并安装液压整体同步提升装置，拱脚与拱肋对接口位置设置铰支座，利用液压同步提升装置以铰支座为旋转中心将半拱竖转至设计位置，然后在焊接合龙段、拱脚嵌补段后，对称压注钢管内混凝土。施工主要技术指标如表 9-1 所示。

施工主要技术指标　　　　　　　　　　　　　　　　　　表 9-1

桥梁主跨度		96m
拱顶至桥面高度		19.85m
提升塔架规格（不含护栏高度 1.5m）		5m×4m×17m
竖转 A 单元	重量	135t
	竖转角度	19°
	拱肋竖转半径	37.2m
	下吊点提升架竖转半径	21m
	提升钢索最大索力	1749.5kN
	竖转销轴	100mm
	上、下吊点销轴	100mm
竖转 B 单元	重量	160t
	竖转角度	16°
	拱肋竖转半径	43.8m
	下吊点提升架竖转半径	20.9m
	提升钢索最大索力	2436kN
	竖转销轴	100mm
	上、下吊点销轴	100mm

其中，拱脚预埋段单重约 12.4t，非预埋段单个拱肋共划分为两个竖转单元，A 单元（小里程竖转单元）总重约 135t、B 单元（大里程竖转单元）总重约 160t，竖转单元与预埋段以及竖转单元之间均设置后嵌补段。A 单元由 6 片拱肋制作节段横向对称分布，中间由两道 K 撑连接成整体，最大拱肋节段（制作段）重约 21.3t，B 单元由 8 片拱肋制作节段横向对称分布，中间由两道 K 撑和一道一字横撑连接成整体，最大拱肋节段（制作段）重约 21.3t。

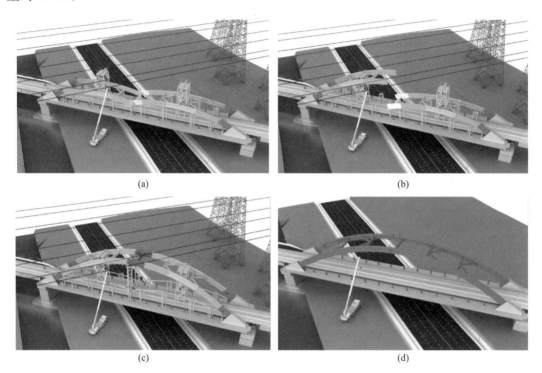

图 9-25　"卧拼竖转法"施工过程示意图

（a）拱肋竖转初始状态；（b）拱肋 A 单元提升；（c）AB 单元提升合龙；（d）拱肋整体落架

根据本工程实际情况分析，选用一台 25t 汽车式起重机布置于桥下，主要用于下锚箱预埋施工，拱脚和下锚箱支撑架的拼装、吊装，拱肋拼装胎架、提升塔架的地面拼装，竖转铰及提升设备的安装拆卸，施工机具的现场倒运等工作；选用一台 65t 汽车式起重机用于拼装胎架安装拆卸，竖转支撑架吊装等工作；选用一台 160t 汽车式起重机布置于桥下，主要用于拱肋的卧拼等工作。转体施工过程包括。

（1）竖转前检查

半拱、竖转塔及提升设备安装完成后，在提升塔架立柱钢管埋设测点，收紧塔架平衡索调整垂直度，预留 30～50mm 的预偏量以减小提升过程中的平衡索调整量。对提升索钢绞线、锚具及提升设备检查后，对提升油缸、液压泵站及控制系统试运行。成立提升竖转指挥中心，分设竖转塔观测、拱肋线形观测、提升等观测小组，做好施工前安全技术交底。

（2）试竖转

按照提升最大索力的 50%、80%、90%、100% 程序分级加载，直至拱肋全部脱离支架。保持脱架状态停置 1h 以上，观察组对塔架垂直度、竖转铰、提升索锚点等各重点部位进行详细检查，总结试竖转中各组织机构的协调性和工作状态，对存在的问题加以改进和完善。

（3）竖转

A 段提升单元提升到设计高程后，全面测量该半拱合龙口处的空间坐标高度以取得合龙口的精确数据，再将其预抬高 800mm（根据方案设计的竖转半径和拱肋高度进行几何分析确定）后临时锁定。然后拼装 B 段竖转单元的原合龙节段第四段拱肋，B 单元拼装、焊接完成后，竖转 B 段单元至相对设计标高预太高 200mm。吊装拱肋竖转支撑架体及连系梁至预定位置，并调整标高、拉设缆风绳使其稳定，缓慢落放两半拱，并与竖转支撑架稳固连接，逐步释放提升索力，检查、调整拱肋线形直到符合要求。最后再进行合龙口拱肋焊接，随后全部释放提升索力并解除提升系统。拱肋脱离支架、提升完成、全桥合龙。

（4）吊装竖转支撑架采用竖直分离式分段吊装法吊装就位。即支撑架高 15.3m，分为底部架体高度 13.8m 和上部架体高度 1.5m 及顶部承重平台分别起吊就位。其中底部架体采用单机回转法起吊，吊点设置在架体高度的 2/3 位置吊装就位，上部架体采用 25t 吊车空中散装就位。

（5）嵌补段施工

精确测量两侧拱段前端净间距→根据测量数据对已加工的嵌补段长度进行切割修正→人工提升就位→安装环向对接内衬圈→温度平稳时临时固结→弦管焊接合龙→拆除临时铰，补装腹板→腹板与两端对接焊缝焊接。

（6）拱肋拼装胎架的拆除

拱肋拼装支架，在 A、B 段竖转单元完成竖转并临时固定后即可拆除。

（7）提升塔架的卸载和拆除

1）提升塔架提升千斤顶卸载

在 A、B 段竖转单元完成竖转，竖转支撑架吊装就位并临时固定拱肋后，根据实际值，提升千斤顶进行不同程度的第一次卸载。待完成拱肋嵌补段施工后，解除千斤顶锁定状态完成卸载。卸载时应加强对拱肋标高的观测工作，如发现异常应立即停止卸载，分析解决后再继续进行。

2）提升塔架拆除

拱肋嵌补段施工完毕、拱肋焊接完成后提升塔架卸载并拆除，支架采用吊装扒杆（独立扒杆设置在提升塔架内部，长度 19.5m，并与桥面固定）＋卷扬机的方法肢解拆除，遵循左右对称、先上后下的原则，并确保安全，防止碰撞桥梁结构。

（8）拱肋竖转支撑的卸载和拆除

待拱肋内混凝土压浆完成并满足设计强度要求后，首先卸落支撑架与拱肋之间的螺旋千斤顶，然后采用吊装扒杆（在支撑架外侧设置独脚扒杆，长度相比支撑架高 1.5m）＋卷扬机的方法人工肢解拆除，遵循左右对称、先上后下的原则，并确保安全，防止碰撞桥梁结构。

具体施工措施如表 9-2 所示。

具体施工措施   表 9-2

编号	施工措施	示意图
1	65t 汽车式起重机分别安装 4 个拱脚段及下锚箱并加固稳定，浇筑混凝土前在系梁上埋设提升塔架的地脚螺栓、缆风绳桥面锚固预埋件、卷扬机固定埋件等预理构配件，桥面混凝土的浇筑并达到一定强度	
2	65t 汽车式起重机吊装拱肋拼装胎架及提升塔架	
3	在桥面上拼装拱肋、横撑、K 撑等拱肋竖转单元，测量校正无误后，焊接并探伤，预留原拱顶合龙段不参与拼装	
4	安装两个竖转单元底部转铰、拱肋提升下吊点桁架、提升吊笼及提升器，提升器与拱肋下吊点通过钢绞线连接	

编号	施工措施	示意图
5	拉设提升塔架揽风并适度张紧，全面检查小里程侧拱肋的提升系统和承重系统，一切正常后，提升器分级加载 20%、40%、60%、80%。加载过程中，实时监测提升支架的水平位移，以确保其在设计范围内。提升器继续加载直至 100%，使小里程侧竖转单元竖转端头离地约 20mm，提升器停止提升。被提升构件离开悬挂 4～24h 后，再次全面检查提升系统和承重结构，确保正常后正式提升作业	
6	同步提升 A 段竖转单元，实时监测提升支架的水平位移和提升下吊点、底部转铰等主要结构件。当竖转单元端头提升高度超出安装标高约 0.8m 时，停止提升作业，提升器机械锁紧	
7	在桥面上继续安装 B 段竖转单元桥中心分段（第二次拼装段）。整体拼装完成后，如提升 A 段竖转单元一样，全面检查提升系统和承重系统，一切正常后，提升器分级加载 20%、40%、60%、80%。加载过程中，实时监测提升支架的水平位移，以确保其在设计范围内	
8	提升 B 段竖转单元，实时监测提升支架的水平位移和提升下吊点、底部转铰等主要结构件。当大里程竖转单元提升至预定位置时，停止提升作业	

编号	施工措施	示意图
9	吊装拱肋竖转支撑架及横向连接固定，启动提升器，下降 A 段竖转单元端头，与 B 段竖转单元精确对位后，临时锁定拱肋	
10	调整拱轴线至设计位置，校正拱肋拼装对接口轴线位置，拆除底部转铰，安装拱顶、拱脚嵌补段并焊接	
11	弦管嵌补完成并超声波探伤合格后，腹板嵌补施工；拆除提升器、泵站等提升设备以及拱肋拼装胎架、提升支架等临时设施，拱肋同步提升竖转安装工程完毕	
12	逐步拆除拱肋卧拼胎架及横纵线连接	

续表

编号	施工措施	示意图
13	拆除提升塔架及揽风	
14	拆除提升塔架后，继续拆除拱肋竖转支撑架，待吊杆张拉完成后，完成最后一道现场面漆涂装作业，施工完毕	

9.3.4 关键施工问题

1. 临时设施设计原则

（1）卧拼时拱肋截面中心与临时铰处在同一水平高度，可大大降低拱肋组装焊接临时支墩高度，同时降低汽车式起重机吊装拱肋的吊臂高度。

（2）提升塔架布置在系梁横梁的相交位置，有利于将提升力直接通过系梁支架的钢管立柱直接传递到系梁支架桩基上，形成稳定的提升支撑体系。

（3）塔架的位置在提升过程中不对拱肋及提升索产生干扰；塔架高度应保证提升到位时千斤顶上、下吊架间的距离不小于50mm的空间。

（4）塔架的高度不宜超过拱肋顶部高度，采用半拱整体提升，在保证整体稳定性的前提下，适当将提升下锚点下移，从而达到降低塔架高度的目的；提升索与塔架的起始角度不宜过大，提升到位后宜保证提升索为竖直状态。

（5）原设计图纸拱脚弦管超出拱脚面板2.28m（即面板距拱脚与拱肋对接口距离），而拱脚内纵向钢筋距离拱脚面板3.4m，无法设置竖转铰，因此，将拱脚外露面板长度加长1.5m，避开内部纵向钢筋。

2. 提升塔架设计

经过对拱肋竖转过程的模拟，需避让竖转过程中一字横撑和K撑，防止与提升塔架碰撞，结合桥纵、横系梁的几何尺寸和位置关系，在距跨中19.9m位置的纵向系梁处设立提升塔架于桥面之上（图 9-26），因高压线安全距离限制（不小于 5m）设置提升塔架高度为 17m。提升塔架由 4 根 $D450×10mm$ 的立柱组成，立柱中心距 $4m×5m$，中间设置横撑、斜撑，截面均由不小于 $\phi219×7mm$ 圆管焊接组成，每一竖转单元为一组，每根立柱下设置 20mm 厚柱底板，并通过 M24 预埋锚栓与系梁联结，因施工过程中对塔架有提升水平力及风力等因素存在，在塔架横梁位置设缆风绳，与系梁上的预埋件连接，增大塔架施工中的整体稳定性。每侧的 1 组塔架立柱间以 9.12m 长箱形扁担梁作为提升主梁，规格为 □$600mm×600mm×25mm×30mm$。提升主梁下设吊耳与液压千斤顶吊架用销轴连接，提升索通过下吊架与拱肋连接。

图 9-26　设置提升塔架

(a) 提升塔架布置；(b) 提升塔架示意图

因施工过程中对塔架有提升水平力及风力等因素存在，在塔架横梁四角的位置设平衡索，平衡索与系梁面成 33°夹角。经前面分析计算可知，提升起始时最大水平力 H_0 = 339kN，则塔架平衡索需提供的拉力，单根斜风绳拉力 = $0.5×H_0/\cos33°$ = 144kN。平衡索选用钢丝绳每侧 2 根，其单根破断拉力为 530kN，则安全系数风绳 = 530/144 = 3.68，满足施工需要。因提升过程中水平力随提升高度不断减小，在每根塔架平衡索与下固定点间设 20t 捯链，以实现提升过程中索力的同步调整，保证塔架的整体稳定。为保证提升过程中，提升塔架的稳定性，提升前，需要将提升塔架垂直度预留 20mm 偏移量（计算中提升状态时偏移的反方向设置），缆风绳预拉力值保持在工作拉力的 20%～25%。

3. 桥下支撑设置

竖转提升架 4 个柱脚作用于桥面两侧纵向系梁上，为保证结构施工荷载直接传递至混凝土地面上，混凝土下方设置有混凝土系梁承重脚手架支撑。混凝土等级为 C55，由模拟结果可知，支座每个柱点铰接，最大压力为 145t。分别在提升架下方做支撑，支撑位置与提升架钢柱共轴线，如图 9-27 所示。支撑竖向构件选用 $\phi450×9mm$ 钢管，经验算，其强度和稳定性满足要求。

4. 拱肋竖转支撑

为了方便竖转单元之间的嵌补段吊装、焊接操作平台搭建，在两个竖转单元嵌补位置下方设置拱肋竖转支撑。如图 9-28 所示，该支撑坐落于桥面之上，底部由柱底板与预埋件焊接形成可靠牢固连接，左右线拱肋支撑架间设置横撑一道，纵向设置缆风绳且与桥面埋件形成下锚点，进而形成稳定支撑体系。

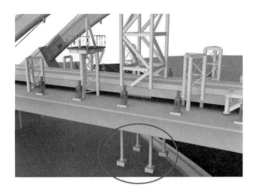

图 9-27　桥下支撑

图 9-28　拱肋竖转支撑

支撑的材质均为 Q235B，立柱规格为 $\phi450\times9$mm，水平撑为 $\phi140\times5$mm 及以上的圆管或方管的型钢设置，斜撑为角钢∟ 90mm×90mm×6mm。由于竖转支撑架设置于桥面位置无系梁通过，不能很好地将支撑荷载传递至系梁乃至桥下支撑架系统，因此设置转换底座，便于荷载传递至系梁。底座由 4 根转换柱组成，规格为 $\phi450\times9$mm，通过地脚螺栓与系梁可靠连接，转换柱上设置双拼 H 型钢，规格为 H400mm×200mm×8mm×12mm，内部设置斜支撑。竖转支撑架设置于转换底座双拼 H 型钢之上。

5. 临时铰的布置与设计

竖转临时铰的安装精度是竖向转体施工的关键。同时为保证 A、B 竖转单元竖转过程不发生碰撞，需要 A 段竖转段竖转时，相比设计位置预抬高 800mm，方便 B 段就位，因此，竖转铰设在拱脚腹板处。拱脚在制作时应先将竖转铰加固劲板装配焊接，竖转铰安装前对预埋段的安装精度进行复测，在加固劲板上精确定位出竖转铰空间位置，保证铰轴线在立面上与拱肋轴线垂直。

本工程选用穿销式铰座（图 9-29），每个铰均为 3＋2 耳板 Q345B 钢材拼接组成，销轴直径为 100mm，销轴孔补强板厚度为 20mm，b 部分销轴板厚度为 50mm，其余各个加筋板厚度为 30mm。竖转铰采取在工厂配对冲压的方法，以保证其圆弧面精确吻合。安装

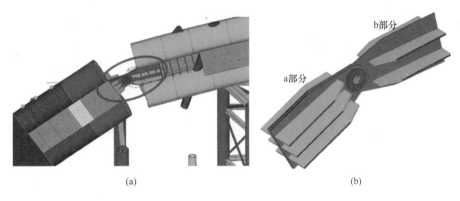

(a)　　　　　　　　　　　　(b)

图 9-29　竖转铰示意图

时精确测量放样，保证旋转中心的安装误差在跨度方向为±2mm 以内，标高在±2mm 以内。进行安装焊接时，要采取适当措施防止或尽量减小焊接变形。

6. 拱肋拼装支架

在拱肋节段拼接点下部搭设安装临时支架，考虑到拱肋安装的精度要求、拱肋拼装、焊接的操作面等，采用钢管支架，本支撑作为钢管拱肋的拼装托架，要承担钢管拱肋的重量，因此，要求支架具有足够的刚度、强度和稳定性。如图 9-30 所示，支架采用 $\phi450\times$ 10mm 钢管格构式支撑体系，按拱轴线形布置，每段拱肋节点下设 3 根钢管柱，支撑横撑采用 $\phi140\times5$mm 及以上的圆管或方管的型钢设置，斜撑采用∟90mm×90mm×6mm 的角钢。立柱上方采用双拼 H400mm×200mm×8mm×13mm 的 H 型钢作为分配梁，分配梁上设马凳调整高程。格构支架底板使用 20mm 厚钢板，钢板与桥面使用预埋件可靠连接，防止格构支架移位。相邻两个支撑架体间采用 H400mm×200mm×8mm×13mm 进行刚性连接加固。

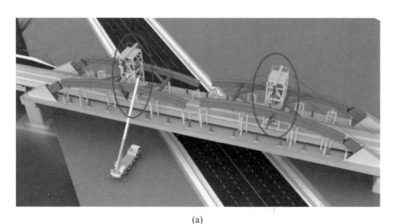

(a)

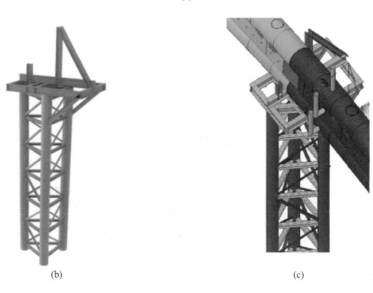

(b)   (c)

图 9-30 拱肋拼装支架
（a）整体布置；（b）结构示意图；（c）支架与拱肋

参 考 文 献

[1] 董石麟. 我国大跨度空间钢结构的发展与展望 [J]. 空间结构，2000 (2)：3-13.

[2] 邵茂，张从思. 国家大剧院壳体钢结构吊装施工 [J]. 施工技术，2004，33 (5)：6-10.

[3] 吴欣之，杨塑. 浦东国际机场航站楼钢结构安装技术 [J]. 建筑机械化，2000，21 (1)：25-27.

[4] 石永久，王岚，侯建群. 国家体育场主体钢结构方案优化 [J]. 建筑结构，2003 (10)：11-14.

[5] 任家骥. 南京奥体中心体育场屋盖钢结构 [J]. 钢结构，2006，21 (2)：39-42.

[6] 赵园涛，朱连庆. 上海世博会主题馆钢屋盖管桁架滑移技术 [J]. 施工技术，2010，39 (8)：104-107.

[7] Carpinteri A, Bazzucchi F, Manuello A. Nonlinear instability analysis of long-span roofing structures: The case-study of Porta Susa railway-station [J]. Engineering Structures, 2016, 110: 48-5 8.

[8] 黄宗襄. 广东奥林匹克体育场空间钢桁架屋盖施工技术 [J]. 施工技术，2002，31 (5)：14-15.

[9] 陈国栋，叶浩文. 广州市新体育馆屋盖吊装及拆撑过程动态分析 [J]. 建筑结构，2002 (1)：53-57.

[10] 何军. 惠州市某体育馆钢屋盖结构设计 [J]. 建筑结构，2017：720-723 .

[11] 大跨度不等高双向曲面网架体系累积提升技术科学技术成果评价报告 [R]. 中建钢构有限公司，中科评字 [2019] 第 3406 号.

[12] 张善余，薛素铎，曹资. 安徽省体育馆地震作用分析研究 [C]. 空间结构学术会议，1996：501-506.

[13] 束伟农，陈林，李伟强，陈一，李如地，季金文. 长春龙嘉国际机场 T2 航站楼结构设计 [J]. 建筑结构，2018，48 (20)：83-87.

[14] 石立国，张茅，余德浩. 成都博物馆新馆钢结构支撑胎架卸载施工工艺 [J]. 重庆建筑，2012，11 (10)：33-35.

[15] 金维善，金曙炎，汤先祥，等. 宁波机场航站楼钢结构施工 [J]. 施工技术，2001，30 (11)：19-21.

[16] 魏世辉. 重庆国泰艺术中心悬挂悬挑结构施工技术研究 [D]. 重庆：重庆大学，2011.

[17] 汪大绥，姜文伟，包联进，等. CCTV 新台址主楼施工模拟分析及应用研究 [J]. 建筑结构学报，2008，29 (3)：104-110.

[18] 朱鸣，戴夫聪，张玉峰，等. 哈尔滨大剧院结构设计研究 [J]. 建筑结构，2013 (17)：39-47.

[19] 张磊. 网架与网壳结构可靠性分析 [D]. 徐州：中国矿业大学，2014.

[20] Liu Y, Chen Z, Zhang Y. Construction technique and simulation analysis of large-span spatial steel structure [C]. International Conference on Remote Sensing, Environment and Transportation Engineering. IEEE, 2011: 1065-1068.

[21] 郭彦林，崔晓强. 大跨度复杂钢结构施工过程中的若干技术问题及探讨 [J]. 工业建筑，2004，{4} (12)：1-5＋22.

[22] 张其林，李晗，杨晖柱，胡笳. 钢结构健康监测技术的发展和研究 [J]. 施工技术，2012，41 (14)：13-19.

[23] 李瑛. 大跨复杂钢结构施工过程健康监测与分析 [D]. 兰州：兰州理工大学，2012.

[24] 曹后龙. 钢结构桥梁位移监测及其数据分析 [J]. 南通航运职业技术学院学报，2021，20 (01)：

42-4.

[25] 金砺. 大跨度钢结构全过程施工监测及分析研究 [D]. 杭州：浙江大学，2014.

[26] 梁振华. 高层建筑物变形监测技术方法现状与展望 [J]. 长春工程学院学报（自然科学版），2013，14（3）：8-10＋14.

[27] 尚奇，海然，边亚东，柳明亮，惠存. 大跨空间结构健康监测技术研究与分析 [A]. 中国钢结构协会结构稳定与疲劳分会第17届（ISSF-2021）学术交流会暨教学研讨会论文集 [C]. 中国钢结构协会结构稳定与疲劳分会（Institute of Structural Stability and Fatigue, China Steel Construction Society）：工业建筑杂志社，2021：5.

[28] 赵有山，郭明，段向胜. 大跨钢结构施工过程整体变形监测技术研究 [J]. 工程质量，2014，32（01）：3-7.

[29] 王齐林，宿勇军. 超高层建筑物变形检测技术在保利琶洲眼项目中的应用 [J]. 城市勘测，2019（05）：153-156＋162.

[30] 付建. 浅谈结构健康监测的发展与应用 [J]. 科技风，2010，{4}（07）：219.

[31] 王惊华. 结构健康监测国内外规范编制研究现状及展望 [J]. 建筑安全，2021，36（04）：41-45.

[32] 黄尚廉，陈伟民，饶云江，朱永，符欲梅. 光纤应变传感器及其在结构健康监测中的应用 [J]. 测控技术，2004（05）：1-4＋8.

[33] M. Çelebi, A. Sanli, M. Sinclair, S. Gallant, D. Radulescu. Real-Time Seismic Monitoring Needs of a Building Owner—and the Solution: A Cooperative Effort [J]. Earthquake Spectra, 2004, 20 (2).

[34] 宋秀青. 简介加利福尼亚理工学院建筑结构健康状态的实时监测和性能评估系统 [J]. 国际地震动态，2006，{4}（04）：42-44.

[35] 陆濂泉，张文龙. 上海金茂大厦主楼结构体系施工监测技术报告 [R]. 上海：中船勘察设计研究院，1998.

[36] 倪一清，广州塔结构安全实时监测技术研究与应用. 香港：香港理工大学，2013-05-28.

[37] 李惠，周峰，朱焰煌，滕军，张亮泉，欧进萍，傅学怡. 国家游泳中心钢结构施工卸载过程及运营期间应变健康监测及计算模拟分析 [J]. 土木工程学报，2012，45（03）：1-9.

[38] 曾志斌，张玉玲. 国家体育场大跨度钢结构在卸载过程中的应力监测 [J]. 土木工程学报，2008，{4}（03）：1-6.

[39] 张卫东，徐学燕. 智能材料在土木工程健康监测中的应用 [J]. 石油工程建设，2004，{4}（02）：9-14＋63.

[40] 姜艳，黄荣富. 光纤传感技术在土木工程结构健康监测中的应用 [J]. 水利科技与经济，2008，{4}（10）：808-809＋827.

[41] 张其林，李晗，杨晖柱，胡笳. 钢结构健康监测技术的发展和研究 [J]. 施工技术，2012，41（14）：13-19.

[42] 邓年春，欧进萍，周智，龙跃，黄日金. 一种新型平行钢丝智能拉索 [J]. 公路交通科技，2007，{4}（03）：82-85.

[43] 江毅，Leung K. Y. Christopher. 光纤裂缝传感器中裂缝宽度与光纤损耗关系分析 [J]. 北京理工大学学报，2003，{4}（04）：492-495＋532.

[44] 秦杰，王泽强，张然，等. 2008奥运会羽毛球馆预应力施工监测研究 [J]. 建筑结构学报，2007，28（6）：83-91.

[45] 秦杰，徐瑞龙，徐亚柯，等. 国家体育馆安全监测系统研究 [J]. 施工技术，2009，38（3）：40-43.

［46］ Dynamic deformation monitoring of tall structure using GPS technology ［J］. International Journal of Rock Mechanics and Mining Sciences and Geomechanics Abstracts，1995，32（6）.

［47］ Kkashinas. Yxakr. Suzukis. EMorikK Montoring the Akahkaikya bridge tirstexperihesl ［J］. Structural Enginering International，2001.

［48］ TracyKjewski Correa，KareemA. Theheightofprecision ［J］. GPSWorld，2003.

［49］ Ogaja C，Rizos C，Wang J. Adynamic GPS system for online structural monitoring. The 10th FIG International Symposiumon Deformation Measurements ［C］. Orange，California，USA，2001.

［50］ 梅文胜，张正禄，黄全义. 测量机器人在变形监测中的应用研究 ［J］. 大坝与安全，2002（05）：33-35.

［51］ 邓晖. 大跨度空间结构施工监测与分析 ［D］. 长沙：中南大学，2007.

［52］ 张利. 测量机器人在变形监测工程中的应用与探讨 ［J］. 四川建材，2021，47（06）：32-33.

［53］ 李鸽. 弗兰克·盖里的数字化建筑创作 ［J］. 华中建筑，2007（01）：204-205.

［54］ 傅筱. 无纸化建造 ［J］. 南方建筑，2005，000（005）：81-86.

［55］ 李久林，王勇. 大型建筑工程的数字化建造 ［J］. 施工技术，2015（12）：93-96.

［56］ 杨月竺. 建筑信息模型与数字化建造 ［J］. 科技资讯，2015（8）：60.

［57］ 陈晓明. 大型复杂钢结构数字化建造 ［J］. 特种结构，2017（6）：89.

［58］ 高丁丁. 大跨钢结构滑移施工新技术研究 ［D］. 北京：北京交通大学，2016.

［59］ 张瑞. 绿色环保钢结构建筑的发展前景展望 ［J］. 智能城市，2016（10）.

［60］ 贾洪. 我国钢结构建筑施工的现状与前景 ［J］. 中国铁道建筑报，2016（09）.

［61］ 杨建伦，叶腾茂；胡眸. 大跨度钢结构屋盖顶推滑移施工技术研究 ［J］. 重庆建筑，2017，16（11）：47-49.

［62］ 吴永南；李东；许祥山；等. 大跨径拱桥钢箱主梁顶推滑移施工技术 ［J］. 世界桥梁，2017，45（3）：25-29.

［63］ 曹守刚，马克俭，魏艳辉，等. 装配整体式空间钢网格盒式结构在多层大跨工业厂房中的应用 ［J］. 建筑结构，2013，43（4）：38-41.

［64］ 张云波；林琳. 空间桁架结构施工顺序优化分析 ［J］. 基建优化，2004（01）.

［65］ 卞永明，严月华，黄亮，等. 基于 CAN 总线的液压同步滑移控制系统设计与实现 ［J］. 中国工程机械学报，2013，11（2）：142-145.

［66］ 曾智荣. 变频调速技术在桥梁顶推液压系统中的应用 ［J］. 液压与气动，2013（10）.

［67］ 刘华. 负载敏感技术简析及在铰卡应用中的故障分析 ［J］. 液压气动与密封，2018（02）.

［68］ 液压传动的发展史 ［J］. 液压气动与密封，2010（06）：53-53.

［69］ 唐兵传；贾艳峰；吴圣杰. 苏州国际博览中心钢结构施工技术 ［J］. 施工技术，2005，34（10）：30-32.

［70］ 唐伟伟. 大跨度钢屋盖整体模型试验研究 ［D］. 南京：东南大学，2004.

［71］ 赵庆科. 液压同步安装技术在工程中的应用 ［D］. 西安：西安建筑科技大学，2008.

［72］ 陈健. 大型构件液压同步提升试验 ［J］. 起重运输机械，2000（6）：34-36.

［73］ 白雪松，缪谦，江明等. 新型液压顶推装置卡紧机构研制 ［J］. 建筑机械，2008（1）：93-95.

［74］ 缪谦；夏拥军. 液压顶推设备机械式夹紧装置的研制 ［J］. 起重运输机械，2011（11）：29-32.

［75］ 生敏，尹立松，范华志等. 关于液压缸内泄漏的原因分析及理论研究 ［J］. 液压气动与密封，2015（3）：61-63.

［76］ 朱小明等. 变频液压站的工作原理及其应用 ［J］. 液压气动与密封，2007，27（6）：35-37.

［77］ 史维祥，林廷折. 近代液压伺服系统控制策略的现状与发展李运华 ［J］. 液压与气动，

1995（02）.

[78] 胡飞. 下肢外骨骼机器人电液伺服控制系统研究［D］. 芜湖：安徽工程大学，2017.

[79] 路雨祥. 液压气动技术手册［M］. 北京：机械工业出版社，2002.

[80] 张扬. 钢结构安装工程安全教育现状及对策［J］. 住宅与房地产，2020（30）：131-132.

[81] 刘学武，郭彦林，郭宇飞. 千斤顶单元法在大跨度钢屋盖拆撑过程数值模拟中的应用［J］. 施工技术，2010，39（08）：24-28＋33.

[82] 陈秀良. 剖析建筑工程技术特点及未来发展趋势［J］. 四川水泥，2021（07）：226-227.

[83] 隋炳强. 吊装施工计算中若干关键问题［J］. 建筑技术开发，2021（6）：101-104.

[84] 左学兵，雷翔栋. 山东海阳核电站大型结构模块吊装重心计算及配平［J］. 施工技术，2012，41（15）：29-31＋73.

[85] 李民，路遥，刘云. 确保大型钢结构框架吊装垂直度的分析计算方法［J］. 石油工程建设，2018，44（03）：83-85.

[86] 邓学才. 怎样确定构件的重心位置［J］. 建筑工人，2000（10）：16-17.

[87] 李红喜. 某民用机场大跨度异型网架结构屋顶吊装分析［J］. 中外建筑，2020（11）：174-176.

[88] 李汇，王学国，何国武. 大型复杂体系钢构件吊装的平面外稳定性分析［J］. 河南建材，2011（04）：59-60.

[89] 彭玉丰，罗永峰. 大跨度钢桁架吊装过程分析［J］. 结构工程师，2011，27（04）：45-49.

[90] 赵加胜. 某机库屋顶网架结构整体提升关键技术分析［D］. 保定：河北大学，2012.

[91] 张孟. 大跨度复杂钢结构施工过程中的若干技术问题及探讨［J］. 居业，2020（08）：97-98.

[92] 张宜. 大跨度复杂钢结构施工过程中的若干技术问题及探讨［J］. 祖国，2016（13）：79.

[93] 石开荣，潘文智，许洁槟，姜正荣，万炜凡. 拆撑对高层悬挑转换桁架结构内力的影响［J］. 工业建筑，2019，49（07）：129-132＋175.

[94] 李厚萱. 施工现场环境下钢结构焊接质量的提升策略［J］. 住宅与房地产，2020（33）：104-105.

[95] 程雪峰. 钢结构厂房安装精度控制研究［J］. 工程技术研究，2019，4（14）：10-13.

[96] 黄菲. 中建八局利源钢结构厂房项目施工质量精细化管理研究［D］. 沈阳：沈阳建筑大学，2019.

[97] 金文斌. 谈建筑钢结构施工安全对策与质量控制［J］. 房地产世界，2021（09）：97-99.

[98] 白云，申中华，刘波，王光凯，雷耀东，宋海龙. 自重作用下跨度对钢支撑稳定性影响研究［J］. 建筑技术，2020，51（05）：586-588.

[99] 王继红. 施工现场环境对钢结构焊接质量的影响［J］. 电焊机，2009，39（03）：70-73.

[100] 彭东旭，史朝阳，田玺，马同德，张静涛，马天宇. 浅谈钢结构施工中累计偏差出现原因及解决措施［A］. 2020年工业建筑学术交流会论文集（下册）［C］. 中冶建筑研究总院有限公司：工业建筑杂志社，2020：3

[101] 池小兰. 建筑钢结构施工质量问题及控制措施研究［J］. 河南建材，2019（01）：71-74.

[102] 张宜. 大跨度复杂钢结构施工过程中的若干技术问题及探讨［J］. 祖国，2016（13）：79.

[103] 刘延. 世界十大钢铁建筑奇迹［J］. 中国建筑金属结构，2015（09）：78-82.

[104] 经纬. 温布利球迷五月的朝圣地［J］. 今日工程机械，2011（09）：118-119.

[105] 周红波，高文杰，黄誉. 钢结构事故案例统计分析［J］. 钢结构，2008（06）：28-31.

[106] 张中亚. 浅谈建筑结构设计中的安全性［J］. 建材与装饰，2020（15）：78＋80.

[107] 陈绍蕃. 钢结构设计原理. 第二版. 北京：科学技术出版社，1998.

[108] 齐永胜，赵风华，贺芸. 钢结构工程灾难性事故案例教学剖析［J］. 常州工学院学报，2015，28（04）：88-92.

[109] 陈冀. 钢结构稳定理论与设计［M］. 北京：科学出版社，2011.

［110］ 王建军，房会彬. 关于 900 铁路架桥机钢结构焊接工艺采用标准的探讨［J］. 铁道工程学报，2005（2）：24-281

［111］ 刘明辉，殷爱国. 含局部焊接缺陷的钢桁架模型材料性能研究［J］. 铁道工程学报，2010，27（07）：52-54＋59.

［112］ 邸小坛，高小旺. 开展重要大型钢结构安全性监测的必要性和可行性［A］. 土木工程与高新技术——中国土木工程学会第十届年会论文集［C］. 中国土木工程学会：中国土木工程学会，2002：5.

［113］ 郑元锟. 高温下钢构件力学及耐火性能影响因素研究［J］. 安全与健康，2021（02）：64-66＋69.

［114］ 李湘洲. 美国纽约世贸大厦倒塌原因分析与建造超高层建筑的思考［J］. 中外建筑，2002（01）：16-17.

［115］ 殷爱国，熊瑛. 建筑工程项目中钢结构设计中稳定性分析［J］. 农家参谋，2017（24）：212.

［116］ 周瑜. 由泉州楼体倒塌引发钢结构工程质量安全思考［A］. 中国建筑金属结构协会钢结构专家委员会. 钢结构技术创新与绿色施工［C］. 中国建筑金属结构协会，2020：4.

［117］ 叶清. 被"最后一根稻草"压塌的建筑——泉州欣佳酒店"3·7"坍塌事故的原因［J］. 厦门科技，2020（04）：30-32.

［118］ 戴为志. 建筑钢结构进入"问题期"例证［J］. 金属加工（热加工），2014（02）：42-45.

［119］ 游易楚. 福州海峡国际会展中心结构健康监测必要性探讨［J］. 福建建设科技，2013（01）：34-38.

［120］ 刘军生，王社良，梁亚平等编著. 大跨空间结构施工监测及健康监测［M］. 西安：西安交通大学出版社，2017. 07.

［121］ 金砺. 大跨度钢结构全过程施工监测及分析研究［D］. 杭州：浙江大学，2014.

［122］ 王剑非，杨玲，郭旸，晏飞群，俞永林. 曲靖体育场大型复杂钢结构施工过程应力与位移监测分析［A］. 第五届全国钢结构工程技术交流会论文集［C］. 施工技术编辑部，2014：6.

［123］ 陈节作. 南宁华润中心施工过程结构变形监测研究［D］. 广州：广州大学，2019.

［124］ 梁富华，韩建强. 超高层框架-核心筒结构竖向变形差的实测与分析［J］. 建筑结构学报，2016，37（8）：82-89.

［125］ 甘璐，孙振威，程小刚，胡建云，申健麟，于珉红，李法冰. 超高层结构竖向变形与内力分析［J］. 建筑结构，2021，51（S1）：193-200.

［126］ 李宏男，杨礼东，任亮，贾子光. 大连市体育馆结构健康监测系统的设计与研发［J］. 建筑结构学报，2013，34（11）：40-49.

［127］ 杨焕英. 土木工程结构监测常用传感器特点与选择［J］. 国防交通工程与技术，2018，16（03）：38-40.

［128］ 王小波. 钢结构施工过程健康监测技术研究与应用［D］. 杭州：浙江大学，2010.

［129］ 郭青松，王四久，苏亚武. 超高层建筑风环境结构振动及动力特性监测［J］. 建筑，2011（21）：66-69.

［130］ 肖华. 风环境下 600m 级超高层建筑不等高同步攀升安全建造步距研究［D］. 武汉：武汉大学，2015.

［131］ 尚奇，海然，边亚东，柳明亮，惠存. 大跨空间结构健康监测技术研究与分析［A］. 中国钢结构协会结构稳定与疲劳分会第 17 届（ISSF-2021）学术交流会暨教学研讨会论文集［C］. 工业建筑杂志社，2021：5

［132］ 朱宏平，高珂，翁顺，高飞，夏勇. 超高层建筑施工期温度效应监测与分析［J］. 土木工程学报，2020，53（11）：1-8.

[133] 张玉玲，曾志斌，王丽. 国家体育场大跨度钢结构温度监测系统研究及其在卸载时的应用 [J]. 钢结构，2008（07）：51-54.

[134] 张广亮，张广宇，刘向峰，张朝锋. 钢结构腐蚀检测技术探析 [J]. 四川建材，2010，36（05）：56-57.

[135] 陈兆雄. 预应力钢结构拉索张拉的施工监测 [J]. 广东建材，2011，27（09）：56-58.

[136] 王星权，徐佩华. 土木工程结构健康监测的研究及监测系统的应用分析 [J]. 江西建材，2017（02）：55.

[137] 罗尧治，沈雁彬，童若飞. 空间结构健康监测与预警技术综述 [A]. 第十二届空间结构学术会议论文集 [C]. 中国土木工程学会桥梁及结构工程分会空间结构委员会，2008：6.

[138] 李宏男，李东升. 土木工程结构安全性评估、健康监测及诊断述评 [J]. 地震工程与工程振动，2002，22（3）：82-90.

[139] 侯立群，赵雪峰，欧进萍，等结构损伤诊断不确定性方法研究进展 [J]. 振动与冲击，2014，33（18）：5058.

[140] 宋来健，王景全. 土木工程结构损伤识别研究进展 [A]. 中国土木工程学会 2018 年学术年会论文集 [C]. 中国土木工程学会，2018：12.

[141] 何冀尧. 土木工程结构健康监测系统的研究状况与进展 [J]. 门窗，2017（11）：186.

[142] M. Çelebi，A. Sanli，M. Sinclair，S. Gallant，D. Radulescu. Real-Time Seismic Monitoring Needs of a Building Owner—and the Solution：A Cooperative Effort [J]. Earthquake Spectra，2004，20（2）.

[143] 姜绍飞编著. 结构健康监测导论 [M]. 北京：科学出版社，2013. 04.

[144] 杨焕英. 土木工程结构监测常用传感器特点与选择 [J]. 国防交通工程与技术，2018，16（03）：38-40.

[145] 符晶华. 光纤光栅智能材料、结构的研究与应用 [D]. 武汉：武汉理工大学，2006.

[146] 电阻式传感器工作原理-解决方案-华强电子网（hqew. com）

[147] 电阻应变式称重传感器的工作原理解析- MEMS/传感技术- 电子发烧友网（elecfans. com）

[148] Avenel M，Goossens A，Zimerson E，et al. Contact dermatitis from electrocardiograph-monitoring electrodes：Role of p-tert-butylphenol-formaldehyde resin [J]. Contact Dermatitis，2003，48（2）：108 -111.

[149] 赵宪忠，李秋云. 土木工程结构试验量测技术研究进展与现状 [J]. 西安建筑科技大学学报（自然科学版），2017，49（01）：48-55.

[150] 昌学年，姚毅，闫玲等. 位移传感器的发展及研究 [J]，计量与测试技术，2009. 36（9）：42-44.

[151] 王冬梅，张爱林. 2008 奥运羽毛球馆新型弦支穹顶结构抗震性能试验 [J]. 工业建筑，2010，40（05）：104-108.

[152] 吴小建，王佳玮，徐弢，黄海，左自波，沈蓉. 基于振弦式传感器的超高层建筑应力测量系统设计 [J]. 建筑施工，2016，38（04）：501-503.

[153] 郑贵林，靳斯佳. 基于振弦式传感器的大坝变形检测系统及应用 [J]. 水电能源科学，2013，（5）：67-69.

[154] 林元培. 斜拉桥 [M]. 北京：人民交通出版社，2004.

[155] 段殿臣. 斜拉桥拉索健康监测技术综述 [J]. 上海公路，2021（02）：72-75＋167.

[156] 刘文峰. 检测技术及仪器在桥梁健康监测系统中的应用 [M]. 天津：天津大学出版社，2013.

[157] 冷明. 椭圆形弦支穹顶施工全过程监测及短索索力测试研究 [D]. 天津：天津大学，2017.

[158] 刘俊聪，王丹勇，李树虎，秦贞明，贾华敏. 智能材料设计技术及应用研究进展 [J]. 航空制造技术，2014（Z1）：130-133＋136.

[159] 严跃成，马希龄，张陵. 土木结构在线监控技术述评 [J]. 建筑结构，2000（09）：65-67.

[160] 吴波，李惠，孙科学. 形状记忆合金在土木工程中的应用 [J]. 世界地震工程，1999（03）：1-13.

[161] 周瑛. 基于 NiTi 形状记忆合金板带的恒力元件特性研究 [D]. 上海：上海交通大学，2017.

[162] 黎晓达，黄海帆. 形状记忆合金性能及结构加固应用综述 [J]. 广东建材，2021，37（06）：84-86.

[163] 程光明. 基于形状记忆合金的自复位钢连梁研究 [D]. 杭州：浙江大学，2018.

[164] 崔海宁. 形状记忆合金在建筑领域中的应用 [J]. 山西建筑，2006（24）：147-148.

[165] 王泽鹏. 超弹性形状记忆合金丝约束 RC 短柱抗剪性能试验研究 [D]. 郑州：郑州大学，2016.

[166] 刘勇，魏泳涛. 智能材料在土木工程中的应用 [J]. 西南交通大学学报，2002（S1）：105-109.

[167] 徐洁. 智能材料在土木工程建设中的应用分析 [J]. 门窗，2017（01）：239.

[168] 苏珊，侯钰龙，刘文怡，张会新，刘佳. 光纤位移传感器综述 [J]. 传感器与微系统，2015，34（10）：1-3＋7.

[169] 任勇生. 智能材料在土木结构监测和振动控制中的应用 [J]. 太原理工大学学报，2000（05）：486-493.

[170] 王东峰. 土木工程智能材料的发展与应用探究 [J]. 建筑技术开发，2021，48（02）：62-64.

[171] 耿文学. 光导纤维传感器 [J]. 电气时代，1984（11）：8.

[172] 刘思成. 智能材料在土木工程中的应用 [J]. 中国高新区，2017（23）：15.

[173] 鄢健宇，王勇越，李培培. 智能材料和智能结构的发展现状 [J]. 技术与市场，2017，24（05）：198.

[174] 李宏男，赵晓燕. 压电智能传感结构在土木工程中的研究和应用 [J]. 地震工程与工程振动，2004（06）：165-172.

[175] 孙明清，李卓球，侯作富. 压电材料在土木工程结构健康检测中的应用 [J]. 混凝土，2003（03）：22-24.

[176] 郭琳，张伟，魏建军. 压电材料在土木结构损伤检测中的应用 [J]. 现代物理知识，2006（03）：40-41.

[177] 薛伟辰，郑乔文. 桥梁工程智能传感材料应用技术探讨 [J]. 结构工程师，2006（03）：83-87.

[178] 张卫东，徐学燕. 智能材料在土木工程健康监测中的应用 [J]. 石油工程建设，2004，{4}（02）：9-14＋63.

[179] 杨大智主编，智能材料与智能系统. 天津：天津大学出版社，2000.

[180] 欧进萍. 土木工程结构智能感知材料、传感器与健康监测系统 [A]. 中国仪器仪表学会仪表材料分会，2004：12.

[181] 姜艳，黄荣富. 光纤传感技术在土木工程结构健康监测中的应用 [J]. 水利科技与经济，2008，{4}（10）：808-809＋827.

[182] 周金政. 结构试验与检测中的若干新技术. 住宅科技，2010，12，20 .

[183] 唐永圣著. 基于分布式光纤传感的自传感 FRP 材料与智能结构 [M]. 北京：科学出版社，2018.

[184] 张其林，李晗，杨晖柱，胡笳. 钢结构健康监测技术的发展和研究 [J]. 施工技术，2012，41（14）：13-19.

[185] 赵霞. 多主体协作结构健康监测系统的关键技术研究. 南京：南京航空航天大学，2008.

[186] 沈文杰. 高灵敏度光纤光栅在表面温度测量中的应用 [J]. 天津科技，2014，41（04）：66-67.

[187] 曾克. 光纤光栅应变传感器在地质灾害上的应用 [J]. 物探与化探，2014，38 (01)：142-144＋156.

[188] 刘军. 桥梁长期健康监测系统集成与设计研究. 武汉：武汉理工大学，2010.

[189] 赵山泉. 光纤光栅传感技术在大结构监测中的应用进展 [J]. 传感器技术，2004 (06)：5-7.

[190] 樊悦霞. 光纤光栅传感器在建筑施工中的应用研究 [J]. 硅谷，2014，7 (14)：76-77.

[191] 张伟刚，开桂云，等. 新型光纤布喇格光栅温度自动补偿传感器的研究. 光学学报，2002，22 (8)：999-1003.

[192] E. Rivera, D. J. Thomson, D. Polyzois. Structural Health Monitoring of Composite Poles Using Fiber Optical Sensors. IEEE. 2002，(9)：479-482.

[193] 盛培军. 光纤光栅应变传感器的研制 [D]. 哈尔滨：哈尔滨工业大学，2006.

[194] 乌建中，张学俊. 基于光纤光栅技术的大型钢结构安装监测系统 [J]. 中国工程机械学报，2006 (03)：322-327.

[195] 周学军. 济南奥体中心场馆钢结构设计特色与健康监测 [J]. 工程力学，2010，27 (S2)：105-113.

[196] 韦斌，隋青美，张桂涛. 基于布里渊散射的分布式光纤传感器的发展 [J]. 电子质量，2004 (07)：80-82＋88.

[197] 余小奎. 分布式光纤传感技术在桩基测试中的应用 [J]. 电力勘测设计，2006 (6)：12-16.

[198] 于德亮，李志远. BOTDA 在城市角钢结构变形监测中的应用研究 [J]. 工程质量，2020，38 (09)：105-108.

[199] 彭海斌. 分布式光纤传感技术的发展与应用研究 [J]. 工程技术研究，2019，4 (13)：14-16.

[200] 吕海宝，楚兴春，黄锐. 分布式光纤传感器的现状及发展趋势 [J]. 宇航计测技术，1998 (02)：1-8.

[201] 戴亚文. 面向工程结构的无线分布式监测系统研究 [D]. 武汉：武汉理工大学，2011.

[202] 刘叶波. 无线传感技术在桥梁施工监测系统中的应用研究 [J]. 西部交通科技，2019 (07)：86-88.

[203] 刘红梅，杨恒亮. 无线传感技术在建筑环境监测中的应用 [J]. 化工自动化及仪表，2011，38 (12)：1413-1416.

[204] 李凤蕾. 基于无线传感网络的分布式监测平台的研究 [J]. 计算机与网络，2012，38 (22)：71-73.

[205] 高占凤. 大型结构健康监测中信息获取及处理的智能化研究. 北京：北京交通大学，2010.

[206] Straser, Erik G, Kiremidjian, Anne S. A modular, wireless damage monitoring system for structures. Blume Earthquake Engineering Center, 1998.

[207] 廖方谙. 钢结构桥吊装施工过程监测要点研究 [J]. 绿色科技，2018 (14)：210-211.

[208] 韩颖. 基于无线传感器网络的室内环境监控系统 [D]. 沈阳：沈阳工业大学，2010.

[209] 朱延文. GPS 测量技术在建筑物动态监测中的应用探讨 [J]. 科技创新导报，2010 (02)：48.

[210] 朱彦，承宇，张宇峰，陈雄飞，周华飞，张传刚. 基于 GPS 技术的大跨桥梁实时动态监测系统 [J]. 现代交通技术，2010，7 (03)：48-51.

[211] 马忠卫. 工程测量 GPS 动态监测应用与数据处理研究 [J]. 工程建设与设计，2020 (05)：97-99.

[212] 李川宁，马霄鹏. 关于 GPS 空间定位在高层建筑变形监测中的应用 [J]. 中小企业管理与科技（上旬刊），2019 (12)：190-192.

[213] 赵谨. 关于 GPS 在变形监测中的应用研究 [J]. 建材与装饰，2019 (24)：239-240.

[214] 程朋根，熊助国，韩丽华，徐云和. 基于 GPS 技术的大型结构建筑物动态监测［J］. 华东地质学院学报，2002（04）：324-328.

[215] 杨锋，Psimoulis，Panos，Pytharouli，Stella，Karambalis，Dimitris，Stathis，Stiros. 全球定位系统（GPS）在工程结构振动频率检测中的应用［J］. 四川建材，2014，40（05）：96-104.

[216] JA. Nickitopoulou，K. Protopsalti，S. Stiros，Monitoring dynamic and quasi-static deformations of large flexible engineering structures with GPS：accuracy，limitations and promises，Engineering Structures 2006，28（10）：14711482.

[217] TKijewski-Correa，A. Kareem. M. Kochly. Experimental verification and full-scale deployment of Global Positioning Systems to monitor the dynamic response of tall buildings，Journal of Structural Engineering，ASCE2006，132（8）：1242-1253.

[218] P. Psimoulis，S. Stiros，Experimental assessment of the accuracy of GPS and RTS for the determination of the parameters of the oscillation of major structures，Computer-Aided Civil and Infrastructure Engineering 200823：389-403.

[219] Lovse J W Teskey W F Lachapelle G Cannon M E. Dynamic deformation monitoring of tall structures using GPS technology［J］. Journal of Surveying Engineering 1995 121（1）：35-40.

[220] 朱桂新，陈旭东，王迎军，许晓辉，过静珺. GPS RTK 技术在虎门大桥运营安全监测中的应用［J］. 公路，2002，｛4｝（07）：55-58.

[221] 匡翠林，张晋升，曾凡河，戴吾蛟. GPS 监测高层建筑在台风载荷下的动态响应特征［J］. 大地测量与地球动力学，2012，32（06）：139-143.

[222] 刘军生，王社良，梁亚平等编著. 大跨空间结构施工监测及健康监测［M］. 西安：西安交通大学出版社，2017.

[223] 张子谦，赵希超三维激光实景复制技术在智能电网中的应用研究［J］. 电力信息与通信技术，2017，15（2）：121-125.

[224] 张向阳，钟棉卿. 三维激光扫描技术在高层建筑形变监测中的应用［J］. 江西测绘，2021（01）：43-45＋57.

[225] 李天兰. 三维点云数据的处理与应用［D］. 昆明：昆明理工大学，2011.

[226] 慈伟主，王喆，王路明，张亮，曾月，刘艳辉. 地面三维激光扫描工程应用综述［J］. 四川建筑，2019，39（06）：261-264.

[227] 赵有山，郭明，段向胜. 大跨钢结构施工过程整体变形监测技术研究［J］. 工程质量，2014，32（01）：3-7.

[228] 刘鹏. 三维激光扫描技术在建筑工程施工变形监测中的应用［J］. 中国科技信息，2020（10）：44-45.

[229] 金菁，李沄璋，曹毅. 三维激光扫描仪在建筑领域的应用［J］. 建筑与文化，2014（04）：168-171.

[230] 王一峰. 三维激光扫描技术在世茂深坑酒店异形钢结构变形监测中的应用［J］. 施工技术，2017，46（16）：114-116.

[231] 孙利，滕超，周立，等. 三维激光扫描技术在某滑坡变形监测中的应用［J］. 工程技术，2015（12）：2341.

[232] 周克勤. 三维激光扫描测绘技术在建设工程施工监测中的应用［J］. 建设监理，2018（10）：53-57.

[233] Zhao，X.，Tootkaboni，M.，Schafer，B. W. Laser-based cross section measurement of cold-formed steel members：model reconstruction and application. Thin-Walled Structures 120C，2017，70-80.

[234]　周克勤，吴志群三维激光扫描技术在特异型建筑构件检测中的应用探讨［J］. 测绘通报，2011
　　　　（8）：42-44.

[235]　梅文胜，杨红著. 测量机器人开发与应用［M］. 武汉：武汉大学出版社，2011.

[236]　姜帅臣. 大跨度空间钢结构关键施工力学分析与监测［D］. 合肥：合肥工业大学，2019.